Omi Laila
Imtiyaz Murtaza
M. Z. Abdin

Mecanismo molecular do potencial antidiabético dos rebentos de feno-grego

Omi Laila
Imtiyaz Murtaza
M. Z. Abdin

Mecanismo molecular do potencial antidiabético dos rebentos de feno-grego

Imprint

Any brand names and product names mentioned in this book are subject to trademark, brand or patent protection and are trademarks or registered trademarks of their respective holders. The use of brand names, product names, common names, trade names, product descriptions etc. even without a particular marking in this work is in no way to be construed to mean that such names may be regarded as unrestricted in respect of trademark and brand protection legislation and could thus be used by anyone.

Cover image: www.ingimage.com

This book is a translation from the original published under ISBN 978-3-659-85087-5.

Publisher:
Sciencia Scripts
is a trademark of
Dodo Books Indian Ocean Ltd. and OmniScriptum S.R.L publishing group

120 High Road, East Finchley, London, N2 9ED, United Kingdom
Str. Armeneasca 28/1, office 1, Chisinau MD-2012, Republic of Moldova, Europe
Printed at: see last page
ISBN: 978-620-6-18231-3

LISTA DE CONTEÚDOS

TG	Triglyceride
HDL	High Density Cholestrol
LDL	Low Density Cholestrol
PI3K	Phosphatidylinositol-3-kinase
GSK-3	Glycogen synthase kinase-3
IRS	Insulin Receptor Substrate
MAPK	Mitogen Activated Protein Kinase
CAP	Cbl Associated Protein
PDK1	PtdIns(3,4,5)P3-dependent Kinase 1
PKB/Akt	Protein Kinase B
AMPK	AMP- activated Protein Kinase
FRAP	Ferric Reducing Antioxidant Power
G-6-p	Glucose-6-phosphate
SKUAST-K	Sher-e-Kashmir University of Agricultural Sciences and Technology
B.O.D.	Biological Oxygen Demand
TPTZ	Tripyridyl-S-triazine
HPTLC	High Performance Thin Layer Chromatography
OSTT	Oral Starch Tolerance Test
TLC	Thin Layer Chromatography
STZ	Streptozotocin
GS	Glycogen Synthase
AMPK	AMP-activated protein kinase
DCM	Dicholoromethane
NaCl	Sodium Chloride
EGTA	Ethylene Clycol Tetra Acetic acid

Na_3VO_4	Sodium Orthovanadate
EDTA	Ethylene Diamine Tetra Acetic Acid
NP-40	Nonidet P-40
BCA	Bicinchoninic Acid
OGTT	Oral Glucose Tolerance Test
HbA1c	Glycohemoglobin
FPG	Fasting Plasma Glucose
RPG	Random Plasma Glucose
NC	Normal Control
DC	Diabetic Control
Vogli	Voglibiose
Tr	Extract treated
RSD	Relative Standard Deviation
Rf	Retardation factor value
AGE	Advanced Glycation End Products
CRP	C-reactive protein

<u>**Introdução**</u>

A natureza tem sido uma fonte de tratamentos medicinais há milhares de anos e os sistemas à base de plantas continuam a desempenhar um papel essencial nos cuidados de saúde primários de 80% dos países em desenvolvimento e desenvolvidos do mundo (Adhikary *et al.*, 2013). Nos países desenvolvidos e em desenvolvimento, incluindo a Índia, a utilização de medicamentos à base de plantas para o tratamento de várias doenças crónicas é incentivada, devido à grande preocupação com os efeitos adversos da utilização de diferentes medicamentos alopáticos. Atualmente, os cientistas procuram pistas para descobrir novos medicamentos terapêuticos, tendo surgido recentemente um interesse renovado nesta área de investigação. Numerosas plantas medicinais têm sido utilizadas, desde tempos antigos, em vários sistemas tradicionais de medicina em todo o mundo, especialmente para o controlo da diabetes (Vaidya *et al.*, 2013a; Padhi e Pandha, 2013). Essas plantas são uma fonte rica de constituintes biológicos e muitas delas estão a ser mais desejadas para atuar como agentes antidiabéticos potentes e eficazes, devido aos seus menores efeitos secundários e baixo custo (Khan *et al.*, 2012; Geethalakshmi e Sarada, 2010). Por conseguinte, a investigação sobre esses agentes a partir de ervas medicinais tradicionais tornou-se mais importante e as investigações estão a competir para encontrar agentes terapêuticos novos, eficazes e mais seguros para o tratamento da diabetes.

A diabetes é um distúrbio metabólico complexo que conduz a várias complicações e que está a aumentar enormemente em todo o mundo. De acordo com a Federação Internacional da Diabetes (IDF), o número total de doentes diabéticos em todo o mundo era de cerca de 382 milhões em 2013 e prevê-se que atinja 592 milhões em 2035. As razões para o frequente aumento global desta doença incluem o estilo de vida sedentário, o consumo de uma dieta rica em energia, a obesidade e a esperança de vida (Deore *et al.*, 2012). A diabetes é uma doença multifatorial e exige uma abordagem terapêutica múltipla. Os doentes com diabetes ou não produzem insulina suficiente ou as suas células não respondem à insulina. Em caso de falta total de insulina, os doentes recebem injecções de insulina. Já no caso de as células não responderem à insulina, são desenvolvidos muitos medicamentos diferentes, tendo em consideração as possíveis perturbações no metabolismo dos hidratos de carbono (Joseph e Jini, 2011). Atualmente, as opções terapêuticas disponíveis para o tratamento da diabetes mellitus incluem modificações dietéticas, a utilização de insulina ou de fármacos hipoglicemiantes orais (sulfonilureias, biguanidas e tiazolidinedionas). No entanto, a sua utilização é restringida pela sua ação limitada, propriedades farmacocinéticas, taxas de insucesso secundário e efeitos secundários associados. Além disso, estas terapias compensam apenas parcialmente os distúrbios metabólicos observados na diabetes e não corrigem necessariamente a lesão bioquímica fundamental (Baquer *et al.*, 2011). Embora as plantas medicinais tenham sido usadas para tratar a diabetes desde a antiguidade, conforme relatado no papiro de Ebers, no Egito, em 1550 a.C., infelizmente, esse potencial emergente da investigação em fitoterapia ainda não está incluído na medicina baseada em evidências, especialmente no que diz respeito à terapia da diabetes (Vaidya *et al.*, 2013a). Assim, a necessidade da hora é procurar moléculas antidiabéticas novas e, se possível, mais eficazes e eficientes a partir das vastas reservas da fitoterapia. Os estudos para revelar o modo de ação de potenciais plantas/produtos antidiabéticos conferirão definitivamente uma abordagem científica e sistemática para a sua utilização como potentes agentes hipoglicémicos. Até à data, dos 400 tratamentos tradicionais com plantas relatados para a diabetes, apenas um pequeno número deles foi objeto de avaliação científica e médica para avaliar a sua eficácia (Pandey *et al.*, 2011). O efeito hipoglicémico de várias plantas utilizadas como remédios antidiabéticos foi confirmado e os mecanismos da sua atividade antidiabética estão a ser estudados de forma agressiva (Patel *et al.*, 2012a). A este respeito, o comité de peritos em diabetes da Organização Mundial de Saúde recomendou que as ervas medicinais tradicionais fossem mais investigadas, a fim de as tornar possibilidades realistas para a gestão adequada da diabetes (Murtaza *et al.*, 2013).

O feno-grego (*Trigonella foenumgraecum*) é uma das ervas medicinais mais antigas de que há registo, muito apreciada tanto pelo Oriente como pelo Ocidente, e tem sido considerada como um tratamento para praticamente todas as doenças conhecidas pelo homem (Rasool *et al.*, 2013). Nas medicinas tradicionais indiana e chinesa, o feno-grego tem sido utilizado para tratar a artrite, a asma, a bronquite, melhorar a digestão, manter um metabolismo saudável, curar problemas de pele, aumentar a libido e a potência masculina, tratar a dor de garganta e curar o refluxo ácido. Também foi relatado que apresenta actividades antitumorais, antivirais, antimicrobianas, anti-inflamatórias, hipotensivas, antioxidantes, hipoglicémicas, hipocolesterolémicas, anticancerígenas e gastroprotectoras. Nos sistemas de medicina Ayurveda e Unani, o feno-grego é utilizado para o tratamento da epilepsia, paralisia, gota, hidropisia, tosse crónica e hemorróidas (Patel e Dhanabal, 2013a). É uma dessas ervas tradicionais que tem sido amplamente utilizada como fonte de compostos antidiabéticos, a partir das suas sementes, folhas e extractos (Kumar *et al.*, 2012a). Medicinalmente, as sementes são a parte mais importante e útil da planta do feno-grego e são de cor amarelo-dourada, de tamanho pequeno, duras e com uma estrutura semelhante a uma pedra de quatro faces (Meghwal e Goswami, 2012). O efeito hipoglicémico das suas sementes foi estudado em muitos sistemas de modelos animais, bem como em seres humanos, tanto em doentes com diabetes de tipo 1 como de tipo 2 (Kulkarni *et al.*, 2012). Também se observou que as sementes de feno-grego manifestam efeitos hipocolesterolémicos e podem ser um candidato valioso no tratamento e/ou prevenção de complicações a longo prazo relacionadas com a diabetes (El-Dakak *et al.*, 2013). Além disso, é relatado que têm propriedades restauradoras e nutritivas, estimulam os processos digestivos e contêm uma miríade de fitoquímicos, como esteróides, flavonóides e alcalóides (Priya *et al., 2011*), 2011). As acções biológicas e farmacológicas das sementes de feno-grego são atribuídas principalmente à variedade desses constituintes, nomeadamente a quercetina, a diosgenina, a trigonelina e os aminoácidos livres, como a 4-hidroxi-isoleucina, presentes nas sementes (Mehrafarin *et al.*, 2010). Estes compostos identificados, isolados e extraídos das sementes de feno-grego pela indústria farmacêutica servem de matéria-prima para o fabrico de vários medicamentos hormonais e terapêuticos. A trigonelina, um dos principais componentes alcalóides do feno-grego, contribui para o seu odor caraterístico e foi mais bem avaliada do que os outros componentes do feno-grego, especialmente no que respeita à diabetes e às doenças do sistema nervoso central. Foi relatado que apresenta actividades hipocolesterolémicas, antitumorais, anti-enxaqueca, anti-sépticas, hipoglicémicas, neuroprotectoras, sedativas, melhoradoras da memória, antibacterianas, antivirais e anti-tumorais. Recentemente, sugeriu-se que a trigonelina exerce efeitos hipoglicemiantes em doentes saudáveis sem diabetes (Monago *et al.*, 2010). No entanto, justifica-se um estudo mais aprofundado das suas actividades farmacológicas e do seu mecanismo exato, bem como a aplicação destes conhecimentos à sua utilização clínica. Da mesma forma, foi relatado que a quercetina, um bioflavonoide presente no feno-grego, possui actividades anti-inflamatórias, antioxidantes, antitumorais, imunomoduladoras, antiulcerosas, anticancerígenas, antidiabéticas e anti-angiogénicas, bem como muitas outras propriedades, incluindo a melhoria do desempenho mental e físico (Stochmaova *et al.*, 2013; Mahmoud *et al.*, 2013; Phani *et al*, 2010). Estudos recentes indicam que a quercetina melhora efetivamente a hiperglicemia pós-prandial em ratos diabéticos induzidos por STZ e esses efeitos foram mediados pela inibição da α-glicosidase com um IC50 de 0,48-0,71 mM (Hussain *et al.,*2012Além disso, também foi relatado que melhora a hiperglicemia, hipertrigliceridemia e estado antioxidante de ratos diabéticos induzidos por STZ (Hussain *et al.*, 2012; Jeong *et al.*, 2012). Além disso, existe um interesse comercial considerável no cultivo de feno-grego devido ao seu elevado teor de sapogenina. As saponinas apresentam uma atividade hipocolesterolémica e antidiabética (Wani *et al.*, 2012). As saponinas diosgenílicas, que são glicosídeos esteroidais e contêm diosgenina como aglicona, são frequentemente encontradas como o principal componente dos medicamentos orientais tradicionais como agente anti-hipercolesterolémico, anti-hipertriacilglicerolémico, antidiabético e anti-hiperglicémico (Manivannan *et al.*, *2013*), 2013). Esta saponina esteroidal natural, presente numa variedade de plantas, incluindo o feno-grego, demonstrou ter efeitos favoráveis nos níveis de glicose no sangue, no estado antioxidante, no metabolismo lipídico e no enfarte do miocárdio (Al-Matubsi *et al., 2011)*, Este composto também foi encontrado para mitigar o estresse oxidativo induzido por diabetes e dislipidemia através da modulação do recetor ativado por proliferador de peroxissoma gama (PPAR-Y) em ratos diabéticos tipo 2, que é muito crucial nos riscos cardio-metabólicos ligados a essas doenças (Sangeetha *et al.*, 2013). Recentemente, foi relatado que o feno-grego melhora o diabetes em camundongos obesos diabéticos tipo 2 KK-A (y), promovendo a diferenciação de adipócitos e inibindo a inflamação nos tecidos adiposos, e os efeitos foram relatados como sendo mediados pela diosgenina (Uemara *et al.*, 2010). Assim, o uso médico mais bem documentado de sementes de feno-grego é controlar o açúcar no sangue tanto no diabetes tipo 1 quanto no tipo 2.

Na diabetes, a hiperlipidemia é um problema médico comum. Os doentes com diabetes tipo 2 têm um risco acrescido de doença cardiovascular associado à dislipidemia aterogénica. A prevalência de dislipidemia na diabetes mellitus é de cerca de 95% e é caracterizada por níveis elevados de triglicéridos (TG) em jejum, níveis diminuídos de colesterol de lipoproteína de alta densidade (HDL) e presença de partículas pequenas e densas de colesterol de lipoproteína de baixa densidade (LDL) (Uttra *et al.*, 2011; Enkhmaa *et al.*, 2010). É uma das complicações mais comuns no aumento do risco de aterosclerose prematura, enfarte coronário e do miocárdio, que, por sua vez, são as principais causas de morbilidade e mortalidade cardiovasculares. Os efeitos hipolipidémicos das sementes de feno-grego em animais foram relatados por muitos trabalhadores e estes estudos provaram o potencial terapêutico potente do feno-grego no tratamento da hipercolesterolemia. Os investigadores investigaram as propriedades de redução do colesterol no sangue e da glicose no sangue das sementes de feno-grego, tanto em indivíduos normais como em indivíduos com diabetes. Estudos recentes mostraram reduções significativas nos níveis de colesterol total, colesterol LDL e triglicéridos, com aumento dos níveis de colesterol HDL em diabéticos não dependentes de insulina que consumiram 25 gramas de sementes de feno-grego duas vezes por dia (Geetha *et al.*, 2011). No mundo atual, o feno-grego é reconhecido como uma ajuda botânica útil no tratamento de pessoas com diabetes.

No entanto, as sementes de feno-grego, em comparação com os seus rebentos, têm um sabor amargo e são pobres em fenólicos, bem como em atividade antioxidante total. Os rebentos de feno-grego são ricos em polifenóis, açúcares redutores, minerais (K, Zn e Fe), ácidos gordos poli-insaturados (PUFA), e cada rebento contém tantos metabolitos secundários como uma planta inteira (Shakuntala *et al.*, 2011). Foi observado que, durante o processo de germinação, alguns anti-nutrientes, tais como inibidores de enzimas, são removidos, o que os torna seguros para a dieta e mais amigos do consumidor (Marton *et al,* 2010). Sabe-se que a germinação do feno-grego melhora o seu teor de proteínas e fibras solúveis e reduz o ácido fítico, o ácido tânico e os inibidores de tripsina (Randhir *et al.*, 2004). Assim, em suma, a germinação das sementes de feno-grego melhora a qualidade nutricional, as propriedades organolépticas e o seu valor terapêutico.

Atualmente, um dos desafios globais que o mundo inteiro enfrenta é a epidemia de diabetes tipo 2 que, por sua vez, está a estimular a procura de novos conceitos e alvos para o tratamento desta doença incurável. A maioria das terapias atualmente disponíveis foi desenvolvida na ausência de alvos moleculares definidos. Por conseguinte, o aumento do conhecimento sobre as alterações bioquímicas e celulares que ocorrem na diabetes tipo 2 conduzirá definitivamente ao desenvolvimento de abordagens terapêuticas novas e potencialmente mais eficazes para tratar esta doença. Entre as várias plantas herbáceas com propriedades antidiabéticas, o feno-grego está a ser amplamente utilizado como tratamento complementar da diabetes. A investigação preliminar documentada sugere que o possível efeito hipoglicémico das sementes de feno-grego está relacionado com o seu elevado teor de fibras, elevada viscosidade, inibição da libertação de glucagon, aumento da sensibilidade à insulina, aumento da secreção de insulina induzida pela glicose, potenciação da ação da insulina e inibição da digestão e absorção intestinal de hidratos de carbono (Ali *et al.*, 2013). No entanto, o efeito anti-hiperglicémico do feno-grego demonstrado em vários estudos em animais e humanos até à data não fornece qualquer prova experimental da relação direta entre o metabolismo da glicose e a diabetes com qualquer componente da via de sinalização da insulina para o efeito observado.

A nível molecular, o tratamento da diabetes depende principalmente dos genes ligados ao metabolismo dos hidratos de carbono. A insulina, uma hormona endócrina produzida a partir das células β pancreáticas, desempenha um papel fundamental na homeostase da glicose. A ação da insulina é mediada pelo recetor de insulina (IR) que propaga a sua atividade através de três vias diferentes: a via da fosfatidilinositol-3 quinase (PI-3K), a via da proteína quinase activada por mitogénio (MAPK) e a via da proteína associada a Cbl (CAP) (Galadari *et al.*, 2013). Na via de sinalização PI3K da transdução do sinal de insulina (Figura 1), a insulina ativa sequencialmente o recetor de insulina, a fosfatidilinositol 3-quinase (PI-3k) e a Akt através da fosforilação em resíduos de treonina e serina. A associação do IRS (IRS-1, IRS-2 e IRS-3) com a subunidade reguladora da fosfoinositídeo 3-quinase (PI-3K) através dos seus domínios SRC homologia 2 (SH2) leva à sua ativação, A subunidade catalítica fosforila então os fosfoinositídeos na posição 3' do anel de inositol ou as proteínas em resíduos de serina, resultando na ativação da PtdIns (3, 4) *P2* / PtdIns (3, 4, 5) *P3* quinase 1 *dependente de* PtdIns (PDK1), que por sua vez fosforila a PKB/Akt, uma serina quinase. A Akt é uma molécula chave para a sinalização da insulina e o metabolismo da glucose. Com a ativação da Akt, o influxo de glicose é estimulado pela ativação da síntese de glicogénio através da glicogénio sintase quinase, GSK-3β (Osawa *et al.*, 2010). Na verdade, a PKB desactiva a glicogénio sintase quinase-3β (GSK-3β) através da fosforilação, levando à ativação da glicogénio sintase e, assim, aumenta a síntese de glicogénio (Patel *et al.*, 2008). Dada a complexidade da via de sinalização da insulina, é necessário ponderar cuidadosamente os factores a jusante antes de intervir em qualquer um dos factores críticos da sinalização da insulina.

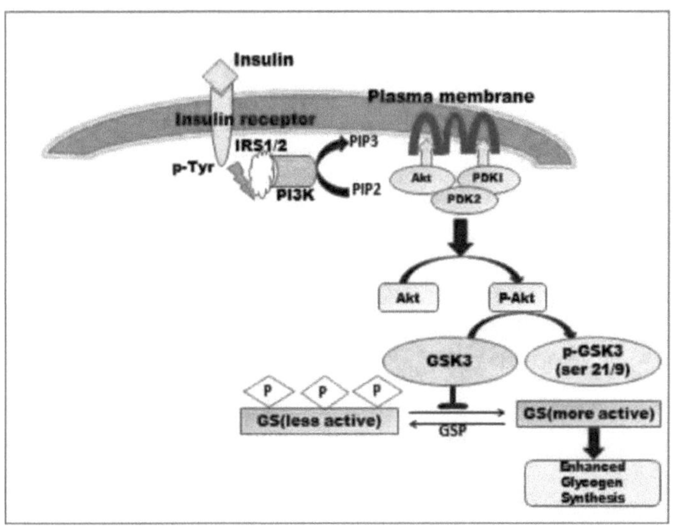

Nos próximos 20 anos, é um grande desafio saber se o nosso conhecimento crescente da rede de sinalização da insulina resultará em tratamentos para combater as epidemias iminentes no tratamento da diabetes e das suas complicações. A nível molecular, são muito procuradas novas abordagens terapêuticas para combater a prevalência crescente da obesidade e da diabetes mellitus tipo 2. No metabolismo dos hidratos de carbono, a desregulação das vias da fosfoinositídeo-3-quinase (PI-3K)/v-akt homóloga do oncogene viral do timoma murino (Akt), da proteína quinase activada por mitogénio (MAPK) e da proteína quinase activada por AMP (AMPK), que são essenciais para a homeostase da glicose, resulta frequentemente em obesidade e diabetes (Stochmaova *et al,* 2013; Mahmoud *et al.,* 2013). Assim, estas vias devem ser alvos terapêuticos atractivos para a gestão desta doença e das suas complicações associadas (Schultze *et al.,* 2012).

A elucidação da via de sinalização PI-3K mediada pela insulina centrou a atenção em componentes que podem ser alvos para o desenvolvimento de melhores medicamentos para tratar a diabetes tipo 2. O desacoplamento da sinalização da insulina a jusante da via PI-3k/Akt em resposta a concentrações elevadas de glicose nos miócitos, lipócitos e hepatócitos tem sido implicado no desenvolvimento da resistência à insulina e da diabetes tipo 2 (Wang *et al.,* 2013). A investigação atual procura melhorar a resistência à insulina encontrando formas de aumentar a atividade da via PI-3K/Akt e restaurar a sensibilidade à insulina. Nos hepatócitos, a ativação da Akt por fosforilação aumenta a expressão do gene da glucocinase e a síntese de glicogénio para manter a euglicemia. O defeito na atividade da Akt foi recentemente encontrado nas biópsias musculares de doentes com diabetes tipo 2 (Xie *et al.,* 2011). Todas estas descobertas indicam que a depressão da via da Akt contribui para a progressão patológica da diabetes e das suas complicações. Foi relatado que numerosas ervas medicinais ou extractos de plantas exercem os seus efeitos hipoglicémicos através da modulação de vários componentes da via de sinalização da insulina (Figura 2).

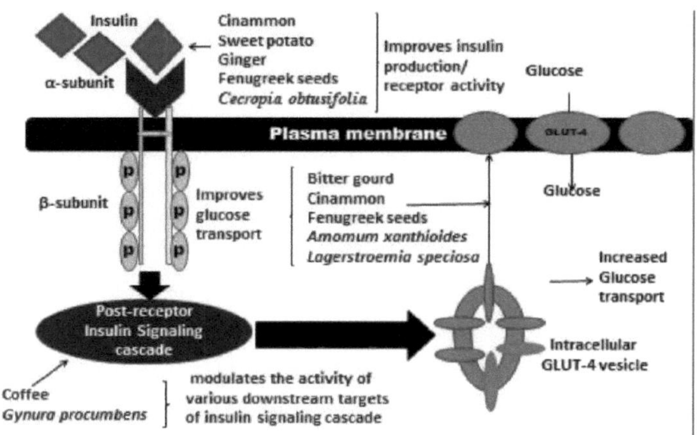

Figura 2: Efeito das ervas medicinais nos alvos moleculares da via de sinalização da insulina

Estudos recentes indicam que a ingestão de café pode contribuir para a melhoria da resistência à insulina e da hiperglicemia em ratinhos KK-A(y) através da ativação da Akt na sinalização da insulina nas células do fígado e do músculo esquelético (Kobayashi *et al.,* 2012). Assim, a restauração dos níveis fosforilados de Akt e a sua subsequente ativação é uma estratégia potencial no tratamento da diabetes e das suas complicações. Alguns relatórios também sugerem que os defeitos na síntese de glicogénio hepático e muscular estimulados pela insulina são os principais factores que contribuem para a hiperglicemia pós-prandial em pacientes com diabetes tipo 2. As reservas de glicogénio hepático são importantes para a homeostase da glicose em todo o corpo e são marcadamente baixas no estado diabético (Malini *et al.*, 2011). É sabido que a síntese de glicogénio no fígado de rato e no músculo esquelético é prejudicada na diabetes. O aumento da atividade da glicogénio sintase pode, portanto, fornecer um meio de promover a síntese de glicogénio e, consequentemente, a eliminação da glicose, em doentes diabéticos de tipo 2, o que constituiu um importante mecanismo de controlo glicémico. Na diabetes, a GSK-3β permanece não fosforilada e activada, resultando numa diminuição da glicogénese no fígado, o que se deve à falta de estimulação da via da insulina (Leng *et al.,* 2010). A atividade da glicogénio sintase é reduzida por fosforilação coordenada em qualquer um dos vários resíduos de serina potenciais pela glicogénio sintase quinase (GSK)-3β, com a glicose-6-fosfato (G-6-p) a proporcionar um nível adicional de controlo alostérico independente do estado de fosforilação. Por conseguinte, a inibição da atividade da GSK-3β, através da conversão na sua forma fosforilada inativa, conduz à ativação da atividade da glicogénio sintase e pode aumentar a captação de glicose. O mecanismo de ação dos efeitos hipoglicemiantes de alguns extractos de plantas, incluindo *a Gynura procumbens*, uma planta medicinal, foi recentemente relatado como envolvendo a via PI-3 /Akt, levando à conversão da GSK-3β na sua forma fosforilada em níveis aumentados, restaurando assim a síntese de glicogénio no tecido hepático de ratos (June *et al.*, 2012).

Atualmente, há muito trabalho em curso para desenvolver tratamentos adequados para a diabetes, uma doença comum relacionada com o stress oxidativo. Estudos recentes sugerem que os fitoquímicos fenólicos exercem a sua atividade antidiabética através da inibição de enzimas hidrolisadoras de hidratos de carbono, como a α-amilase e a α-glicosidase. Estes inibidores enzimáticos naturais de origem alimentar oferecem uma abordagem atractiva para a gestão da hiperglicemia pós-prandial. Vários relatórios sugerem que as sinergias fenólicas podem desempenhar um papel na mediação da inibição enzimática e, por conseguinte, têm o potencial de contribuir para a gestão da diabetes tipo 2 (Sousa e Correia, 2012; Moradi-Afrapoli *et al.*, 2012). Devido à natureza oxidativa desta doença, está a emergir um papel significativo para a utilização de fitoquímicos antioxidantes dietéticos na sua prevenção e tratamento. Tais constituintes dietéticos que mostram funcionalidade contra o problema acima mencionado serão preferidos aos medicamentos sem qualquer possível efeito secundário, mesmo consumindo-os durante muito tempo. Os rebentos obtidos a partir de sementes durante a germinação são excelentes fontes de proteínas, vitaminas, minerais e também contêm nutrientes importantes para a manutenção da saúde, como glucosinolatos, fenólicos, componentes que contêm selénio e isoflavonas. Um dos estudos recentes sobre rebentos de ervilha enriquecidos com fenólicos sugere que possuem uma atividade hipoglicémica muito mais elevada do que as suas sementes, em relação ao controlo da diabetes (Burguieres *et al.*, 2008). Assim, a principal contribuição do presente estudo de investigação é o primeiro passo para compreender o papel dos compostos bioactivos específicos presentes nos rebentos de feno-grego contra a diabetes. Além disso, este estudo determina os alvos bioquímicos e moleculares específicos desses extractos de rebentos ricos em fenólicos, em resposta aos seus efeitos antidiabéticos em estudos *in vitro*, bem como em condições *in vivo*. Por conseguinte, este tipo de estudo é de importância inestimável para a gestão adequada desta doença e das suas complicações associadas, incluindo a hiperlipidemia.

O presente trabalho de investigação foi realizado com base nos seguintes objectivos

> Quimioperfilagem de fitoquímicos importantes, por exemplo, fenóis totais, quercetina,

diosgenina, feno-grego e trigonelina em diferentes fases de crescimento em rebentos obtidos de diferentes cultivares de feno-grego

> Determinação da atividade antioxidante e antidiabética dos rebentos de feno-grego em condições *in vitro*

> Seleção dos melhores rebentos de feno-grego com base em estudos *in vitro* e determinação da sua atividade antidiabética e de redução dos lípidos em condições *in vivo*

> Determinação do efeito dos extractos de rebentos de feno-grego na via de sinalização da insulina em ratos diabéticos induzidos por estreptozotocina

<u>**Revisão da literatura**</u>

2.1. Diabetes

A diabetes é um grupo complexo e heterogéneo de doenças caracterizadas por hiperglicemia persistente e causadas por uma deficiência absoluta ou relativa de insulina, que é uma hormona anabólica produzida pelas células β dos ilhéus de Langerhans localizados no pâncreas. A Organização Mundial de Saúde descreve a diabetes como um distúrbio metabólico de etiologia múltipla caracterizado por hiperglicemia crónica com perturbações do metabolismo dos hidratos de carbono, das gorduras e das proteínas, resultante de defeitos na secreção, na ação ou em ambas as funções da insulina (W.H.O Geneva., 1999; Ozougwu e Soniran, 2011; Kommoju e Reddy *et al.*, 2011). De acordo com a American Diabetic Association, a diabetes é um grupo de doenças metabólicas caracterizadas por hiperglicemia resultante de defeitos na secreção de insulina, na ação da insulina ou em ambas (American Diabetes Association, 2012; Kommoju e Reddy *et al.*, 2011).

2.1.1. Prevalência global da diabetes

A diabetes, um importante problema de saúde, está a aumentar frequentemente a nível mundial, a um ritmo exponencial. Como mostra a Figura 3, a Federação Internacional da Diabetes (IDF) estimou recentemente que o número total de doentes diabéticos em todo o mundo em 2013 era de cerca de 382 milhões, o que corresponde a 8,3 por cento da população adulta mundial. De acordo com este recente relatório da IDF (2013), foi ainda afirmado que todos os tipos de diabetes, em particular a diabetes de tipo 2, estão a aumentar e que o número de pessoas com diabetes aumentará 55% em 2035 (Figuras 3 e 4).

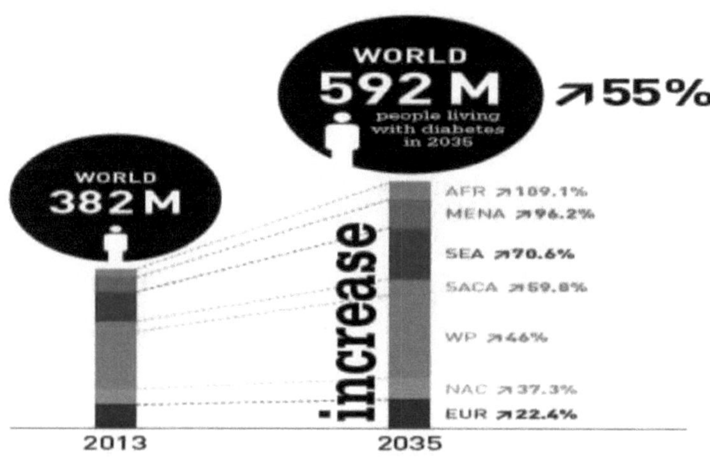

Figura 3: Situação global da diabetes (Fonte: Atlas da Diabetes da IDF, 6ª edição, Bruxelas, Bélgica, 2013)

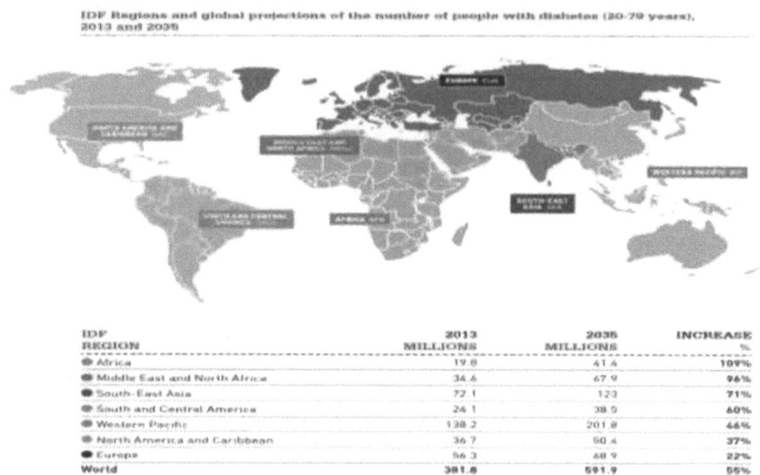

IDF REGION	2013 MILLIONS	2035 MILLIONS	INCREASE %
● Africa	19.8	41.4	109%
● Middle East and North Africa	34.6	67.9	96%
● South-East Asia	72.1	123	71%
● South and Central America	24.1	38.5	60%
● Western Pacific	138.2	201.8	46%
● North America and Caribbean	36.7	50.4	37%
● Europe	56.3	68.9	22%
World	381.8	591.9	55%

Figura 4: Projecções globais das epidemias de diabetes (IDF Diabetes Atlas, 6ª edição, Bruxelas, Bélgica, 2013)

Prevê-se que a América do Sul e Central registe um aumento de 60%, enquanto a América do Norte e as Caraíbas deverão registar um aumento de 37% na epidemia de diabetes em 2035, em comparação com 2013. Do mesmo modo, a Europa deverá registar um aumento de 22%, o Norte de África/Médio Oriente deverá registar um aumento de 96% e a África deverá registar um enorme aumento de 109% da população diabética. Atualmente, o grupo etário mais afetado situa-se entre os 40 e os 59 anos, e cerca de 80% dos casos de diabetes existentes encontram-se em países de baixo e médio rendimento (Sanders *et al.*, 2014). A prevalência da diabetes varia entre 138,2 por cento no Pacífico Ocidental e 19,8 por cento na região africana, com a China a representar a maior população diabética do mundo (98,4 milhões), seguida da Índia, que tem a segunda maior população diabética, com cerca de 61,5 milhões (Liu *et al.*, 2013a; Daivadanam *et al.*, 2013).

2.1.2. Epidemologia da diabetes na Índia

No que respeita à Índia, a prevalência nacional da diabetes em 2013 era de 9,0%, superior à da maioria dos países europeus (Xu *et al.*, 2013). Na Índia, a prevalência média da diabetes inclui uma grande variedade de resultados para diferentes grupos. Em contraste com os inquéritos realizados em 1938 e 1959, nas grandes cidades indianas que são hoje bastiões da diabetes, a prevalência da diabetes era de apenas 1% ou menos. A partir da década de 1980, os números começam a aumentar, primeiro gradualmente e depois de forma explosiva (Verma *et al.*, 2012). Num estudo recente, verificou-se que a prevalência da diabetes em diferentes estados da Índia era de Maharashtra (39,8%), Deli (32,5%), Tamil Nadu (40,3%), Bengala Ocidental (31,0%), Karnataka (34,5%), Andhra Pradesh (37,5%), Gujarat (28,9%) e Madhya Pradesh (33.7%) e revelou que a prevalência na parte meridional da Índia é mais elevada (13,5% em Chennai, 12,4% em Bangalore e 16,6% em Hyderabad) do que na parte oriental da Índia (Calcutá, 11,7%), no norte da Índia (Nova Deli, 11,6%) e na parte ocidental da Índia (Bombaim, 9,3%) (Joshi *et al*, 2012; Shankaraiah e Reddy, 2014). A epidemiologia da diabetes na Índia tem uma longa história. O estudo nacional mais antigo, realizado em 1989 e 1991 em diferentes partes do país, registou uma prevalência global de 2,1% nas zonas urbanas e de 1,5% nas zonas rurais. A partir dos estudos regionais de base populacional realizados entre 2000 e 2014, tal como se indica no quadro 1, é evidente que se registou um aumento acentuado da prevalência da diabetes tanto nas zonas urbanas como nas zonas rurais indianas, sendo o sul da Índia o país com o aumento mais acentuado. Estudos de investigação baseados em populações urbanas indianas em regiões em rápido desenvolvimento da Índia registaram uma prevalência de diabetes superior a 10,1% (Menon *et al.*, 2006; Ajay *et al.*, 2008), ao passo que estudos realizados em populações rurais indianas demonstraram uma prevalência ainda mais elevada, ou seja, 12,5% a 13,2% (Chow *et al.*, 2006; Vijayakumar *et al.*, 2009). Num dos importantes estudos realizados por Ramachandran *et al* (2008), verificou-se que a prevalência da diabetes numa população indiana urbana aumentou significativamente de 8,3% em 1989 para 18,6% em 2005 e, durante o mesmo período, observou-se um aumento semelhante de 2,2% para 9,2% numa população indiana rural. Embora, na Índia rural, o aumento percentual de casos de diabetes seja comparativamente mais baixo do que na população urbana, a prevalência da diabetes continua a aumentar rapidamente. As alterações ambientais e do estilo de vida resultantes da industrialização e da migração para o meio urbano a partir de zonas rurais podem ser, em grande medida, responsáveis por esta epidemia de diabetes tipo 2 nos indianos (Makwana *et al.*, 2012). De acordo com o último relatório, a percentagem total de casos novos e antigos de diabetes mellitus foi de 19,78% e 16,06% nos homens, e 22,04% nas mulheres, com a frequência de casos de diabetes mais elevada no grupo etário dos 50-59 anos (32,10%) (Zaman *et al.*, 2011). Ravikumar *et al* (2011) também realizaram o estudo da prevalência padronizada por idade da diabetes (11,1%) e da pré-diabetes (13,2%) em Chandigarh, na Índia. Existe informação suficiente para retirar conclusões e projecções significativas que não só ajudarão a definir o peso da diabetes na Índia, como também lançarão alguma luz sobre as causas da epidemia de diabetes, embora sejam claramente necessários mais estudos. Além disso, tendo em conta o grande número de pessoas com diabetes de tipo 2 no nosso país, a morbilidade devida às complicações associadas continua a ser muito elevada. Cerca de 25% dos habitantes das cidades indianas (a subpopulação de maior risco) nem sequer ouviram falar de diabetes (Mohan *et al.*, 2007; Diamond *et al.*, 2011).

Quadro 1: Estudos epidemiológicos sobre a diabetes em regiões urbanas e rurais de diferentes estados da Índia (2000-2014)

Região		Urbano	Rural
Autor, Local	Ano de publicação	% Prevalência	% Prevalência
Região Norte			
Zargar *et al.*, Srinagar	2000	5.2	4
Misra *et al.*, Deli	2001	10.3	-
Gupta *et al.*, Jaipur	2003	12.3	-
Gupta *et al.*, Jaipur	2004	16.8	-
Agrawal *et al.*, Rajasthan	2004	-	1.8
Prabhakaran *et al.*, Deli	2005	15.0	-
Gupta *et al.*, Jaipur	2007	20.1	-
Agrawal *et al.*, Rajasthan	2007	-	1.7
Ahmad *et al.*, Caxemira.	2011	6.05	-
Ravikumar *et al.*, Chandigarh	2011	11.1	-
Alok *et al.*, Gujarat	2012	12.8	14.6
Vashitha *et al.*, Haryana	2012	-	4.7

Região Sul			
Kutty *et al.*, Trivandrum	2000	12.4	-
Joseph *et al.*,Trivandrum	2000	16.3	-
Asha Bai *et al.*, Chennai	2000	2.9	-
Mohan *et al.*, Chennai	2001	12.0	-
Mohan *et al.*, Chennai	2006	15.5	-
Chow *et al.*, Godavari	2006	-	13.2
Menon *et al.*, Kochi	2006	19.5	-
Ramachandran *et al.*, Chennai	2008	18.6	-
Vijyakumar *et al.*, Kerala	2009	-	12.5
Purty *et al.*, Pondicherry	2010	5.6	-
Gupta *et al.*, Tamil Nadu	2010		5.99
Majgi *et al.*, Pondicherry	2012	-	5.8
Bharati *et al.*, Pondicherry	2011	8.47	-
Roopa e Rama-Devi, Banglore	2014	10.3	-
Região oriental			
Singh *et al.*, Manipur	2001	4.0	-
Kumar *et al.*, Calcutá	2008	11.5	-
Região Oeste			
Iyer *et al.*, Mumbai	2001	7.5	-
Deo *et al.*, Sindhudurg	2006	-	9.3
Kokiwar *et al.*, Nagpur	2007	3.67	-
Singh *et al.*, Nagpur	2011a	17.75	-
Koria *et al.*, Ahmadabad.	2013	7.33	-
Patil *et al.*, Pune	2013b	4.16	-
Gaikwad *et al.*, Maharastra	2014	27.35	-

2.2. Diagnóstico da diabetes

A procura da diabetes num indivíduo é muitas vezes motivada pela presença de sintomas caraterísticos como sede, poliúria, perda de peso, turvação da visão, infeções recorrentes e, em casos mais graves, precoma, que podem ser úteis no diagnóstico precoce da doença (Kitabchi *et al.*, 2009; Bukonla *et al*, 2012).Mas, muitas vezes, os sintomas são ligeiros ou ausentes e a hiperglicemia ligeira pode persistir durante anos com aumento dos danos tecidulares silenciosos, embora a pessoa possa ser totalmente assintomática.A hiperglicemia é uma das principais caraterísticas da diabetes mellitus.Em indivíduos saudáveis, os níveis de glicose no sangue são normalmente mantidos num intervalo muito estreito, geralmente 70 a 120 mg/dl (3,9 a 6,7 mmol/l) (Berg, 2013).O diagnóstico de diabetes é estabelecido pela observação de elevação da glicemia acima dos valores normais.

Os vários testes habitualmente utilizados para o diagnóstico da diabetes são o teste aleatório de glucose plasmática (RPG), a glucose plasmática em jejum (FPG) ou o teste oral de tolerância à glucose (OGTT) (ADA, 2008). No indivíduo sintomático, isto é mais fácil, mas nas pessoas assintomáticas (ou na ausência de hiperglicemia inequívoca), uma vez detectada uma anomalia, esta deve ser confirmada por um novo teste que envolva qualquer um dos três métodos.Devido, em grande parte, aos inconvenientes da medição dos níveis de glicose no plasma em jejum ou da realização de um OGTT, bem como à variabilidade diária dos níveis de glicose, há muito que se procura uma alternativa à medição da glicose para o diagnóstico da diabetes. Um relatório recente da Organização Mundial de Saúde (OMS) e da Associação Americana de Diabetes (ADA) integrou a hemoglobina A1c glicada (HbA1c) nos critérios de diagnóstico da diabetes nas suas diretrizes actualizadas (ADA, 2010; OMS, 2011).

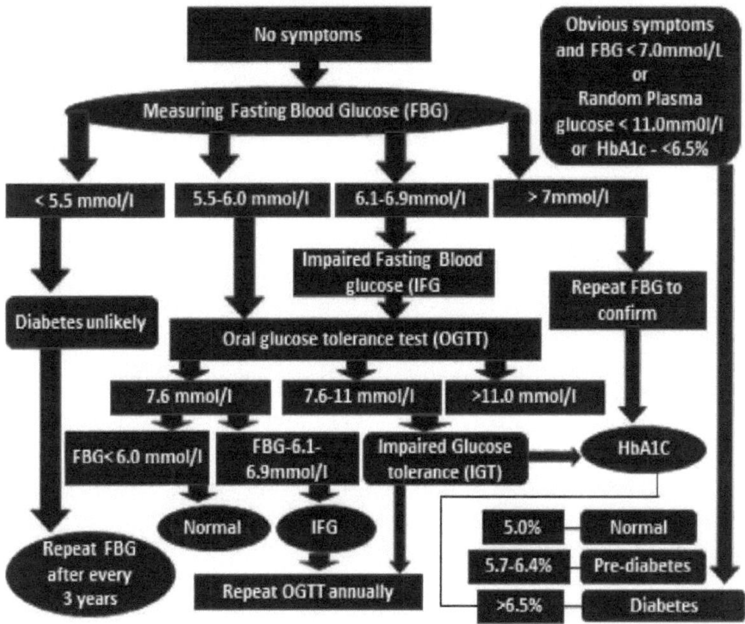

Figura 5: Diagnóstico e rastreio da diabetes e do metabolismo deficiente da glucose

2.2.1. Teste de glucose plasmática em jejum (FPG)

O teste FPG é usado para detetar diabetes e pré-diabetes. Esse tem sido o exame mais usado para diagnosticar diabetes, porque é mais conveniente que o TOTG e mais barato. O teste

FPG mede a glicose no sangue de uma pessoa em jejum de pelo menos 8 horas e é mais confiável quando feito pela manhã. Um indivíduo com concentrações de glicose em jejum entre 100 e 125 mg/dl (5,6 a 6,9 mmol/l) ou valores de OGTT entre 140 e 199 mg/dl (7,8 a 11,05 mmol/l) é considerado como tendo tolerância à glicose diminuída (IGT), também conhecida como hiperglicemia intermédia ou pré-diabetes. Um nível igual ou superior a 126 mg/dl, confirmado pela repetição do teste noutro dia, significa que a pessoa tem diabetes.

2.2.2. Teste aleatório de glucose no plasma (RPG)

Outra análise ao sangue, o teste aleatório de glucose plasmática (RPG) é por vezes utilizado para diagnosticar a diabetes durante um exame de saúde regular. Um doente diabético tem uma concentração aleatória/casual de glucose no sangue de quase $\geq$ 200 mg/dl (11,1 mmol/l), com sinais e sintomas clássicos de diabetes.

2.2.3. Teste oral de tolerância à glucose (OGTT)

O OGTT pode ser usado para diagnosticar diabetes, pré-diabetes e diabetes gestacional. Pesquisas mostraram que o OGTT é mais sensível que o teste FPG, mas é menos conveniente de administrar. Quando usado para testar diabetes ou pré-diabetes, o OGTT mede a glicose no sangue após uma pessoa estar em jejum por pelo menos 8 horas e 2 horas após a pessoa beber um líquido contendo 75 gramas de glicose dissolvida em água. As pessoas com concentrações de glicose em jejum inferiores a 100 mg/dl (5,6 mmol/l) ou inferiores a 140 mg/dl (7,8 mmol/l) após um TOTG são consideradas euglicémicas. Se o nível de glicemia em 2 horas se situar entre 140 e 199 mg/dl, a pessoa tem um tipo de pré-diabetes chamado tolerância à glicose diminuída (IGT). Se for confirmado por um segundo teste, um nível de glicemia em 2 horas igual ou superior a 200 mg/dl significa que a pessoa tem diabetes.

2.2.4. HbA1c, ou teste de glicohemoglobina

O teste de HbA1C é usado para detetar diabetes tipo 2 e pré-diabetes, mas não é recomendado para o diagnóstico de diabetes tipo 1 ou diabetes gestacional.Este teste é mais conveniente para os pacientes do que os testes tradicionais de glicose, porque não requer jejum e pode ser realizado a qualquer hora do dia.Quanto maior a percentagem de HbA1C, mais altos foram os níveis de glicose no sangue de uma pessoa.A HbA1C é o índice que indica a média da glicemia durante os últimos três meses.Uma alteração de um por cento na HbA1C equivale a uma alteração de aproximadamente 35 mg/dl na glicose plasmática média.Valores menores de HbA1C indicam um melhor controlo glicémico.A investigação tem demonstrado que com cada redução de um por cento no valor da HbA1C, o risco de complicações microvasculares é reduzido em quase 40 por cento (Ghazanfari *et al.*, 2010). Um nível normal de HbA1C é inferior a 5,7 por cento. No entanto, um nível de HbA1C de 5,7 a 6,4 por cento indica um estado de pré-diabetes.As pessoas com uma HbA1C inferior a 5,7 por cento podem ainda estar em risco de diabetes, também conhecido como factores de risco, dependendo da presença de outras caraterísticas que as colocam em risco. As pessoas com uma HbA1C superior a 6,0 por cento devem ser consideradas em risco muito elevado de desenvolver diabetes e um nível de 6,5 por cento ou superior significa que a pessoa tem diabetes.

2.3. Classificação da diabetes

A diabetes mellitus, como já foi referido, é uma doença complexa e heterogénea, com diversos mecanismos etiológicos; por conseguinte, qualquer classificação é arbitrária, mas não deixa de ser útil. A classificação atual da diabetes foi cunhada e publicada em 1997 pelo painel de peritos da Associação Americana de Diabetes, tendo sido novamente aprovada pela OMS em 1998 e modificada pela ADA em 2003, seguida novamente pela OMS em 2006 (Maraschin, 2012). Inclui quatro tipos ou categorias principais: diabetes mellitus tipo 1, diabetes mellitus tipo 2, outros tipos específicos de diabetes e diabetes gestacional (Liu *et al.*, 2013b).

Quadro 2: Classificação etiológica da diabetes

1. Diabetes de tipo 1
A. Imunologicamente mediada (Tipo 1A)
B. Idiopática (Tipo 1B)
2. Diabetes de tipo 2
3. Diabetes gestacional
4. Outros tipos específicos
Perturbação genética da função das células β (MODY, ADN mitocondrial)
Perturbação genética da ação da insulina (diabetes lipoatrófica)
Doença do pâncreas exócrino (Pancreatite, Hemocromatose)
Endocrinopatias (Acromegalia, síndrome de Cushing
Induzida por medicamentos (glucocorticóides, tiazídicos)
Infecções (Citomegalovírus, Rubeola congénita)
Formas imunológicas pouco frequentes (Anticorpos do recetor da insulina)

Outros síndromes genéticos (síndrome de Down, Turner, Prader-Willi)

Fonte: Associação Americana de Diabetes, 2010.

2.3.1. Diabetes tipo 1

A diabetes mellitus tipo 1 (anteriormente designada por diabetes mellitus insulinodependente (IDDM) ou diabetes de início juvenil, resulta de uma destruição autoimune progressiva, mediada por células, das células β pancreáticas que leva à deficiência completa de insulina (Knip e Siljander, 2008; Bluestone *et al.*, 2010).A taxa de destruição das células β é bastante variável, sendo rápida na maioria, particularmente em bebés e crianças, mas pode ser insidiosa nos adultos.Quando a falência das células β é súbita, como se observa em alguns doentes, particularmente em crianças e adolescentes, pode causar cetoacidose, frequentemente a primeira manifestação da doença e, se privados de insulina, podem entrar em coma e finalmente morrer.Os testes bioquímicos revelam hiperglicemia e níveis baixos de péptido C (um marcador da secreção de insulina). A doença é mais comum durante a infância e a adolescência, mas pode ocorrer em qualquer idade. A doença é mais comum durante a infância e a adolescência, mas pode ocorrer em qualquer idade. Normalmente, representa 5-10% de todos os casos de diabetes (American Diabetes Association, 2011; Maraschin, 2012).

A diabetes tipo 1 foi ainda subclassificada em Tipo 1A e Tipo 1B.

2.3.1.1. Diabetes autoimune ou de tipo 1A

Trata-se de uma doença autoimune específica de um órgão com uma predisposição genética determinada pelo locus de histocompatibilidade principal no cromossoma 6p21. A presença de determinados haplótipos do antigénio linfocitário humano (HLA) predispõe à doença. Está associada a outras doenças auto-imunes, como a doença de Addison e a tiroidite de Hashimoto (Knip e Siljander, 2008; Van-Belle *et al.*, 2011). Embora exista uma base genética bem documentada para a diabetes tipo 1, a sua incidência crescente também tem sido atribuída a determinados agentes desencadeantes ambientais importantes, incluindo infecções virais e proteínas do leite de vaca, que culminam numa destruição mediada por células T das células β pancreáticas, conduzindo à diabetes autoimune ou tipo 1A (Knip e Simell, 2012; Coppieters *et al.*, 2012). A frequência da destruição das células β (que reflecte o grau de privação de insulina) varia de doente para doente e tende a ser de curta duração, como se observa no período neonatal, ou pode ser suficientemente prolongada para ser confundida com diabetes de tipo 2, como se observa na diabetes autoimune latente em adultos (LADA). Os anticorpos aparecem na circulação sanguínea no início do processo autoimune, antes de ocorrer uma destruição significativa das células β, e são considerados marcadores (não o fator etiológico real) da resposta imunitária. Existem vários anticorpos, mas os mais estudados são os anticorpos das células das ilhotas, anticorpos anti ácido glutâmico descarboxilase (anti-GAD), IA-2, IA-2b e anticorpos anti-insulina. A sua presença pode ajudar a classificar casos de diabetes recentemente diagnosticados, mas a falta de padronização laboratorial limita a sua utilização na prática clínica diária (Unger, 2008; Brahmkshatriya *et al.*, 2012).

2.3.1.2. Diabetes tipo 1B

Este tipo representa 5-10% de todos os casos de diabetes de tipo 1 e é caracterizado pela ausência de uma base autoimune para a destruição das células β. O tipo 1B, também designado idiopático, é hereditário e tem todas as caraterísticas clínicas do tipo 1A, exceto o facto de não apresentar provas de autoimunidade das células β, de não estar associado ao HLA e de a sua patogénese específica permanecer pouco clara.A diabetes fulminante é um subtipo do tipo 1B, mais descrito em povos asiáticos, principalmente no Japão, na China e na Coreia.Caracteriza-se por uma história clínica curta, antes da primeira descompensação metabólica aguda, e apresenta o comprometimento das células β e α dos ilhéus pancreáticos, sem etiologia autoimune (Dib e Gomes, 2009).A disfunção das células β é variável, e a doença manifesta-se frequentemente por insulinopenia grave e/ou cetoacidose.A função das células β recupera frequentemente, tornando os níveis de glucose quase normais. Estes doentes devem ser tratados inicialmente com insulina, mas a terapêutica de substituição da insulina pode nem sempre ser necessária após a fase de recuperação.

2.3.2. Diabetes tipo 2

Este é o tipo mais comum de diabetes, correspondendo a 85-90% de todos os casos de diabetes em todo o mundo. Não é imunomediada e raramente progride a um ponto em que o doente se torna dependente de insulina para sobreviver. Esta doença é uma doença multifatorial complexa que envolve predisposição genética e vários factores ambientais que influenciam a duração e a qualidade de vida de um indivíduo afetado (Srinivasan *et al.*, 2008).Uma interação complexa entre factores genéticos e ambientais resulta numa tolerância à glicose diminuída devido à obesidade, ácidos gordos livres elevados e glicose elevada, levando à falência das células β, que por sua vez causam diabetes tipo 2.A cetoacidose é pouco frequente e está normalmente associada a uma doença intercorrente grave.Embora a base genética da diabetes tipo 2 ainda não tenha sido identificada, existem fortes indícios de que os factores de risco modificáveis, como a obesidade e a inatividade física, são os principais determinantes não genéticos da doença (Sollu *et al.*, 2010). Este tipo de diabetes é caracterizado por dois defeitos fisiopatológicos principais: a resistência à insulina, que resulta num aumento da produção hepática de glicose e numa diminuição da eliminação de glicose, e a função secretora das células β (tanto basal como estimulada pela glicose) que, por sua vez, modifica os processos de deteção de combustível no organismo e resulta em hiperglicemia (Jadhav e Puchchakayal, 2012; Spellman, 2010).Se não for tratada, a hiperglicemia pode causar complicações microvasculares e macrovasculares a longo prazo, como a nefropatia, a neuropatia, a retinopatia e a aterosclerose (Jain e Saraf, 2010; Ramachandran *et al*, 2010). A diabetes mellitus tipo 2 é uma doença comum com morbilidade e mortalidade substanciais associadas e até 80% dos doentes com diabetes tipo 2 desenvolvem ou morrem normalmente de complicações macrovasculares (Haque *et al.*, 2011).

2.3.3. Diabetes de outros tipos específicos

Existem também vários outros tipos de diabetes, resumidos na Tabela 2, que representam apenas uma pequena parte de todos os casos de diabetes e incluem os seguintes:

2.3.3.1. Diabetes do jovem com início na maturidade

A diabetes de início na maturidade dos jovens (MODY) compreende um grupo heterogéneo de doenças monogénicas, causadas por disfunção das células β pancreáticas e é caracterizada por diabetes não cetótica ou ausência de auto-anticorpos pancreáticos.É frequentemente confundida com a diabetes mellitus de tipo 1 ou 2 e estima-se que seja a causa subjacente da diabetes em 1-2% dos doentes diagnosticados com diabetes (Thanabalasingham e Owen, 2011).É importante distinguir MODY de diabetes tipo 1 e tipo 2, porque os tratamentos ideais são diferentes.Pacientes com tipo MODY diferem significativamente da diabetes tipo 2; os primeiros tendem a ser mais jovens (< 25 anos), não obesos e não possuem os componentes de uma síndrome metabólica (hipertensão, resistência à insulina e hipertrigliceridemia).É causada por mutações em genes importantes para o desenvolvimento, função e regulação das células β, deteção de glicose e no próprio gene da insulina (Naylor e Philipson, 2011; Colclough *et al.*, 2014). Até ao momento, estão descritos seis subtipos de MODY amplamente aceites (embora a lista tenha aumentado para nove), cada um com o seu fenótipo e caraterísticas genéticas peculiares (Nyunt *et al.*, 2009).

A identificação exacta dos diferentes subtipos de MODY requer testes genéticos moleculares e a realização de um diagnóstico específico de MODY pode ter implicações importantes na orientação do tratamento adequado, no prognóstico e no aconselhamento genético (Wheleer *et al.*, 2013).

2.3.3.2. Diabetes devido a defeitos genéticos da ação da insulina

Este tipo de diabetes resulta de anomalias associadas a mutações do recetor de insulina e pode variar entre hiperinsulinemia e hiperglicemia modesta e diabetes grave. As doenças mais graves, causadas por mutações autossómicas recessivas raras no gene do recetor de insulina, resultam numa ausência quase completa da função residual do recetor de insulina. As manifestações clínicas incluem restrição do crescimento intrauterino e pós-natal, hipoglicemia em jejum, hiperglicemia pós-prandial, hiperinsulinemia maciça, comprometimento do desenvolvimento muscular e do tecido adiposo.A morte por infeção intercorrente geralmente ocorre na síndrome de Donohue; no entanto, a síndrome de Rabson-Mendenhall difere pela presença adicional de dentição displásica, caraterísticas faciais grosseiras, cetoacidose diabética grave, hiperplasia pineal e sobrevivência para além da infância (Murphy *et al.*, 2013).

2.3.3.3. Diabetes devido a doenças do pâncreas exócrino

A morfologia do pâncreas e a função pancreática exócrina é um fenómeno frequentemente observado, gravemente alterado em doentes com diabetes tipo 1 e tipo 2. Várias hipóteses tentam explicar estes resultados, incluindo a falta de insulina como fator trófico para o tecido exócrino, alterações na secreção e/ou ação de outras hormonas das ilhotas e autoimunidade contra antigénios endócrinos e exócrinos comuns.Outra explicação pode ser que a diabetes mellitus também pode ser uma consequência de doenças pancreáticas subjacentes que incluem pancreatite, trauma, infeção, pancreatectomia, carcinoma pancreático, fibrose cística, bem como hemocromatose (se suficientemente extensa) (Hardt e Ewald, 2011).Outro conceito fisiopatológico propõe as alterações funcionais e morfológicas como consequência da neuropatia diabética.Em suma, qualquer processo que lesione difusamente o pâncreas leva a esta diabetes (Price *et al.*, 2010; Bartosch-Harlid e Andersson, 2010; Frohnert *et al.*, 2010).

2.3.3.4. Diabetes devido a outras endocrinopatias

A diabetes manifesta-se e está associada a várias endocrinopatias que incluem a acromegalia, a síndrome de Cushing, o hipertiroidismo, o glucagonoma e o feocromocitoma.As hormonas envolvidas nestas endocrinopatias, nomeadamente a hormona do crescimento (acromegalia), o cortisol (síndrome de Cushing), o glucagon (glucagonoma) e a epinefrina (feocromocitoma) são antagonistas da insulina e em quantidades excessivas podem causar diabetes (Reshmini *et al*, 2009; Ghigo *et al.,* 2014), o que geralmente ocorre em indivíduos com defeitos pré-existentes na secreção de insulina, que desaparecem se a endocrinopatia for tratada.

2.3.3.5. Diabetes induzida por drogas ou produtos químicos

Esta forma de diabetes ocorre devido a medicamentos ou produtos químicos que afectam a secreção de insulina, aumentam a resistência à insulina ou danificam permanentemente as células β pancreáticas, como se verifica com a administração de doses elevadas de esteróides.O antibiótico gatifloxacina, os β-bloqueadores, os diuréticos tiazídicos, os corticosteróides, alguns SGAs (antipsicóticos de segunda geração), os CNIs (inibidores da calcinerina), a ciclosporina, o tacrolimus e os inibidores da protease podem elevar os níveis de glicose no sangue em doentes com ou sem diabetes (Rehman *et al.,* 2011). Os médicos devem estar cientes do potencial dos medicamentos para contribuir para o desenvolvimento de níveis elevados de glicose no sangue nos seus doentes, independentemente do diagnóstico de diabetes.

2.3.3.6. Diabetes devido a infecções

Nesta forma de diabetes, as infecções virais, incluindo o vírus coxsackie B, o citomegalovírus, o adenovírus, a papeira, a rubéola e o vírus coxsackie B, têm sido associadas à destruição autoimune das células β em indivíduos geneticamente predispostos e contribuem para o desenvolvimento da diabetes tipo 1 (Christen e Von-Herrath, 2011).

2.3.4. Diabetes mellitus gestacional (GDM)

A diabetes mellitus gestacional (DMG) é definida como um estado de intolerância aos hidratos de carbono de gravidade e evolução variáveis, que se desenvolve ou é detectado pela primeira vez durante a gravidez e está presente em cerca de 4%-7% das gravidezes (Sollu *et al.,* 2011).Alguns relatórios anteriores sugerem que as mulheres que experimentam diabetes mellitus gestacional (DMG) têm um maior risco de desenvolver diabetes tipo 2 dentro de 10-20 anos após a sua gravidez índice (Lee *et al.,* Este tipo de diabetes é geralmente diagnosticado com base num teste oral de tolerância à glicose. Em 2011, a

American Diabetes Association (ADA) e a International Association of Diabetes and Pregnancy Study Groups (IADPSG) reviram as recomendações relativas à DMG. Recomenda-se agora que as pacientes com risco acrescido de diabetes tipo 2 sejam rastreadas para a diabetes utilizando critérios de diagnóstico padrão na sua primeira consulta pré-natal. As mulheres de alto risco são definidas como tendo níveis de glucose plasmática em jejum diminuídos de 5,6mmol/l a 6,9mmol/l [100mg/dl a 125mg/dl]) ou tolerância à glucose diminuída (valores OGTT de 2 horas) de 7,8mmol/l a 11,0mmol/l [140mg/dl a 199mg/dl]). As mulheres com uma HbA1c de 5,7% a 6,4% também são consideradas de risco acrescido. Nestas doentes, os níveis de glucose em jejum confirmados de $\geq$7,0mmol/l (126mg/dl) ou níveis de glucose aleatórios $\geq$11,1mmol/l (200mg/dl) são também diagnósticos de diabetes.A ADA e a IADPSG recomendam que estas mulheres de alto risco com diabetes diagnosticada com base nos critérios de diagnóstico padrão recebam um diagnóstico de diabetes aberta em vez de diabetes gestacional.Esta forma de diabetes está associada a uma incidência excessiva de macrossomia fetal, pré-eclâmpsia e cesariana na gravidez índice e, no seguimento a longo prazo, a diabetes tipo 2 desenvolve-se em cerca de um terço das mulheres que já tiveram diabetes gestacional (Rice *et al.*, 2012).

2.4 . Marcadores bioquímicos da diabetes

2.4.1. Níveis de glucose no sangue

As alterações dos níveis normais de glucose no sangue conduzem a estados fisiológicos anormais que causam hipoglicemia (níveis baixos de glucose) ou hiperglicemia (níveis elevados de glucose) (Uppu *et al.*, 2011). A glicemia baixa ou hipoglicemia é o problema de saúde imediato mais comum para os doentes com diabetes (Furushima *et al.*, 2010). A hipoglicemia continua a ser o principal fator limitante na gestão da diabetes tipo 1, com o insulinoma (um tumor derivado das células beta das ilhotas) a manifestar os seus vários sintomas clínicos (Ali, 2011; Jacobson *et al*, 2011). Esta situação conduz a um subaprovisionamento de glucose nos tecidos, sendo por isso particularmente perigosa para as células neuronais, os eritrócitos e os fibroblastos, que utilizam a glucose como combustível energético dominante ou mesmo exclusivo em condições fisiológicas normais. Por outro lado, a hiperglicemia persistente é altamente tóxica, pois não só induz a resistência à insulina, como também prejudica a secreção de insulina pelas células β do pâncreas. A exposição à hiperglicemia durante muito tempo também produz efeitos prejudiciais nos sistemas macrovascular e microvascular (Yan *et al., 2014)*, 2014).Durante um estado hiperglicémico prolongado na diabetes mellitus, a glicose forma aductos covalentes com as proteínas plasmáticas através de um processo não enzimático conhecido como glicação. A modificação não enzimática das proteínas plasmáticas, como a albumina, o fibrinogénio e as globulinas, pode produzir vários efeitos deletérios, incluindo a alteração da ligação de fármacos no plasma, a ativação plaquetária, a geração de radicais livres de oxigénio, a fibrinólise prejudicada e a perturbação da regulação do sistema imunitário (Helou *et al.*, 2013). A glicação das proteínas e a formação de produtos finais de glicação avançada (AGEs) desempenham um papel importante na patogénese das complicações diabéticas, como a retinopatia, a nefropatia, a neuropatia, a cardiomiopatia e algumas outras doenças, como a artrite reumatoide, a osteoporose e o envelhecimento (Negre-Salvayre *et al.*, 2009). A glicação das proteínas também interfere com as suas funções normais, perturbando a conformação molecular, alterando a atividade enzimática e interferindo com o funcionamento dos receptores (Khan *et al., 2009)*, 2009). Os AGEs formam ligações cruzadas intra e extracelulares não só com proteínas, mas também com outras moléculas-chave endógenas, incluindo lípidos e ácidos nucleicos, contribuindo para o desenvolvimento de complicações diabéticas. Estudos recentes também sugerem que os AGEs interagem com receptores localizados na membrana plasmática para AGEs (RAGE) para alterar a sinalização intracelular, a expressão genética, a libertação de moléculas pró-inflamatórias e radicais livres (Singh *et al., 2014a)*, 2014a). Por conseguinte, é evidente que o controlo eficaz dos níveis de glicose no sangue desempenha um papel fundamental na prevenção ou reversão das complicações diabéticas e na melhoria da qualidade de vida dos doentes diabéticos de tipo 1 e de tipo 2 (Sandhar *et al.*, 2011; Jung *et al.*, 2012).

2.4.2. Testes de função hepática (LFT's)

O fígado humano desempenha um papel importante na manutenção da concentração de glucose no sangue, tanto em jejum como no estado pós-prandial. O fígado é um interveniente central na regulação da glucose plasmática, contribuindo quer para a utilização líquida de glucose hepática, quer para a produção líquida de glucose hepática, dependendo do facto de o nível de glucose plasmática exceder ou descer abaixo de um valor limiar crítico (referido como "set point") de ~6 Mm (Nuttall *et al.*, 2009; Koenig *et al.*, 1976). Na prática clínica, os testes de função hepática são habitualmente utilizados para despistar doenças hepáticas, monitorizar a progressão de doenças conhecidas e monitorizar os efeitos de medicamentos potencialmente hepatotóxicos, sendo considerados um marcador alternativo de lesão hepática e de doença hepática gorda não alcoólica. Os indivíduos com diabetes tipo 2 têm uma maior incidência de anomalias nos testes de função hepática do que os indivíduos que não têm diabetes. Estudos anteriores demonstraram que a concentração circulante de enzimas hepáticas como a gama-glutamiltransferase (GGT), a alanina aminotransferase (ALT) e a aspartato aminotransferase (AST) estão aumentadas em indivíduos com resistência à insulina e síndroma metabólica. Além disso, estes componentes dos testes de função hepática demonstraram estar positivamente associados ao risco de futura diabetes de tipo 2 (Abbasi *et al.*, 2012). Na diabetes e nas doenças relacionadas, as elevações dos níveis de enzimas séricas são consideradas os indicadores relevantes de toxicidade hepática, ao passo que os aumentos dos níveis de bilirrubina total e conjugada são medidas da função hepática global. Uma elevação dos níveis de transaminases, em conjunto com um aumento do nível de bilirrubina para mais do dobro do seu nível superior normal, é considerada um marcador sinistro de hepatotoxicidade. A albumina e a protrombina reflectem a função sintética do fígado, enquanto a fosfatase alcalina (AP) e a γ-glutamiltranspeptidase (GGT) actuam como marcadores da função biliar e da colestase (Singh *et al.*, 2011b).

2.4.3. HbAIC

A gestão eficaz da diabetes exige um controlo glicémico sustentado ao longo de muitos anos para reduzir o risco de complicações macro e microvasculares nas pessoas com diabetes (Litwak *et al.*, 2013). Como já foi referido anteriormente, a HbA1c, expressa como a percentagem de hemoglobina glicada em adultos, é a medida mais utilizada da glicemia crónica. A obtenção de níveis de HbA1c próximos do normal tem demonstrado reduzir as complicações a longo prazo. Embora os ajustamentos diários da terapêutica sejam orientados pelos níveis de glicose, o ensaio de HbA1c é recomendado para determinar se o tratamento é adequado e para orientar os ajustamentos (Pasupathi *et al.*, 2010).

2.4.4. Perfis lipídicos

Os relatórios de investigação sugerem que o tratamento ideal da diabetes, para além do controlo glicémico, deve ter um efeito favorável nos perfis lipídicos (Chung *et al.*, 2011; Rai *et al.*, 2013).Na diabetes mellitus tipo 2, as anomalias lipídicas são quase a regra. Os achados típicos são a elevação do colesterol total e VLDL, a concentração de triglicéridos, a lipidemia pós-prandial exagerada, a diminuição do colesterol HDL e a predominância de partículas LDL pequenas e densas. A resistência à insulina está frequentemente envolvida neste processo (Sultana *et al.*, 2010). No metabolismo normal, a insulina ativa a enzima lipoproteína lipase e hidrolisa os triglicéridos, e a deficiência de insulina na diabetes resulta na inativação destas enzimas-chave, causando assim hipertrigliceridemia (Shirwaikar *et al*, A trigliceridemia tem sido associada a um risco acrescido de doença coronária, tanto em indivíduos não diabéticos como em indivíduos diabéticos de tipo 2. Os restos de lipoproteínas ricas em triglicéridos são considerados extremamente aterogénicos. As propriedades pró-aterogénicas das pequenas partículas de LDL podem estar relacionadas com a sua capacidade de penetrar na parede arterial, tornando-as assim mais susceptíveis à oxidação, indiretamente associada à doença arterial coronária. Por outro lado, o colesterol LDL está relacionado com factores de estilo de vida, como a alimentação e o exercício físico, e tem sido associado à síndrome metabólica. (Miller *et al.*, 2011). De acordo com estudos de investigação recentes, os lípidos séricos (aumento dos níveis de triglicéridos e diminuição dos níveis de HDL) estão entre os melhores preditores de doenças cardiovasculares em doentes com diabetes mellitus tipo 2 (Sone *et al.*, 2012).

2.4.5. Proteína C-reativa (PCR)

A proteína C-reactiva (PCR) é um biomarcador inflamatório envolvido na disfunção endotelial e na aterogénese, e tem sido associada a doenças macrovasculares e às complicações microvasculares não oculares da diabetes (Lim *et al.*, 2010). A PCR é produzida pelo fígado através da estimulação de citocinas, incluindo a interleucina 1, a interleucina 6 e o fator de necrose tumoral. Muitos estudos prospectivos recentes sugeriram que a PCR acarreta um risco mais elevado de desenvolvimento de diabetes tipo 2 (Mugabo *et al.*, 2010). Um estudo clínico em grande escala realizado nos EUA e na Europa não encontrou quaisquer provas conclusivas que ligassem os níveis de PCR à diabetes. Em contrapartida, um estudo epidemiológico de mulheres japonesas da cidade de Habikino durante exames médicos de rotina, realizado através de uma análise transversal e longitudinal, revelou que os níveis de PCR e a diabetes estão, de facto, associados a estas mulheres (Takao *et al.*, 2012).

2.4.6. Diasacaridases

Os dissacáridos, como a maltose com ligação α-1,4-glicosídica, a isomaltose com ligação alfa-1,6-glicosídica e a sacarose com ligação alfa-1,2-glicosídica, são digeridos em monossacáridos por α-glicosidases localizadas na membrana da borda em escova do intestino delgado.Nos seres humanos, existem dois tipos de α-glucosidases intestinais: a maltaseglucoamilase (MGAM) e a sacarase-isomaltase (SI). Cada enzima possui dois domínios catalíticos no lado N-terminal (NtMGAM, NtSI) e dois no lado C-terminal (CtMGAM, CtSI). Como antidiabético, é necessário que o inibidor da α-glucosidase se ligue a todos estes domínios para inibir a hidrólise dos dissacáridos (Nakamura *et al.*, 2012). A maltaseglucoamilase (MGAM) é uma enzima ligada à membrana, ao passo que a sucrase e a isomaltase são dois componentes principais da dissacaridase, o complexo sucrase-isomaltase (complexo SI), e formam um complexo enzimático na membrana da borda em escova. O complexo SI é sintetizado como um único péptido precursor, que é amadurecido por clivagem em subunidades de sucrase e isomaltase através de proteases pancreáticas. Estas duas enzimas desempenham um papel importante na digestão final dos hidratos de carbono (Liu *et al.*, 2011a). Uma série de relatórios demonstrou que as actividades das dissacaridases, incluindo a sacarase e a isomaltase, são anormalmente elevadas no intestino delgado de doentes diabéticos e de animais diabéticos experimentais, o que indica que o aumento das actividades das dissacaridases é um dos factores que resultam na hiperglicemia pós-prandial em estados diabéticos (Deng *et al.*, 2011; Hamden *et al.*, 2011).

2.5 Mecanismos moleculares desregulados na diabetes 2.5.1. Secreção de insulina

A diabetes tipo 2 surge, quando o pâncreas endócrino não consegue segregar insulina suficiente para fazer face às exigências metabólicas resultantes da disfunção secretora das células β, da diminuição da massa das células β, ou de ambas (Reusens *et al.*, 2011).É caracterizada por defeitos na ação da insulina e na secreção de insulina.Embora a resistência à insulina se manifeste precocemente durante o estado pré-diabético, as evidências da importância das células β pancreáticas têm-se acumulado ao longo do passado.A falha da função das células β incapazes de ultrapassar a resistência à insulina nos tecidos alvo tem sido reportada como determinante para o aparecimento da diabetes mellitus tipo 2 (Tripathy e Chavez, 2010).De facto, a grande maioria dos genes associados à diabetes de tipo 2 tem sido associada à célula β, e as deficiências na massa da célula β e na secreção de insulina têm sido relatadas em numerosos estudos em doentes com diabetes de tipo 2 (Meier e Bonnadona, 2013).Estes defeitos podem ser causados por defeitos primários da célula β, como os observados nas formas de diabetes monogénica MODY, ou por defeitos secundários da célula β causados por glucotoxicidade, aumento dos ácidos gordos livres, citocinas, disfunção mitocondrial e/ou stress metabólico.

2.5.1. Resistência à insulina

A resistência à insulina é uma caraterística crítica da diabetes tipo 2 que pode ser detectada 10 a 20 anos antes do início clínico da hiperglicemia. Isto deve-se à capacidade reduzida do recetor de insulina para responder à estimulação da insulina. Nesta situação, as células β do pâncreas segregam níveis mais elevados de insulina para compensar a diminuição da função do recetor, provocando hiperinsulinémia, uma caraterística comum nos doentes com diabetes tipo 2 (Zhao e Townsend, 2009). A resistência à insulina é uma doença metabólica complexa que não é explicada por uma única via etiológica. A acumulação de metabolitos lipídicos ectópicos, a ativação da via de resposta a proteínas desdobradas (UPR) e as vias imunitárias inatas têm sido implicadas na patogénese da resistência à insulina (Samuel e Shulmancell, 2012).É agora bem aceite que, a nível molecular, a sinalização pós-recetor de insulina defeituosa, como a desfosforilação da tirosina, o desequilíbrio da fosforilação da serina/treonina ou a internalização do recetor de insulina, é a principal caraterística envolvida na resistência à insulina da diabetes tipo 2 e, como resultado, as acções metabólicas da insulina são afectadas nos músculos esqueléticos, no tecido adiposo e no fígado, que constituem quantitativamente a maior parte dos tecidos responsivos à insulina (Frojdo *et al.,*2009). Verificou-se também que os factores transcricionais estão associados à resistência à insulina.

2.5.2. Tecido adiposo

A disfunção do tecido adiposo desempenha um papel crucial no desenvolvimento da resistência à insulina na diabetes de tipo 2. A resistência à insulina é observada localmente no tecido adiposo muito antes do desenvolvimento da intolerância à glicose. Os primeiros marcadores celulares da resistência à insulina no tecido adiposo são a redução da expressão das proteínas GLUT 4 e IRS 1 nas células adiposas.Curiosamente, este fenómeno é observado cerca de quatro vezes mais frequentemente em indivíduos com uma predisposição genética para a diabetes de tipo 2 do que em indivíduos sem predisposição genética. A razão para este facto não é atualmente clara, mas o fenómeno sugere uma associação entre a predisposição genética para a diabetes de tipo 2 e um tecido adiposo desregulado (Hammarstedt *et al.,* 2012)**.** (Dados emergentes também sugerem que o desequilíbrio entre adipocinas pró e anti-inflamatórias como a leptina, adiponectina, resistina, fator de necrose tumoral, interleucina 6, quimiocina (motivo C-C) ligando 2, interleucina 10 e fator de crescimento transformador-β no tecido adiposo resulta em resistência à insulina e no desenvolvimento de síndrome metabólica, diabetes tipo 2 e doença cardiovascular (Pereira e Alvarez-Leite, 2014).

2.5.3. Ácidos gordos livres

É amplamente aceite na literatura que os ácidos gordos não esterificados (NEFA) plasmáticos, também designados por ácidos gordos livres (FFA), podem mediar muitos efeitos metabólicos adversos, nomeadamente a resistência à insulina (Karpe *et al.*,2011Vários mecanismos têm sido postulados para explicar a inibição da sinalização da insulina pelos ácidos gordos saturados, incluindo a ativação de várias cinases, incluindo as isoformas atípicas da proteína quinase C, através do aumento das concentrações celulares de diacilglicerol, que podem ativar o inibidor da quinase inflamatória kB (IKK) e as cinases c-jun Nterminal, aumentando a fosforilação da serina/treonina do IRS-1 e reduzindo a sinalização do IRS-1 a jusante (Martins *et al.*, 2012).

2.5.4. Glucotoxicidade

Está bem estabelecido que a estimulação fisiológica regular pela glucose desempenha um papel crucial na manutenção do fenótipo diferenciado das células β. Em contrapartida, a exposição prolongada ou repetida a concentrações elevadas de glucose, tanto *in vitro* como *in vivo*, exerce efeitos deletérios ou tóxicos sobre o fenótipo das células β, um conceito designado por glucotoxicidade, que, segundo as evidências, pode contribuir grandemente para a patogénese da diabetes tipo 2. Através da ativação de vários mecanismos e vias de sinalização, os níveis elevados de glicose exercem efeitos deletérios sobre a função e a sobrevivência das células β, conduzindo assim ao agravamento da doença ao longo do tempo. A exposição prolongada à hiperglicemia altera o metabolismo da glicose nas células β e as condições intersticiais à volta das células β, incluindo a osmolaridade elevada e o aumento das concentrações de insulina e ATP libertadas pelas células β sobreestimuladas.A hiperglicemia crónica também prejudica a expressão do gene da insulina de dois importantes factores de transcrição das células β, o homeobox-1 do pâncreas-duodeno (PDX-1) e o ativador do elemento promotor da insulina de rato 3b1.

A ativação da resposta de resposta rápida (UPR) e a perda de diferenciação na alteração do fenótipo das células β estão bem determinadas, pelo menos in *vitro* e em modelos animais de diabetes tipo 2, mas o papel de outros mecanismos, como a inflamação, *a O-GlcNacilação*, a ativação da PKC e a amiloidogénese, necessita de confirmação. Por outro lado, a glicação das proteínas é um mecanismo emergente que pode desempenhar um papel importante na deterioração glucotóxica do fenótipo das células β. Para além disso, a hipóxia pode também ser um novo mecanismo de glucotoxicidade das células β (Fernandez-Mejia, 2006; Bensellam *et al.*, 2012; Yanagida *et al.*, 2014).

2.5.5. Massa das células beta

A massa de células β pancreáticas é regulada por: a) replicação de células β, b) tamanho de células β, c) neogénese de células β e d) apoptose de células β. A massa de células β adapta-se a uma carga metabólica aumentada causada pela resistência à insulina. Foi relatada uma diminuição na massa de células β de quase 60% na diabetes tipo 2, que é paralela à extensão da redução da secreção de insulina estimulada pela glicose, mas, no entanto, foram encontradas diminuições consideravelmente menores.Embora a massa das células β desempenhe um papel na diabetes tipo 2, a função das células β, em vez do número, é mais crítica na etiologia da diabetes tipo 2. As células β são resilientes e compensam para lidar com a procura de insulina, apesar dos números reduzidos (Cerf, 2014).

2.5.6. A via de sinalização da insulina e a diabetes

A ação da insulina é iniciada através da sua ligação ao recetor de superfície da célula-alvo (Figura 6).

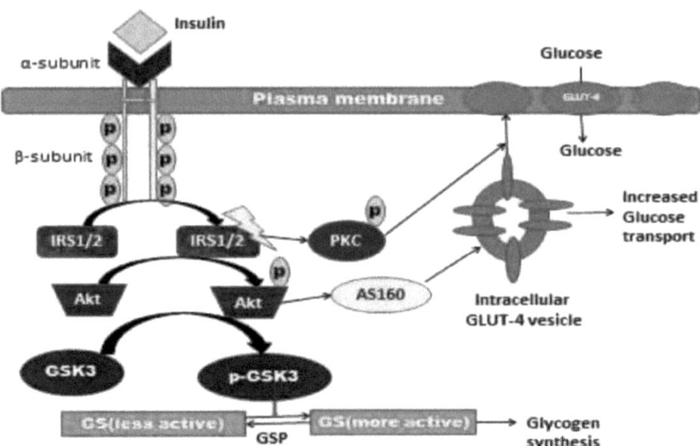

Figura 6: Via de sinalização da insulina

Na via da insulina-sinalina, o recetor de insulina (IR) é um heterotetrâmero constituído por duas subunidades α e duas subunidades β, que estão ligadas por ligações dissulfureto num complexo heterotetramérico α1, α2 e β1, β2. A insulina liga-se à subunidade α extracelular e transduz sinais através da membrana plasmática, que ativa o domínio terminal intracelular da tirosina quinase C da subunidade β. A ligação da insulina ao IR produz uma série de reacções de transfosforilação intramoleculares, em que uma subunidade β fosforila o seu parceiro adjacente num resíduo de tirosina específico (Frojdo *et al.*, 2009). Embora os IRs estejam presentes na superfície de praticamente todas as células, a sua expressão nos tecidos-alvo clássicos da insulina, ou seja, músculo, fígado e tecido adiposo, é extremamente elevada. No entanto, existe muito pouca informação sobre o mecanismo regulador que controla o IR ao nível da expressão genética. A autofosforilação do resíduo de tirosina do IR estimula a atividade catalítica do recetor tirosina quinase que, por sua vez, recruta as proteínas IRS (IRS-1 e IRS-2), as quais, por sua vez, aumentam a atividade das enzimas efectoras. Ação da insulina

mediada pelo recetor de insulina (IR), propaga a sua atividade através de três vias diferentes: a via da fosfatidilinositol-3 quinase (PI-3K), a via da proteína quinase activada por mitogénio (MAPK) e a via da proteína associada a Cbl (CAP) (Galadari et al., 2013). Na via da fosfatidilinositol-3 quinase (PI-3K), a PI3 quinase é um alvo das proteínas IRS (IRS-1 e IRS-2) e é constituída por uma subunidade reguladora (p85) que está associada a uma subunidade catalítica (p110). A subunidade reguladora liga-se às IRS, enquanto a subunidade catalítica fosforila os fosfatidilinositóis na membrana para gerar o segundo mensageiro lipídico: o fosfatidilinositol 3, 4, 5-trisfosfato, que se liga aos domínios de homologia da plecstrina (PH) de uma variedade de moléculas sinalizadoras, alterando assim a sua atividade ou localização subcelular.O fosfatidilinositol 3, 4, 5 trifosfato, por sua vez, ativa a ser/trinase, ou seja, a quinase-1 dependente de fosfoinositídeos (PDK1) (Liu *et al.*, *2009)*, 2009). A PDK1 activada, por sua vez, fosforila ou ativa a ser/ter quinase Akt/PKB. Akt contém um domínio PH que também interage diretamente com PIP3 (Osawa *et al.*, 2010).Akt é uma molécula chave para a sinalização da insulina e para o metabolismo da glicose.Na ativação de Akt, o influxo de glicose é estimulado pela ativação da síntese de glicogénio através da glicogénio sintase quinase, GSK-3β (Osawa *et al.*, 2010).Akt também desempenha um papel importante ao ligar GLUT-4, a proteína transportadora de glicose dependente de insulina, à via de sinalização da insulina. No entanto, várias fosfatases, como a PTP1B e a PTEN, antagonizam a sinalização da insulina e actuam como reguladores negativos desta via. A PTP1B regula negativamente a sinalização PI3K/AKT estimulada pela insulina através da desfosforilação do IR e do IRS1/2 de uma forma mais específica do que a PTEN, que inibe a sinalização PI3K/AKT através da desfosforilação do PIP3 (Tsou e Bence, 2013).

De um modo geral, foram estudadas alterações do estado de ativação das enzimas proximais de sinalização da insulina (IR, IRS1/2, PI3K) e dos alvos a jusante (PDK, PKB e os seus alvos GSK-3 e AS160, PKCs e proteínas quinases da família MAPK) no tecido muscular, hepático e adiposo de indivíduos resistentes à insulina, obesos e diabéticos de tipo 2, tendo a resistência à insulina subjacente sido atribuída a defeitos numa ou mais etapas da cascata de sinalização da insulina (Frojdo *et al.*, 2009).

2.5.7.1. Família do substrato do recetor de insulina (IRS)

Foram identificados pelo menos 12 substratos do recetor de insulina: IRS- 1, IRS-2, IRS-3, IRS-4, IRS-5, IRS-6 e Gab-1, três isoformas de Shc, p62dok e APS (proteína adaptadora que contém um domínio PH e SH2) (Du e Wei, 2014).Apesar da homologia estrutural entre as proteínas IRS, estudos de modelos knockout indicaram que as várias proteínas IRS desempenham papéis complementares e não redundantes na sinalização da insulina/IGF1.A perda de *Irs2* causa diabetes em ratinhos devido à insuficiência das células β e à resistência periférica à insulina.Os ratinhos que não possuem *Irs1* apresentam um atraso profundo no crescimento, mas não desenvolvem diabetes porque a secreção de insulina compensa a presença de uma resistência ligeira à insulina.Existem fenótipos metabólicos, endócrinos e de crescimento mínimos associados à eliminação de *Irs3* ou *Irs4* (Griffeth *et al*, 2013). Este tipo de modelos animais tem fornecido pistas para a patogénese da diabetes tipo 2.

2.5.7.2. Fosfoinositídeo-3-quinase (PI3K)

A elucidação da via de sinalização PI3K mediada pela insulina centrou a atenção nos componentes que podem ser alvo do desenvolvimento de melhores medicamentos para tratar a diabetes tipo 2.O desacoplamento da sinalização da insulina a jusante da PI3k/Akt em resposta a concentrações elevadas de glicose nos miócitos, lipócitos e hepatócitos tem sido implicado no desenvolvimento da resistência à insulina e da diabetes tipo 2 (Wang *et al.,* Embora tanto a PI3K como as fosfatases PIP3 sejam alvos promissores de intervenção terapêutica para melhorar a ação da insulina, a compreensão atual das alterações da PI3K na resistência à insulina e na diabetes tipo 2 baseia-se essencialmente em ensaios *in vitro* da PI3K realizados em imunoprecipitados para IRS1/2 ou fosfotirosinas.Embora este procedimento espelhe a extensão da interação da PI3K com os seus parceiros a montante, não fornece informações sobre todos os outros mecanismos implicados na regulação dos níveis intracelulares de PIP3 (como a contribuição do RAS para a ativação da PI3K e as actividades das fosfoinositol fosfatases PTEN/SHIP2), deixando assim uma incerteza sobre até que ponto a sinalização PI3K está realmente desregulada na resistência à insulina e na diabetes tipo 2 (Frojdo *et al.*,2009Os alvos a jusante da PI3K incluem serina/treonina quinases intracelulares, Akt e PKC atípica (aPKC), que são activadas pela formação de produtos lipídicos da PI3K, e requerem o envolvimento de IRS para transmitir o sinal de insulina para eventos biológicos a jusante.

2.5.7.3.   Akt

Akt/PKB (proteína quinase B) regula de forma intrincada muitas funções celulares, tais como o crescimento e a proliferação celular, a sobrevivência celular, a apoptose, o metabolismo energético e a resistência a terapêuticas anticancerígenas. Nos mamíferos, a Akt é constituída por três isoformas, Akt1, Akt2 e Akt3 (ou PKB-α, PKB-β e PKB-γ). Aktl é mais abundante no cérebro, coração e pulmão, enquanto que Akt2 é predominantemente expressa no músculo esquelético, fígado e gordura castanha embrionária.Akt3 é expressa principalmente no rim, cérebro e coração embrionário. (Xu *et al.*, 2012). Embora estas três isoformas sejam codificadas por genes separados, partilham um domínio comum NH_2 - terminal de homologia de pleckstrin (PH), um domínio catalítico no meio e um terminal COOH.A identidade da sequência global de aminoácidos das três isoformas é muito elevada (~80%); no entanto, o terminal COOH e a região PH-linker são mais semelhantes. Dado o elevado grau de semelhança da sequência, tanto a nível dos nucleótidos como dos aminoácidos, muitos estudos concluíram que a regulação de Akt1, Akt2 e Akt 3 é funcionalmente redundante.O facto de as três cinases conterem sítios de fosforilação/ativação semelhantes: treonina 308 (Akt1), 309 (Akt2) e 305 (Akt3) e serina 473 (Akt1), 474 (Akt2) e 472 (Akt3), reforça esta hipótese.Estes substratos, que podem ser inibidos ou activados pela fosforilação mediada pela Akt, contêm frequentemente o motivo fosfo-Akt-substrato (PAS) (R-X-R-X-X-S/T), pelo que as três isoformas da Akt podem ser fosforiladas de forma semelhante e ativar substratos a jusante através do motivo PAS, mas faltam ferramentas eficazes para estudar a Akt de forma específica para cada isoforma (Santil e Lee, 2009).

Os resultados obtidos em ratinhos com nocaute específico da isoforma Akt sugerem que as cinases da família Akt têm provavelmente funções biológicas distintas *in vivo*. Os ratinhos com nocaute da Akt1 são mais pequenos do que os controlos e apresentam taxas de apoptose mais elevadas em alguns tecidos, o que reflecte o papel da Akt1 na sobrevivência celular.Em contrapartida, os ratinhos sem Akt2 desenvolvem diabetes de tipo 2 e têm uma utilização deficiente da glicose, o que sugere que a função da Akt2 é mais específica da via de sinalização do recetor de insulina. Um relatório recente de Xie *et al* (2011) indicou o defeito da atividade da Akt nas biópsias musculares de doentes com diabetes de tipo 2. Além disso, verificou-se que o nocaute da Akt2 no fígado prejudica a ação da insulina na homeostase da glicose e dos lípidos, e a perda de mutações funcionais na Akt2 em seres humanos conduz à diabetes mellitus resistente à insulina. Por outro lado, a expressão de Akt constitutivamente ativa no fígado imita uma ação reforçada da insulina, incluindo a diminuição da produção de glicose hepática e a estimulação da lipogénese hepática, e foi relatado que outras mutações activadoras na Akt2 humana produzem hipoglicemia (Hussain *et al*, 2011,Yuan *et al.*, 2012). Todos estes resultados indicam que a depressão da via da Akt contribui para a progressão patológica da diabetes e das suas complicações.

2.5.7.4. GSK-3

Para além de estimular a captação de glicose, a insulina promove a fosforilação e inibição da glicogénio sintase quinase-3 (GSK-3), um componente chave da biossinalização da insulina (June et al., Duas isoformas diferentes de GSK-3 são expressas a partir de genes distintos (*GSK-3α* e *GSK-3β*), e partilham mais de 98% de identidade nos seus domínios de cinase e são ubiquamente expressas em mamíferos.Recentemente, a GSK-3 tem sido objeto de uma investigação aprofundada, uma vez que tem sido implicada numa série de doenças, incluindo a diabetes de tipo 2, a doença de Alzheimer, o cancro, a doença bipolar, etc. A GSK-3 é constitutivamente ativa nas células e pode ser agudamente inactivada pela sinalização da insulina através da ativação sequencial da IRS-1, da PI-3-quinase e, por fim, através da ação da Akt para fosforilar resíduos de serina específicos na enzima (Gokhale e Tilak, 2013).A inibição da GSK-3 pode ser conseguida através da fosforilação de um resíduo de serina N-terminal (Ser-21 na *GSK3α*, Ser-9 na *GSK3β*) e a insulina promove esta fosforilação através da ativação da PKB (proteína quinase B)/c-Akt. Os cursos temporais muito semelhantes para a ativação insulino-dependente da Akt e para a inativação da GSK-3 são consistentes com o conceito de que a GSK-3 é um substrato fisiologicamente relevante para a Akt.A fosforilação mediada pela Akt e a inibição da GSK-3β em resposta à insulina resultam na ativação da glicogénio sintase.A ativação da glicogénio sintase promove então a síntese de glicogénio, o que constitui um importante mecanismo de controlo glicémico.Devido à falta de ação da insulina ou à sua secreção, a sobreexpressão ou sobreactivação da forma não fosforilada da GSK-3 têm sido implicadas na patogénese da diabetes.Assim, os inibidores da GSK-3β têm propriedades antidiabéticas e têm sido relatados para melhorar a sensibilidade à insulina, a síntese de glicogénio e o metabolismo da glicose no fígado e nos músculos esqueléticos de pacientes diabéticos (Akhtar e Bharatam, 2012; Johnson *et al.*, 2011; Khanfar *et al.*, 2010). Um substrato adicional da GSK-3 é o IRS-1, e a fosforilação do IRS-1 em resíduos de serina e treonina leva ao comprometimento da sinalização da insulina. Estas observações apoiam a hipótese de que a GSK-3 pode servir como um modulador negativo da ação da insulina na glicogénio sintase e, potencialmente, na atividade de transporte de glicose (Gokhale e Tilak, 2013).

2.6. Medicamentos para a diabetes e respectivos efeitos secundários

2.6.1. Insulina

A diabetes mellitus é uma doença progressiva, que com o passar do tempo se torna mais difícil de controlar (Peters, 2011).Com a diminuição da produção da insulina endógena, os doentes com diabetes mellitus tipo 2 acabam por começar a usar insulina exógena.A insulina exógena possui um efeito no organismo semelhante ao da insulina endógena. A insulina é metabolizada pela enzima insulinase. As diferenças entre os produtos de insulina residem no tempo de ação, na Cmax, na origem e na formulação. O efeito secundário mais comum da insulina é a hipoglicemia e o aumento de peso. Nos últimos anos, foram feitos progressos consideráveis na produção, formulação e administração de preparações de insulina, bem como no desenvolvimento de regimes de tratamento com insulina que mantêm a normoglicemia a longo prazo, com um baixo risco de hipoglicemia.A importância do objetivo de prevenir ou retardar a progressão das complicações microvasculares crónicas foi provada de forma conclusiva durante a última década, tanto na diabetes tipo 1 como na diabetes tipo 2. Infelizmente, os doentes tratados com insulina têm um controlo glicémico uniformemente mais fraco em comparação com os tratados com outras terapêuticas (Akhtar *et al,* 2013).

2.6.2. Medicamentos antidiabéticos orais

Os níveis de glicose no sangue são determinados principalmente pela absorção de glicose pelo intestino, pela captação de glicose pelos tecidos periféricos (músculo, tecido adiposo), pela produção hepática de glicose e pela secreção de insulina pelo pâncreas (Figura 7). Vários agentes antidiabéticos orais actuam modificando os factores que ajudam no controlo da hiperglicemia, como mostra a Figura 8. Os fármacos antidiabéticos orais atualmente disponíveis encontram-se listados na Tabela 3.

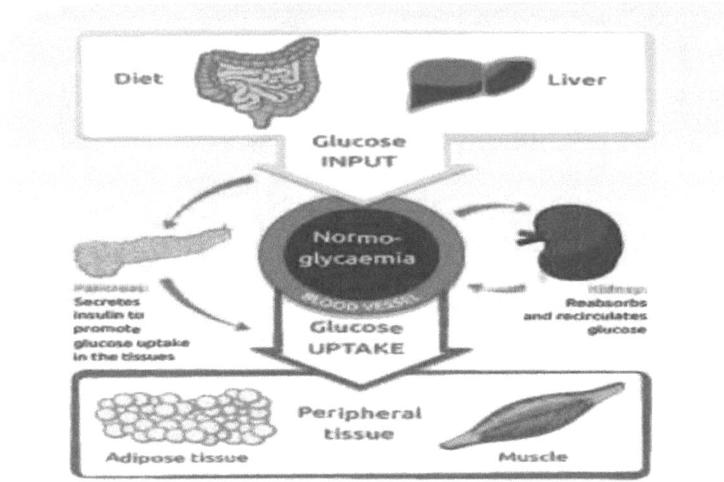

Figura 7: Mecanismo envolvido na manutenção da normoglicemia (Fonte: De Fronzo, 2004; Del Guerra *et al.*, 2007)

Site of action of oral antidiabetic drugs

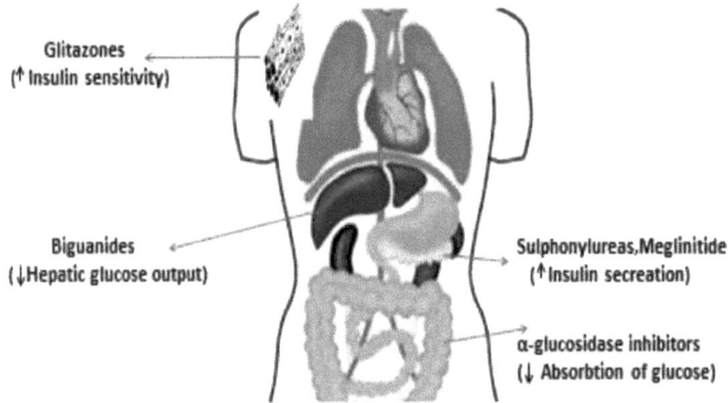

Figura 8: Mecanismo de ação dos medicamentos hipoglicemiantes orais

Quadro 3: Medicamentos orais antidiabéticos

S.N	Classe de medicamentos	Tipo de representação	Mecanismo de ação	Objetivo	Efeitos secundários
1.	Sulfonilureias	Glibenclamida e Glimepirida	1) Libertação de insulina das células β 2) Redução da concentração sérica de	Liga-se ao (SUR1) localizado perto do canal K^+ dependente de	1) Náuseas 2) Vómitos 3) Aumento de peso 4) Diarreia

			glucagon 3) Potenciação da ação da insulina nos tecidos-alvo	ATP na superfície das células β pancreáticas e inibe o efluxo de potássio	5) Dores abdominais 6) Hipoglicemia
2.	Tiozolidinedionas	Rosiglitazona e pioglitazona	Aumenta a sensibilidade dos tecidos-alvo à insulina, reduzindo a gluconeogénese e a glicogenólise.	Ligação ao recetor nuclear ativado por proliferador de peroxissoma -gama (PPAR-Y), levando a um aumento da expressão do transportador de glucose (GLUT), restaurando assim a sensibilidade à insulina	1) Edema ligeiro a moderado 2) Aumento de peso 3) Dor de cabeça 4) Mialgia 5) Hepatotoxicidade
3.	Inibidores da α-glucosidase	Acarbose e Miglitol	1) Inibe as α-glucosidases intestinais e atrasa a absorção de hidratos de carbono 2) Reduz o aumento pós-prandial dos níveis de glicose no sangue	Inibidor competitivo das α-glucosidases intestinais	1)) Flatulência 2) Fezes moles ou diarreia 3) Dor abdominal
4.	Meglitinida	Nateglinida e Repaglinida	Estimula a libertação de insulina das células β e reduz os picos de glicose no sangue pós-prandial	Liga-se à superfície das células β pancreáticas (recetor SUR ou receptores específicos não sulfonilureias) provocando o encerramento dos canais iónicos K^+ dependentes de ATP	1) Hipoglicemia 2) Aumento de peso
5.	Biguanidas	Metfonnina	1) Aumenta a	Inibição da	1) Insuficiência hepática

			utilização periférica da glucose 2) Inibe a gluconeogénese 3) Impede a absorção de glicose pelo intestino	gluconeogénese	2) Insuficiência renal 3) Falha cardíaca 4) Gastrointestinal intolerância
6.	Inibidor da dipeptidil peptidase-IV (DPP-IV)	Sitagliptina	1) O GLP-I actua para retardar o esvaziamento gástrico 2) Suprime a libertação de glucagon e aumenta a libertação de insulina estimulada pela glicose	Inibição da atividade da enzima DPP-4 que degrada as hormonas incretinas	1) Caro 2) Hipoglicemia 3) Neutralidade do peso
7.	Miméticos da incretina (análogos do péptido semelhante ao glucagon)	Exenatide	1) Retarda o esvaziamento gástrico 2) Suprime a libertação de glucagon e a libertação de insulina estimulada pela glicose 3) Aumenta a expressão de GLUT	Ligam-se aos receptores de GLP-I e actuam como GLP-I endógeno	1) Caro 2) HipoglicemiaNáuseas 3) Vómitos 4) Riscos da pancreatite 5) Hiperplasia e tumores das células C da tiroide
7.	Agonistas da amilina	Pramlintide	1) Suprime a libertação de glucagon 2) Aumenta a libertação de insulina estimulada pela glicose 3) Reduz o débito hepático pós prandial	Inibição da ação enzimática do glucagon	1) Caro 2) Náuseas 3) Anorexia 4) Hipoglicemia com utilização de insulina

2.7. Plantas antidiabéticas: Uma fonte de novos medicamentos alternativos

As plantas medicinais têm sido utilizadas nas medicinas tradicionais, desde tempos imemoriais, para manter a saúde ou curar doenças desde os primórdios da civilização (Basha *et al.*, 2011; Tripathi *et al.,* 2013), tendo sido uma fonte rica de descoberta de novos medicamentos. Nos últimos anos, tem havido um crescimento exponencial no campo dos medicamentos à base de plantas e estas plantas estão a ganhar popularidade em alguns países para os cuidados de saúde primários devido às suas amplas actividades biológicas e medicinais, menores efeitos secundários e menores custos (Adhikary *et al.*, 2013; Khan *et al.*, *2012*), 2012). O aumento da procura de medicamentos à base de plantas para tratar a diabetes pode dever-se aos efeitos secundários associados à utilização de medicamentos ortodoxos, como a insulina e os agentes hipoglicémicos orais. Outro fator importante que reforça a utilização de materiais vegetais como agentes antidiabéticos pode ser atribuído à crença de que as ervas proporcionam alguns benefícios em relação à medicina alopática e permitem que os utilizadores sintam que têm algum controlo na escolha da medicação (Afolayan e Sunmonu, 2010).A utilização de medicamentos à base de plantas para o tratamento de um vasto leque de doenças, incluindo a diabetes, foi autenticada e é atribuída à presença de alguns fitoquímicos específicos (Figura 9), tais como carotenóides, compostos fenólicos (flavonóides, fitoestrogénios, fenólicos, etc.) e outros compostos, fitoestrogénios, ácidos fenólicos), fitoesteróis e fitoestanóis, tocotrienóis, compostos organossulfurados (compostos de allium e glucosinolatos) e hidratos de carbono não digeríveis (fibra alimentar e prebióticos) presentes nos mesmos (Maiti *et al.*, 2011).

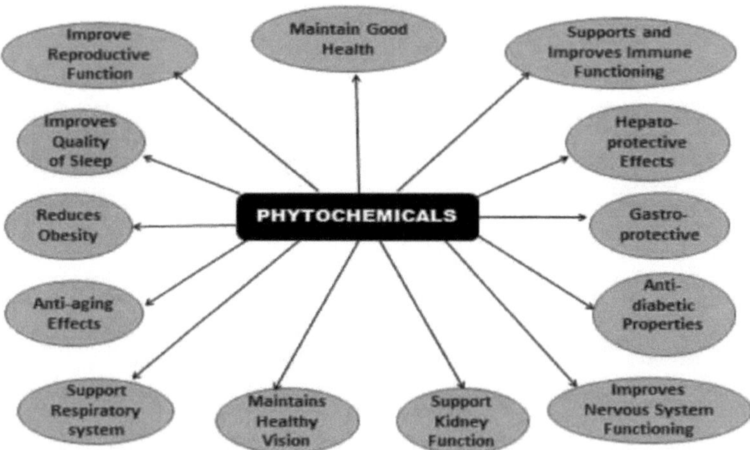

Figura 9: Propriedades dos fitoquímicos que melhoram a saúde

Numerosas plantas medicinais têm sido utilizadas, desde a antiguidade, em vários sistemas tradicionais de medicina em todo o mundo, especialmente para a gestão da diabetes (Vaidya *et al.*, 2013b; Padhi e Pandha, 2013). As famílias de plantas com os efeitos hipoglicémicos mais potentes incluem Leguminoseae, Lamiaceae, Liliaceae, Cucurbitaceae, Asteraceae,

Moraceae, Rosaceae, Euphorbiaceae e Araliaceae (Patel *et al*, 2012a).Entre as diferentes plantas medicinais e os seus produtos (princípios naturais activos e extractos brutos) que foram mencionados na Ayurveda e noutros sistemas tradicionais de medicina, as que são consideradas mais eficazes e foram mais amplamente estudadas em relação à diabetes e às suas complicações incluem *Allium cepa, Allium sativum, Aloe vera, Acacia Arabica, Aegle marmelos, Artemisia pallens, Annona squamosa, Andrographis paniculata, Azadirachta indica, Biophytum sensitivum, Beta vulgaris, Brassica juncea, Boerhavia diffusa, Cassia auriculata Citrullus colocynthis, Casearia esculenta, Catharanthus roseus, Camellia sinensis, Cajanus cajan, Coccinia indica, Caesalpinia bonducella, Eugenia jambolana, Enicostemma littorale, Eugenia jambolana, Ficus bengalenesis, Gymnema sylvestre, Hibiscus rosa sinensis, Helicteres isora, Ipomoea batatas, Momordica charantia, Murraya koeingii, Mangifera indica, Momordica cymbalaria, Mucuna pruriens, Morus alba, Murraya koenigii, Ocimum sanctum syn.tenuit/arum, Punica granatum, Pterocarpus marsupium, Swertia chirayita, Salacia reticulate, Syzigium cumini, alacia oblonga, Swertia chirayita, Scoparia dulcis, Tinospora cordifolia e Trigonella foenum-graecum* (Mukherjee *et al*, 2006; Akanksha *et al.*, 2010; Omar *et al.*, 2010; Maiti *et al.*, 2011). Quase todas estas plantas foram avaliadas experimentalmente em modelos animais diabéticos e os estudos mostraram efeitos benéficos destas plantas na diabetes (Omar *et al., 2010*), 2010).Os efeitos destas plantas podem atrasar o desenvolvimento de complicações diabéticas e corrigir as anomalias metabólicas através de uma variedade de mecanismos.Além disso, durante os últimos anos, muitos fitoconstituintes responsáveis pelos efeitos antidiabéticos observados foram isolados de tais plantas hipoglicémicas (Jarald *et al.*, 2008; Bagherzadea *et al*, Algumas destas ervas medicinais foram investigadas em ratos diabéticos induzidos por estreptozotocina (STZ) ou aloxano em diferentes dosagens para avaliar o seu potencial antidiabético. A maioria destas plantas apresentou propriedades anti-hiperglicémicas, enquanto poucas mostraram efeito hipoglicémico.Os vários mecanismos associados à atividade antidiabética destes compostos/plantas podem estar relacionados com as células pancreáticas (síntese e libertação de insulina, regeneração celular) ou com o aumento do efeito protetor contra a enzima insulinase. Outros mecanismos envolvidos podem ser o aumento da utilização periférica de glicose, o aumento da síntese de glicogénio hepático e a diminuição da glicogenólise, a inibição da absorção intestinal de glicose, a redução do índice glicémico dos hidratos de carbono (Patel *et al.*, 2012b).Além disso, algumas plantas com propriedades antidiabéticas também foram relatadas para inibir enzimas de hidrólise de hidratos de carbono, tais como α- glucosidase e α-amilase (Kazeem *et al.*, 2013).Embora as actividades antidiabéticas destas plantas estejam bem estabelecidas, o mecanismo molecular subjacente às suas actividades biológicas permanece desconhecido e exige muita investigação.Além disso, antes de recomendar qualquer agente à base de plantas para fins de saúde, deve ser cuidadosamente avaliado quanto à sua toxicidade, uma vez que algumas plantas/produtos vegetais com propriedades farmacológicas são considerados tóxicos mesmo em doses mais baixas (Jahnke *et al*, 2006; Li *et al.,* 2010; Choudhury *et al.,* 2013,Devi *et al.,* 2012; Silva *et al.,* 2012).Assim, a razão para a menor popularidade dos medicamentos à base de plantas nas práticas médicas modernas é devido à falta de dados científicos e clínicos e, portanto, há uma necessidade urgente de realizar pesquisas clínicas para medicamentos à base de plantas.O desenvolvimento de bioensaios simples para padronização biológica, avaliação farmacológica e toxicológica e o desenvolvimento de vários modelos animais para avaliação de toxicidade e segurança também são necessários para a validação científica de medicamentos à base de plantas. Também é importante isolar e testar os componentes activos dos extractos de plantas disponíveis para obter melhores opções de tratamento em comparação com os métodos tradicionais, que podem ser utilizados para o tratamento de vários tipos de doenças, incluindo a diabetes.

2.8. Descrição do feno-grego

O feno-grego *(Trigonella foenum-gracum* (Figura 10) é uma leguminosa anual que pertence à família *Fabaceae* e é uma das ervas medicinais mais antigas (Thomas *et al.,* 2011). As suas sementes e folhas verdes são utilizadas como alimento e em aplicações medicinais, o que é uma prática antiga da história humana (Parildar *et al.,* 2011). As sementes de feno-grego semeadas em solo bem preparado germinam em três dias. As plântulas crescem erectas, semi-erectas ou ramificadas, consoante a variedade, e atingem uma altura de 30 a 60 cm.As vagens, o número de sementes numa vagem, a forma da semente, o tamanho da semente e a altura da planta variam de uma variedade de feno-grego para outra (Meghwal e Goswami, 2012). As folhas, a flor, o cálice, a corola, as anteras, o estigma, o ovário, as vagens, as raízes, as sementes e os caules representam a maior parte desta planta.

Figura 10: Feno-grego cultivado em condições de campo na Universidade de Ciências e Tecnologia Agrícolas de Sher-e-Kashmir

2.8.1 Taxonomia do feno-grego

O feno-grego (*Trigonella foenum-graecum*) é uma leguminosa anual, autopolinizadora, pertencente ao género *Trigonella*. A maioria das plantas deste género é diploide (2n=16) e é frequentemente utilizada como cultura na agricultura (Akinrinde e Olanite, 2014). Em geral, as plantas são perfumadas e podem ser classificadas coletivamente de acordo com as suas caraterísticas botânicas distintas (Tabela 4).

A taxonomia da planta (Snehlata e Payal, 2012) é a seguinte

ReinoPlantae

ClasseMagnoliopsida

EncomendarFabricas

FamíliaFabaceae

Género   *Trigonela*

Espécies *foenum-graecum*

Quadro 4: Caraterísticas das plantas do género *Trigonella*

Órgãos/tecidos vegetais	Caraterísticas
Folhas	Trifoliadas, geralmente dentadas, com nervos que se estendem

	até aos dentes
Flor	Solitário, pedunculado em cabeças axilares
Cálice	Os dentes podem ser iguais ou desiguais
Corolla	Amarelo, azul ou roxo
Anteras	Uniforme
Estigma	Terminal
Ovário	Sésseis, os óvulos são numerosos
Cápsulas	Cilíndricos ou comprimidos, lineares ou oblongos, indeiscentes ou deiscentes com um bico pronunciado
Sementes	Tuberculado, cotlydens geniculate

Fonte: Petropoulos (2002)

2.8.1. Utilizações terapêuticas históricas do feno-grego

O feno-grego tem sido amplamente utilizado como erva medicinal em várias partes do mundo e pode ser considerado como uma das plantas medicinais mais antigas da história da humanidade (Vaidya *et al.*, 2013a), sendo amplamente utilizado em medicamentos indianos, ayurvédicos e medicamentos tradicionais chineses (Prasad *et al., 2014*), Na medicina herbácea, é utilizada no tratamento da diabetes (Leela e Shafeekh, 2008). A espécie cultivada é utilizada há muito tempo como galactogogo para promover a lactação em mães desmamadas e para promover o aumento de peso nas mulheres, bem como pela sua capacidade de tratar feridas e músculos doridos.Desde cedo, tem sido utilizada para obter diversos benefícios medicinais (Figura 11) que incluem a cicatrização de feridas, ajuda na digestão, tratamento de congestão dos seios nasais e dos pulmões, inflamação e infeção, mitigação, tratamento capilar, aumento dos seios e efeitos afrodisíacos (Kumar *et al.*, 2013a).

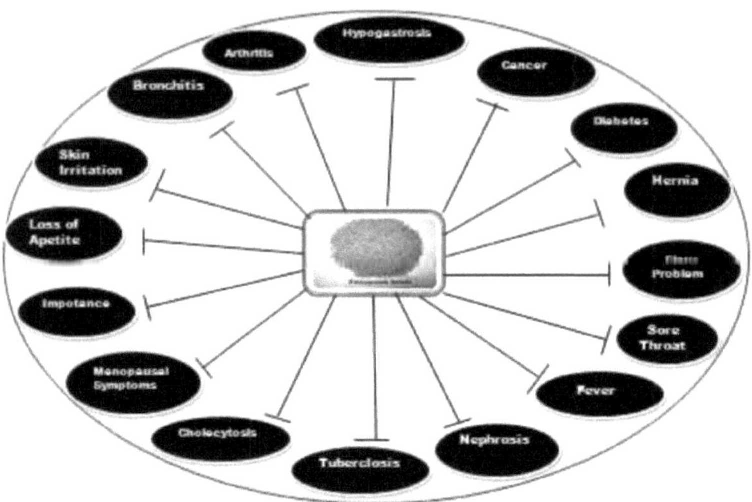

Figura 11: Potencial terapêutico multifacetado das sementes de feno-grego

Os avanços na área dos nutracêuticos e a procura de fitonutracêuticos e alimentos funcionais estimularam um interesse renovado na utilização do feno-grego como alimento funcional, o que levou à identificação de benefícios específicos para a saúde desta nova cultura através de uma investigação alargada e de ensaios clínicos (Acharya *et al.*, 2007). Os benefícios para a saúde que podem ser obtidos com a utilização do feno-grego incluem efeitos anti-inflamatórios, imunomoduladores, anticancerígenos, anti-helmínticos, antinociceptivos, antioxidantes, antimicrobianos, anti-úlcera, gastro e hepatoprotectores, anti-obesidade, anti-hiperglicémicos, antidiabéticos e hipocolesterolémicos (Kumar *et al., 2013a)*, A maioria dos estudos laboratoriais e ensaios clínicos centraram-se nos compostos bioactivos encontrados no feno-grego, nomeadamente galactomanano, diosgenina, trigonelina, 4-hidroxi-isoleucina e quercetina. As propriedades farmacológicas do feno-grego foram exploradas para identificar o papel desta erva na gestão de doenças, indicando a presença de compostos bioactivos no feno-grego, que podem ser responsáveis pelos seus benefícios para a saúde (Mehrafarin *et al.*, 2010; Rizvi e Mishra, 2013).

2.8.2. Diferentes formas de feno-grego e seus benefícios para a saúde

O feno-grego é uma das ervas medicinais mais antigas de que há registo e é muito apreciado tanto pelo Oriente como pelo Ocidente. É consumido em várias partes do mundo sob diferentes formas (Figura 12) e tem sido considerado como um tratamento para quase todas as doenças conhecidas pelo homem (Laila *et al.*, 2013).

Figura 12: Várias formas de feno-grego

As folhas de feno-grego são normalmente utilizadas como um vegetal de folha verde nas dietas e também como uma erva (fresca ou seca), podendo ser incluídas como parte do nosso plano de dieta uma vez por semana para melhorar a visão e a digestão, além de curar úlceras na boca e reduzir a acumulação de gordura no nosso corpo.

As folhas de feno-grego são capazes de reduzir a temperatura do corpo, uma vez que as suas folhas funcionam como um refrigerante natural, possuindo um conteúdo rico em ferro, um nutriente muito necessário para as mulheres, reduzindo o cansaço, curando a constipação e a tosse. As folhas de feno-grego têm pouco efeito sobre a glicemia e podem atuar como fonte de β-caroteno, fibra, cálcio e zinco. Num estudo importante, Jani *et al* (2009) testaram o conteúdo mineral de vários alimentos, dando-os a crianças com idades compreendidas entre os 13 e os 24 meses, e descobriram que as folhas de feno-grego tinham um elevado teor de cálcio, ferro e zinco, em comparação com os outros alimentos escolhidos para o estudo.

Em termos medicinais, as sementes de feno-grego são a parte mais importante e útil da planta de feno-grego. Estas sementes são de cor amarelo-dourada, de tamanho pequeno, duras e têm uma estrutura semelhante a uma pedra de quatro faces, 2011). As acções biológicas e farmacológicas das sementes de feno-grego são sobretudo atribuídas à variedade dos seus constituintes químicos, nomeadamente a quercetina, a diosgenina, a trigonelina e os aminoácidos livres, como a 4-hidroxi-isoleucina (Mehrafarin *et al.*, 2010). Estes compostos identificados, isolados e extraídos das sementes de feno-grego pela indústria farmacêutica servem de matéria-prima para o fabrico de vários medicamentos hormonais e terapêuticos. A trigonelina, um dos principais componentes alcalóides do feno-grego, contribui para o seu odor caraterístico e foi mais bem avaliada do que os outros componentes do feno-grego, especialmente no que diz respeito à diabetes e às doenças do sistema nervoso central. Foi relatado que exibe actividades hipocolesterolémicas, antitumorais, anti-enxaqueca, anti-sépticas, hipoglicémicas, neuroprotectoras, sedativas, de melhoria da memória, antibacterianas, antivirais e antitumorais. Recentemente, sugeriu-se que a trigonelina exerce efeitos hipoglicémicos em doentes saudáveis sem diabetes (Monago *et al.*, 2010). No entanto, é necessário um estudo mais aprofundado das suas actividades farmacológicas e do mecanismo exato, juntamente com a aplicação deste conhecimento à sua utilização clínica. Da mesma forma, foi relatado que a quercetina, um bioflavonoide presente no feno-grego, possui actividades anti-inflamatórias, antioxidantes, antitumorais, imunomoduladoras, anti-úlcera, anti-cancerígenas, antioxidantes, antidiabéticas, anti-angiogénicas, anti-inflamatórias e muitas outras propriedades, incluindo a melhoria do desempenho mental e físico (Stochmaova *et al,* 2013; Mahmoud *et al.,* 2013; Phani *et al.,* 2010).Estudos recentes indicam que a quercetina ameriolata eficazmente a hiperglicemia pós-prandial em ratos diabéticos induzidos por STZ e estes efeitos foram mediados através da inibição da α-glicosidase com um IC50 de 0,48-0,71 mM (Hussain *et al,* Além disso, também foi relatado que melhora a hiperglicemia, a hipertrigliceridemia e o estado antioxidante de ratos diabéticos induzidos por STZ (Hussain *et al.*, 2012; Jeong *et al*, 2012). Além disso, existe um interesse comercial considerável no cultivo do feno-grego devido ao seu elevado teor de sapogeninas, que apresentam uma atividade hipocolesterolémica e antidiabética (Wani *et al.*, 2012). As saponinas diosgenílicas, que são glicosídeos esteroidais e contêm diosgenina como aglicona, são frequentemente encontradas como os principais componentes dos medicamentos orientais tradicionais como agente anti-hipercolesterolémico, anti-hipertriacilglicerolémico, antidiabético e anti-hiperglicémico (Manivannan *et al., 2013*), 2013). Esta saponina esteroidal natural, presente numa variedade de plantas, incluindo o feno-grego, demonstrou ter efeitos favoráveis na redução da glicose, na atividade antioxidante, no metabolismo lipídico e no enfarte do miocárdio (Al- Matubsi *et al.,*2011Verificou-se que este composto atenua o stress oxidativo induzido pela diabetes e a dislipidemia em ratos diabéticos de tipo 2, o que é crucial nos riscos cardio-metabólicos através da modulação dos PPAR (Sangeetha *et al., 2013)*, Recentemente, foi relatado que o feno-grego melhorou a diabetes em ratinhos KK-Ay obesos diabéticos de tipo 2, promovendo a diferenciação dos adipócitos e inibindo a inflamação nos tecidos adiposos, e foi relatado que os efeitos são mediados pela diosgenina (Uemara *et al.,* 2010). Assim, a utilização médica mais bem documentada das sementes de feno-grego é o controlo do açúcar no sangue tanto na diabetes de tipo 1 como na de tipo 2.

No entanto, as sementes de feno-grego têm um sabor amargo e são relatadas como sendo pobres em fenólicos com fraca atividade antioxidante. A germinação de sementes está a ganhar importância comercial hoje em dia, e os rebentos podem ser melhor explorados como um alimento funcional e nutricional, bem como um agente terapêutico, 2011). Assim, a qualidade nutricional, o valor organolético e terapêutico das sementes de feno-grego pode ser melhorado através da germinação. A germinação do feno-grego, para além de causar um aumento significativo da atividade antioxidante ligada aos fenólicos, também foi relatada como melhorando o seu teor de proteínas solúveis e fibras, com a redução de ácido fítico, ácido tânico e inibidores de tripsina (Randhir *et al.*, 2004).

2.8.3. Constituintes químicos do feno-grego

As sementes de feno-grego, dependendo dos factores varietais e ecológicos, contêm aproximadamente 45-60% de hidratos de carbono, principalmente fibra mucilaginosa (galactomanano); 20-30% de proteínas, com elevado teor de lisina e triptofano; 510% de óleos fixos (lípidos); alcalóides do tipo piridina, principalmente trigonelina (0,2-0,36%), colina (0.5%), gencianina e carpaína; flavonóides, como apigenina, luteolina, orientina, quercetina, vitexina e isovitexina; aminoácidos livres, como 4-hidroxiisoleucina, arginina, histidina e lisina; cálcio e ferro; saponinas; colesterol e sitosterol; vitaminas A, B1, C e ácido nicotínico; e 0.015% de óleos voláteis (n-alcanos e sesquiterpenos) (Rathore *et al.*, 2013). Uma lista completa dos componentes químicos encontrados nas folhas e sementes de feno-grego é apresentada no Quadro 5.

Quadro 5: Componentes químicos do feno-grego

S.NO.	Componente	Folhas de feno-grego (100g)	Sementes de feno-grego (100g)
1	Humidade	86g	-
2	Proteína	4.4g	30g
3	Gordura	^{1}g	7.5
4	Fibra	^{1}g	50g
5	Sapogeninas	-	2g
6	Trigonelline	-	380mg
8	Colina	1.35g	50mg
9	B-Caroteno	2,3 mg	96µg
10	Tiamina	40µg	340µg
11	Ácido fólico	-	84µg
12	Vitamina C	52mg	50mg

14	Ácido nicoténico	800µg	1,1 mg
15	Riboflavina	310 µg	290 µg
16	Cr	-	0,1 mg
17	Zn	-	7 mg
18	Mn	-	1.5g
19	Cl	165 mg	165 mg
20	S	167 mg	16 mg
21	Cu	0,26 mg	33 mg
22	K	31 mg	530 mg
23	Na	76 mg	19 mg
24	Fc	16,5 mg	14 mg
25	P	51 mg	370 mg
26	Mg	67mg	160mg
27	Ca	395 mg	160mg

Fonte: Srinivasan (2006)

2.8.3.1. Compostos polifenólicos

Os polifenóis são compostos fitoquímicos naturais presentes em alimentos à base de plantas, tais como frutas, legumes, grãos integrais, cereais, leguminosas, chá, café, vinho e cacau; mais de 8000 compostos polifenólicos, incluindo ácidos fenólicos, flavonóides, estilbenos, lignanas e lignanas poliméricas foram identificados em alimentos vegetais integrais.Estes compostos são, na verdade, metabólitos secundários das plantas que atuam como uma defesa contra a radiação ultravioleta, oxidantes e patógenos (Bahadoran *et al.,* Os compostos fenólicos possuem atributos anti-oxidativos, que podem prevenir algumas formas de doenças crónicas (Huang *et al.,* 2010). Estudos epidemiológicos têm mostrado repetidamente uma associação inversa entre o risco de doenças humanas crónicas e o consumo de dietas ricas em polifenóis. Os polifenóis ou as dietas ricas em polifenóis proporcionam uma proteção significativa contra o desenvolvimento e a progressão de muitas condições patológicas crónicas, incluindo o cancro, a diabetes, os problemas cardiovasculares e o envelhecimento (Pandey e Rizvi, 2009). Relatórios anteriores mostraram que o feno-grego é geralmente rico em polifenóis (>100 mg g-1) (Naidu *et al.,* 2011). O extrato polifenólico de feno-grego foi considerado citoprotector durante as lesões hepáticas induzidas pelo álcool *in vitro* e *in vivo*. O extrato aquoso (1%) de *Trigonella* (2 ml, duas vezes por dia) também foi investigado para oferecer uma proteção significativa contra a toxicidade do etanol em ratos wistar através do aumento do potencial antioxidante e da prevenção da fuga enzimática e do aumento da peroxidação lipídica *(Lu et al., 2012).*

Além disso, a ação protetora dos polifenóis da semente de feno-grego também foi relatada como exercendo um efeito gastroprotector na úlcera gástrica (Helmy, 2011).

Biogeneticamente, os compostos fenólicos (Figura 13) surgem a partir de duas vias metabólicas primárias: a via do ácido chiquímico onde, principalmente, são formados os fenilpropanóides e a via do ácido acético, na qual os principais produtos são os fenóis simples (Giada, 2013).A maioria dos compostos fenólicos vegetais é sintetizada através da via dos fenilpropanóides (Figura 13). A combinação de ambas as vias leva à formação de flavonóides, o grupo mais abundante de compostos fenólicos na natureza.

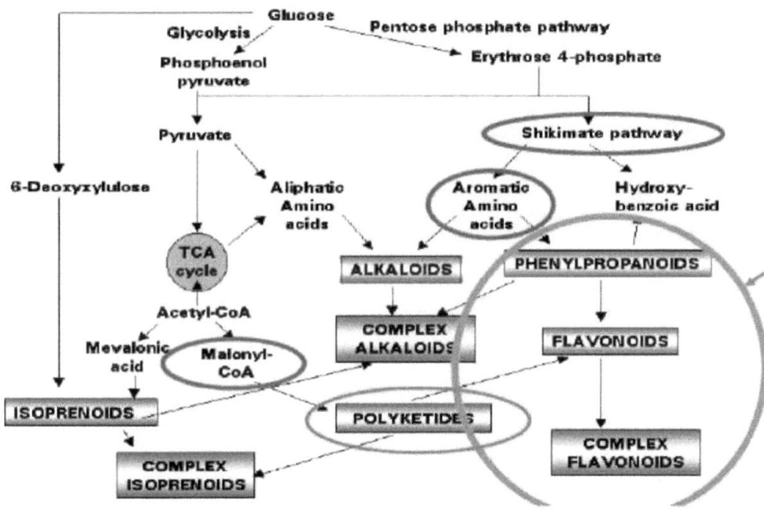

Figura 13: Biossíntese de fenóis (Fonte: Lepiniec et al., 2006)

Os flavonóides constituem o grupo mais comum de polifenóis vegetais e conferem grande parte do sabor e da cor a frutos e legumes. Foram descritos mais de 5000 flavonóides diferentes. As seis principais subclasses de flavonóides incluem flavonóis, flavononas, flavonas, flavanóis, flavan-3-óis e isoflavonas, de acordo com as posições dos substituintes presentes na molécula-mãe.Os flavonóides têm actividades biológicas notáveis, incluindo efeitos inibitórios sobre enzimas, efeito modulador sobre alguns tipos de células, proteção contra alergias, propriedades antibacterianas, antifúngicas, antivirais, antimaláricas, antioxidantes, anti-inflamatórias e anticarcinogénicas (Priya *et al.,* 2011). Foram identificados mais de 4 000 flavonóides, muitos dos quais se encontram em frutos, legumes e bebidas (chá, café, cerveja, vinho e bebidas de fruta) (Tanwar e Modgil, 2012). Foi relatado que as sementes de feno-grego contêm cinco flavonóides diferentes, nomeadamente, vitexina, tricina, naringenina, quercetina e tricina-7-O-β-D-glucopiranosídeo (Nanjundan et al.,

2009) A quercetina e o kaempferol são flavonóis; a luteolina é uma flavona; a naringenina é uma flavanona, enquanto a vitexina ocorre como uma flavona glicosilada. Também é relatada a ocorrência de fitoalexinas isoflavanóides no feno-grego na forma de pterocarpans, medicarpin e maackiaian (Quintans-Junior *et al., 2014*), 2014).Os compostos fenólicos comuns isolados do feno-grego são os ácidos escopoletina, cumarina, clorogénico, cafeico e p-cumárico (Patil e Jain,2014).Entre a variedade de flavonóides que ocorrem no feno-grego, a quercetina, sendo um forte antioxidante, tem sido relatada como possuindo efeitos antidiabéticos benéficos (Figura 14) em condições *in vitro*, bem como *in vitro* (Abdelmoaty *et al.,*2010).

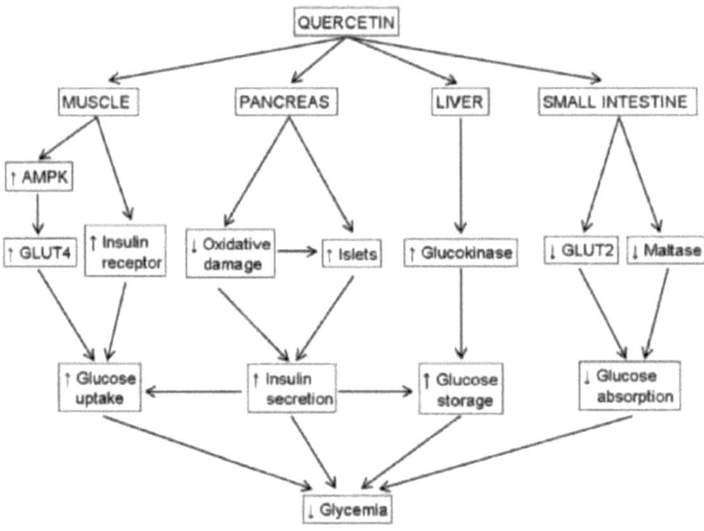

Figura 14:- Efeitos antidiabéticos da quercetina (Fonte: Aguirre *et al.*, 2011.)

O mecanismo de ação antidiabética da quercetina foi relatado por vários investigadores que inclui a redução da absorção intestinal de glicose ao nível dos transportadores de glicose (GLUT), bloqueio da atividade da tirosina quinase da subunidade β do recetor de insulina, aumento da secreção de insulina pelas células β pancreáticas, inibição da enzima 11-β-hidroxiesteróide desidrogenase tipo 1, aumento da atividade da glucoquinase, prevenção da degeneração das células β, aumento da inibição da α-glicosidase, diminuição da resistência à insulina e aumento da expressão da adiponectina (Aguirre *et al.,* 2011; Hussain *et al.,* 2012; Jo *et al.,* 2009).

2.8.3.2. Alcalóides

A semente de feno-grego contém predominantemente alcalóides simples que consistem principalmente em trigonelina (até 0,13%), colina (0,05%), gencianina e carpaína; grande parte da trigonelina é degradada durante a torrefação em ácido nicotínico e outras piridinas e pirroles, que provavelmente são responsáveis por grande parte do sabor do feno-grego torrado (Talobi *et al.*,2013). Entre a pletora de compostos bioactivos encontrados no feno-grego, os principais constituintes químicos, galactomanano (fibra), diosgenina (saponina), polifenóis, trigonelina (alcaloide) e 4-hidroxiisoleucina (aminoácido invulgar) ultrapassaram, de longe, os restantes, sendo os factores de promoção da saúde mais frequentemente estudados para os seres humanos.A trigonelina (Figura 15), um derivado metilbetaína do ácido nicotínico, é um dos principais alcalóides encontrados nas sementes de feno-grego.

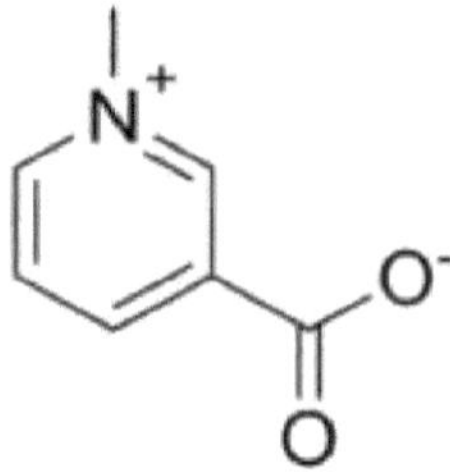

Figura 15: Estrutura da trigonelina

A trigonelina, ou ácido N-metilnicotínico, é um metabolito secundário derivado dos nucleótidos de piridina. Desde que foi isolado pela primeira vez da *Trigonella foenum-graecum*, este composto foi encontrado em muitas espécies de plantas (incluindo ervilha, cânhamo, café, soja e batata). Muitas leguminosas produzem trigonelina como um metabolito secundário derivado do NAD (dinucleótido de nicotinamida). O ácido nicotínico formado a partir do NAD através da nicotinamida pode ser utilizado preferencialmente para a formação de NAD e o restante pode ser reservado para necessidades futuras como forma de trigonelina. A trigonelina é sintetizada pela nicotinato N-metiltransferase dependente de S-adenosil-L-metionina (SAM), que foi encontrada em extractos brutos de ervilha. Esta enzima também foi purificada a partir de células de cultura de Glycine max e Lemna paucicostata. O gene que codifica a trigonelina sintase ainda não foi clonado em nenhum organismo. Nas plantas, a trigonelina é desmetilada em ácido nicotínico e utilizada para a síntese de NAD (degradação da trigonelina). A trigonelina acumulada nas sementes é convertida em ácido nicotínico durante a germinação e é utilizada para a síntese de NAD.

Neste caso, a trigonelina actua como um reservatório de ácido nicotínico nas plantas. Foi encontrada atividade desmetilante da trigonelina em extractos de folhas de algumas plantas, incluindo folhas de pinheiro. O metabolismo dos nucleótidos de piridina foi investigado em pormenor por alguns autores em plantas leguminosas durante a germinação das sementes (Mehrafarin *et al.*, 2010).

A trigonelina, a cumarina e o ácido nicotínico foram isolados das sementes de feno-grego e demonstraram ser úteis na diabetes (Raheleh *et al.*, 2010). É uma hormona que se encontra naturalmente nos produtos vegetais, um derivado da vitamina B6, e foi avaliada mais exaustivamente do que os outros componentes do feno-grego, especialmente no que diz respeito à diabetes e às doenças do sistema nervoso central. Foi relatado que apresenta actividades hipocolesterolémicas, antitumorais, anti-enxaqueca, anti-sépticas, hipoglicémicas, neuroprotectoras, sedativas, melhoradoras da memória, antibacterianas, antivirais e antitumorais. Recentemente, foi sugerido que a trigonelina exerce efeitos hipoglicémicos em pacientes saudáveis sem diabetes (Monago *et al.*, 2010).

Vários estudos clínicos e animais efectuados com o feno-grego identificaram numerosos benefícios potenciais para a saúde decorrentes do seu consumo e chamaram muita atenção para o feno-grego como potencial alimento funcional e produto ou ingrediente natural para a saúde. Um estudo recente demonstrou que a administração de trigonelina a ratos diabéticos pode torná-la um candidato potencialmente forte para aplicação industrial como agente farmacológico para o tratamento de hiperglicemia, hiperlipidemia e disfunções hepato-renais e o mecanismo de ação deste constituinte bioativo inclui a diminuição da degeneração das células β do pâncreas, inibição da α-amilase e da maltase intestinais, inibição da atividade da lipase, diminuição significativa das actividades séricas da aspartato transaminase (AST), da alanina transaminase (ALT), da gamaglutamil transpeptidase (GGT) e da lactato desidrogenase (LDH) e das taxas de creatinina, albumina e ureia. A análise histológica dos tecidos do pâncreas, do fígado e dos rins estabeleceu ainda mais o efeito positivo da trigonelina (Hamden *et al.*, 2013). No entanto, justifica-se um estudo mais aprofundado das suas actividades farmacológicas e do seu mecanismo exato, bem como a aplicação destes conhecimentos à sua utilização clínica.

2.8.3.3. Saponinas

As saponinas, amplamente distribuídas no reino vegetal, incluem um grupo diversificado de compostos caracterizados pela sua estrutura contendo uma aglicona esteroide ou triterpenóide e uma ou mais cadeias de açúcar. A sua diversidade estrutural reflecte-se nas suas propriedades físico-químicas e biológicas, que são exploradas numa série de aplicações tradicionais e industriais (Arivalagan *et al.*, 2013). As sementes de feno-grego contêm 4,8% de saponinas, como diosgenina, yamogenina, tigogenina, neotigogenina, yuccagenina, lilagenina, gitogenina, neogitogenina, sarsapogenina e smilagenina, com diosgenina ($\Delta 5$, 25α-espirostan-3β -ol) representando a principal saponina esteroidal (Mullaicharam *et al.*, 2013). A yamogenina é o (25S) -epímero da diosgenina e ocorre em uma proporção de 2: 3 com a diosgenina na semente, extrato ácido-hidrolisado.

Estruturalmente, a diosgenina [(25R)-espirost-5-en-3b-ol] é uma saponina espirostanol constituída por uma porção hidrofílica de açúcar ligada a uma aglicona esteroide hidrofóbica (figura 16).

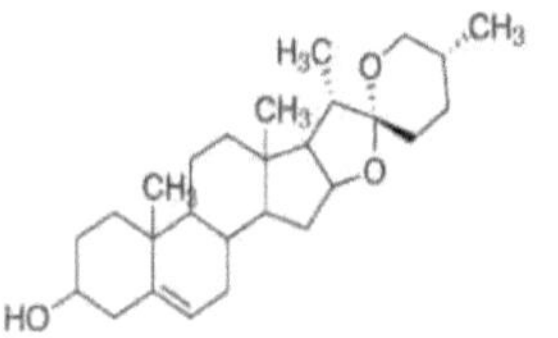

Figura 16:-Estrutura **química** da diosgenina

A diosgenina é estruturalmente semelhante ao colesterol e a outros esteróides. Desde a sua descoberta, a diosgenina é o principal precursor no fabrico de esteróides sintéticos na indústria farmacêutica e é uma das principais sapogeninas encontradas na semente de feno-grego (Raju e Rao, 2012). Ocorre naturalmente como um composto glicosilado no feno-grego e pode ser libertado por hidrólise ácida (que remove três resíduos de hidratos de carbono) da saponina esteroide, a dioscina, e é sintetizado como parte da via do melavonato na biossíntese de esteróides (C18-C30). A diosgenina esteroide é formada por modificação da cadeia lateral do colesterol, na qual uma estrutura espiroquetal é formada em C-22, produzindo um composto não polar com 6 anéis de carbono (Mehrafarin *et al.*, 2010).

Dependendo das origens biogeográficas, dos genótipos e dos factores ambientais, os teores de diosgenina registados nas sementes de feno-grego variam entre 0,1% e 0,9% (Snehlata e Payal, 2012).9% (Snehlata e Payal, 2012) As saponinas diosgenílicas, que são glicosídeos esteroidais e têm a diosgenina como aglicona, são frequentemente encontradas como os principais componentes nos medicamentos orientais tradicionais como um agente anti-hipercolesterolemia, anti-hipertriacilglicerolémia, anti-diabetes e anti-hiperglicemia

(Manivannan *et al.*, 2013). Esta saponina esteroidal natural, presente numa variedade de plantas, incluindo o feno-grego, demonstrou ter efeitos favoráveis na redução da glicose, na atividade antioxidante, no metabolismo lipídico e no enfarte do miocárdio (Al-Matubsi *et al.*, 2011). Verificou-se que este composto atenua o stress oxidativo induzido pela diabetes e a dislipidemia em ratos diabéticos de tipo 2, o que é crucial nos riscos cardio-metabólicos através da modulação dos PPAR (Sangeetha *et al.*, 2013). Recentemente, foi relatado que o feno-grego melhorou a diabetes em ratinhos KK-Ay obesos diabéticos de tipo 2, promovendo a diferenciação de adipócitos e inibindo a inflamação nos tecidos adiposos, e foi relatado que os efeitos são mediados pela diosgenina (Uemura *et al.*, 2010). Até recentemente, sugeriu-se que o efeito hipocolesterolémico da diosgenina pode ser atribuído à inibição da absorção de colesterol e à sua capacidade de aumentar a secreção biliar de colesterol (aumentando a depuração hepática de LDL e HDL) e de aumentar a excreção de esteróis neutros nas fezes. No entanto, um estudo recente demonstrou que a estimulação da excreção fecal de colesterol pela diosgenina é independente da absorção de colesterol mediada pela Niemann-Pick C1- Like 1 (NPC1L1) (a NPC1L1 é a proteína com maior papel na absorção intestinal de colesterol). Por conseguinte, o efeito hipocolesterolémico da diosgenina na alimentação, através do aumento da excreção fecal de colesterol, é principalmente atribuível ao seu impacto no metabolismo hepático do colesterol e não à absorção intestinal do colesterol (Al-Matsubi *et al.*, 2011). Verificou-se também que a diosgenina exerce propriedades anticancerígenas, como a inibição da proliferação e a indução de apoptose numa variedade de células tumorais. Num estudo recente, foi relatado que inibe a migração e a invasão de células PC-3, reduzindo a expressão de MMPs, inibindo as vias de sinalização ERK, JNK e PI3K/Akt, bem como a atividade *NF-κB*, sugerindo assim um novo potencial terapêutico para a diosgenina na terapia anti-metastática (Chen *et al.*, 2011).

2.8.3.4. Galactomanano

O galactomanano é o principal polissacárido presente nas sementes de feno-grego e representa cerca de 17-50 % do peso seco das sementes. É um componente integral da parede celular que se encontra concentrado à volta do revestimento da semente. Os galactomananos são estruturalmente compostos por uma espinha dorsal de 1,4-β-D-manosil substituída por uma única unidade de galactose д-linked no oxigénio C-6. Os polissacáridos formam a mucilagem (galactomanano) presente na planta e estão a encontrar aplicações mais amplas nas indústrias alimentar, farmacêutica, cosmética, de tintas e de papel, a seguir às gomas de alfarroba e de guar mais utilizadas, todas elas com elevada viscosidade e propriedades iónicas neutras (Rathore *et al.*, 2013).

Os galactomananos de feno-grego contêm uma relação galactose/manose de 1:1. Este elevado grau de substituição da galactose torna a molécula relativamente mais solúvel em comparação com os galactomananos de guar ou alfarroba, que têm uma relação galactose/manose de 1:2 e 1:4, respetivamente (Quintans-Junior *et al,* 2013; Dionísio e Grenha, 2012). A presença de galactomanano na semente de feno-grego é reconhecida como a principal fonte de fibra alimentar solúvel na planta. A natureza solúvel da fibra de galactomanano do feno-grego tem sido associada a numerosos benefícios para a saúde humana, principalmente na redução dos níveis de glucose no plasma, o que tem um efeito antidiabético.Sabe-se também que a fibra alimentar tem o potencial de reduzir o risco de doenças cardiovasculares, é hepatoprotectora e protege contra alguns cancros através da redução das lipoproteínas de baixa densidade (LDL), do colesterol total e da diminuição considerável das transaminases de aspartato e alanina (AST e ALT) e do teor de lactato desidrogenase (LDH) no soro de ratos diabéticos (Hamden *et al,* 2010). Um estudo realizado por Hannan *et al* (2007) demonstrou que a porção de fibra alimentar solúvel (FDS) do feno-grego pode melhorar significativamente a homeostase da glicose na diabetes de tipo 1 e de tipo 2, atrasando a digestão e a absorção de hidratos de carbono. Sugeriram também que a fração SDF pode melhorar a ação da insulina na diabetes de tipo 2, como indicado pela melhoria da tolerância oral à glicose nestes indivíduos testados.

2.8.3.5. Aminoácidos livres (4-hidroxi-isoleucina)

A 4-hidroxi-isoleucina é um aminoácido ramificado que se encontra exclusivamente nas sementes de feno-grego. Um relatório recente de Hajimehdipoor *et al* (2010) determinou que o teor de 4-hidroxi-isoleucina é de 0,4% nas sementes de feno-grego iranianas, enquanto uma publicação anterior relatou um teor de apenas 0,015% nas sementes de feno-grego indianas (Narender *et al.*, 2006).A investigação confirmou a presença de 4-hidroxi-isoleucina nas sementes de feno-grego em dois diastroisómeros: o principal é a configuração (2S, 3R, 4S), que representa cerca de 90% do teor total de 4-hidroxi-isoleucina, e o menor é a configuração (2R, 3R, 4S) (Figura 17) (Sridevi *et al.,*2014).

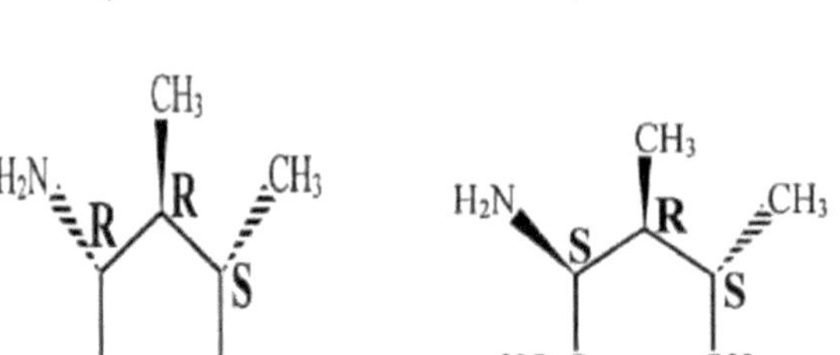

Figura 17:-Isómeros da 4-hidroxi-isoleucina; isómero maior (2S, 3R, 4S) (A) e isómero menor (2R, 3R. 4S) (B) (Fonte: Broca *et al.*, 2000).

O isómero principal é atualmente interessante no que diz respeito às provas experimentais que indicam a sua capacidade de estimular a secreção de insulina induzida pela glicose em concentrações micromolares. Este aminoácido natural não proteico com atividade biológica insulinotrópica é responsável pela atividade antidiabética da planta. Aumenta a libertação de insulina induzida pela glicose de modo a que esta seja estritamente dependente da concentração de glicose e evite efeitos secundários indesejáveis como a hipoglicemia na terapia da diabetes tipo II. Assim, este fitoconstituinte parece ser um suplemento alimentar promissor no tratamento e prevenção de doenças crónicas (Patil e Jain, 2014).

2.8.4. Atividade antioxidante do feno-grego

Os danos oxidativos a nível celular ou subcelular são agora considerados como um acontecimento importante em várias doenças crónicas e relacionadas com o stress oxidativo, incluindo a diabetes, a carcinogénese, as doenças cardiovasculares e o envelhecimento. Na diabetes, ocorre uma depleção dos níveis de enzimas antioxidantes endógenas (especialmente glutatião) devido ao stress oxidativo e, nestas condições, os antioxidantes dietéticos, especialmente os provenientes de remédios naturais, incluindo o feno-grego, tornam-se muito importantes e contribuem consideravelmente para a melhoria do estado antioxidante em vários fluidos biológicos.Vários investigadores debruçaram-se sobre os extractos de sementes de feno-grego (*Trigonella foenum-graecum*) para avaliar a sua atividade antioxidante utilizando vários sistemas de ensaio in vitro e modelos *in vivo*. Um estudo recente avaliou o extrato de sementes de feno-grego quanto aos seus efeitos hipoglicémicos e antiglicação utilizando eritrócitos de ovelha tratados com concentrações excessivas de glucose (para imitar a diabetes) como modelo in vitro.Observou-se que as hemácias de carneiro tratadas com concentrações crescentes de glicose eram mais susceptíveis à hemólise oxidativa e mostravam um aumento da glicosilação da hemoglobina, um aumento da atividade da hexoquinase e uma diminuição da atividade da cálcio-ATPase ligada à membrana em comparação com as hemácias de carneiro de controlo.No entanto, a incubação prévia com extrato de feno-grego reduziu significativamente os efeitos oxidativos, diminuiu a glicosilação da hemoglobina, aumentou ainda mais a atividade da hexoquinase e restaurou a atividade da Ca^{2+} ATPase tanto nos grupos tratados com glicose como nos grupos não tratados. Além disso, verificou-se também que a redução da glicosilação da hemoglobina era dependente da concentração até 100 µl de extrato, que continha 0,75 mM de equivalente de ácido gálico (GAE) de compostos fenólicos. Os resultados indicam que o extrato de sementes de feno-grego contém antioxidantes e protege as estruturas celulares dos danos oxidativos. Estes resultados demonstraram as potentes propriedades antioxidantes das sementes de feno-grego (Dinakaran *et al.,* 2012).

Num outro estudo, Bukhari *et al* (2008) examinaram os extractos brutos de feno-grego preparados pelo método de extração soxhelt com diferentes solventes, tais como metanol, etanol, diclorometano, acetona, hexano e acetato de etilo. Os resultados revelaram que todos os extractos de feno-grego apresentavam atividade antioxidante e sugerem que os extractos de feno-grego podem atuar como uma fonte potente de antioxidantes. Além disso, Saeed *et al* (2013) indicaram que os extractos metanólicos de feno-grego apresentavam actividades potentes de eliminação do DPPH em relação aos catiões radicais, em comparação com os seus extractos aquosos que demonstravam uma atividade de eliminação baixa.

Um estudo realizado por Randhir *et al* (2004) demonstrou um aumento significativo da atividade antioxidante ligada aos fenólicos através da germinação elicitada, utilizando elicitores naturais como os hidrolisados de proteína de peixe (FPH), a lactoferrina (LF) e o extrato de orégãos (OE). Observaram que as sementes de feno-grego possuem uma atividade antioxidante mais elevada durante os primeiros dias da sua germinação em todos os tratamentos e no controlo, o que se correlaciona com a presença do seu teor fenólico mais elevado. Recentemente, Mandal *et al* (2014) estudaram o efeito da preparação de óxido nítrico na atividade antioxidante de *Trigonella foenumgraecum* L. durante a germinação. Os resultados ilustraram um aumento significativo da atividade antioxidante, juntamente com o conteúdo fenólico, através da germinação elicitada em feno-grego com nitroprussiato de sódio e ferricianeto de potássio. Ao analisar a evolução temporal da germinação, o efeito estimulador dos dadores de óxido nítrico foi mais pronunciado nas fases iniciais da germinação, ou seja, entre as 24 e as 48 horas, e, depois disso, a ação diminuiu.Noutro estudo, Sankar *et al* (2012) avaliaram o potencial antioxidante do pó de sementes de *Trigonella foenum-graecum* numa dieta rica em gordura e numa dose baixa de estreptozotocina (35 mg/kg de peso corporal) induzida por ratos diabéticos de tipo II em ratos Sprague Dawley machos para demonstrar os seus efeitos na peroxidação lipídica e nas actividades enzimáticas antioxidantes (catalase, superóxido dismutase, glutationa peroxidase, glutationa redutase e glutationa reduzida).A glibenclamida serviu de controlo positivo.Os resultados mostraram que, para além de normalizar os níveis de glicose no sangue, foi observada uma melhoria nas actividades dos antioxidantes e um declínio significativo nos níveis de substâncias reactivas ao ácido tiobarbitúrico (TBARS) tanto nos ratos diabéticos tratados com *Trigonella foenum-graecum* como nos tratados com glibenclamida.Assim, as sementes de feno-grego possuem um potencial antioxidante significativo para proteger os órgãos como o fígado e o pâncreas contra os danos oxidativos induzidos pela diabetes. Em resumo, as sementes de feno-grego apresentam uma propriedade antioxidante encorajadora que pode ser explorada para um melhor tratamento/reversão da diabetes e das suas complicações associadas.

2.8.5. Atividade antidiabética e hipolipidémica do feno-grego

A atividade antidiabética e hipolipidémica (Figura 18) do feno-grego foi demonstrada em várias experiências *in vitro*, seguida de confirmação em condições *in vivo* em diferentes estudos pré-clínicos e ensaios clínicos.

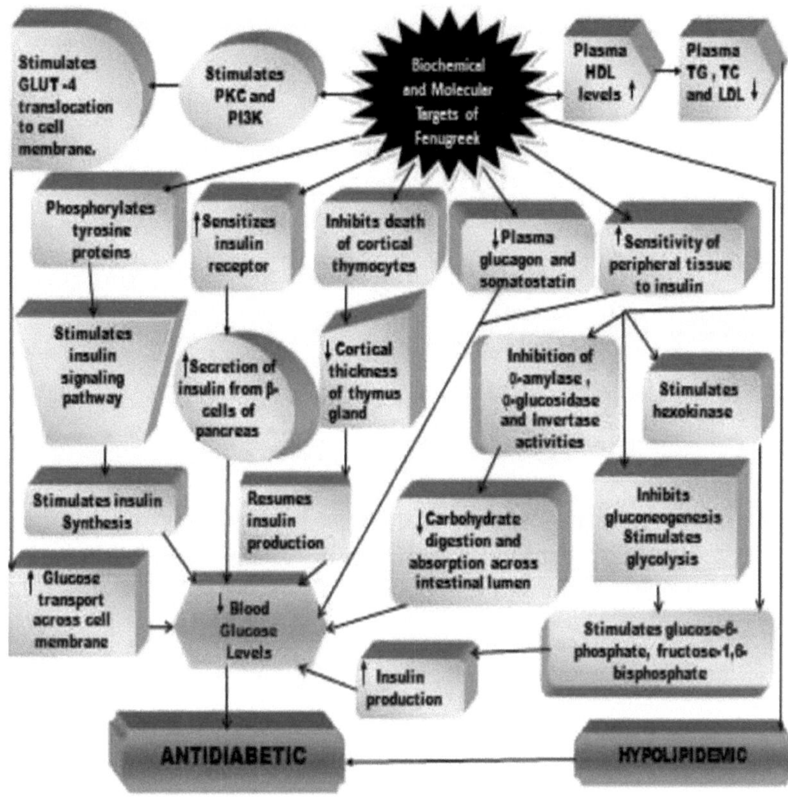

Figura 18: Mecanismo de ação antidiabética e hipolipidémica do feno-grego (*Trigonella foenum-graecum*)

2.8.5.1. Estudos *in vitro* sobre a atividade antidiabética do feno-grego

Vários estudos *in vitro* examinaram e provaram as actividades hipoglicémicas e andiabéticas dos efeitos das sementes e folhas de feno-grego. Um estudo recente demonstrou que a atividade hipoglicémica *in vitro* do acetato de etilo e dos extractos de água das folhas de *T. foenum-graecum* é mediada pela sua atividade inibidora dependente da dose sobre as enzimas de hidrólise de hidratos de carbono, nomeadamente a α-amilase e a α-glucosidase,Similares, Gad *et al* (2006) avaliaram que as sementes de feno-grego foram capazes de inibir a atividade da α-amilase e da sacarase de forma dependente da dose em condições *in vitro* e esta inibição foi revertida aumentando a concentração de substrato num padrão que está em conformidade com o efeito do inibidor competitivo (feno-grego). Além disso, esta inibição *in vitro* foi confirmada pela supressão *in vivo* da digestão e absorção de amido induzida por ambos os extractos de plantas em ratos normais, o que sugere que o efeito hipoglicémico do feno-grego é mediado pelo efeito insulinomimético, bem como pela inibição da atividade da alfa-amilase intestinal.Futher, Mukherjee e Sengupta (2013) relataram que as sementes de feno-grego também foram capazes de inibir a α-glucosidase (atividade da maltase e da sucrase) em condições *in vitro* com um IC50 (Mg/ml) de 112±8,0, 98±5,0 para a maltase e 65±6,5 52±,4,5 para a sucrase nos seus extractos aquoso e metanólico, respetivamente. Noutro estudo, Randhir e Shetty (2007) investigaram o enriquecimento do substrato de sementes de feno-grego (*Trigonella foenum graceum*) com antioxidantes fenólicos e L-DOPA através de um sistema de bioconversão em estado sólido (SSB) com base em fungos e revelaram uma associação direta entre teores mais elevados de fenólicos e atividade antioxidante que melhorou a atividade de inibição da α-amilase porcina *in vitro* em 75% no dia 4. A elevada atividade inibidora da α-amilase também coincidiu com um elevado teor de L-DOPA no dia 6. Assim, estes resultados têm implicações para o controlo da diabetes e das suas complicações associadas com base na dieta.

2.8.5.2. Estudos pré-clínicos (atividade antidiabética *in vivo*)

2.8.5.2.1. Estudos com animais

Relatórios anteriores mostraram o envolvimento de vários mecanismos para explicar a ação hipoglicemiante do feno-grego, incluindo a modulação da secreção de insulina, os efeitos insulinomiméticos e a inibição da atividade da glucosidase intestinal (Basch *et al*, 2003; Mitra e Bhattacharya, 2006; Gad *et al.*, 2006; Neelakantan *et al.*, 2014; Marzouk *et al.*, 2013; AbdEl Rahman, 2014). Numerosos relatórios autenticaram os efeitos hipoglicémicos benéficos das sementes de feno-grego em vários sistemas de modelos animais. Foi demonstrado que o feno-grego tem uma ação hipoglicémica dependente da dose após uma carga de glicose, associada ao seu potencial para aumentar as taxas de transporte de glicose em ratos diabéticos induzidos por aloxana, o que pode refletir o aumento da indução da translocação do transportador de glicose GLUT-4, melhorando a captação de glicose no músculo, fígado e células adiposas. Em modelos de ratos diabéticos, as enzimas hepáticas associadas à glicólise, incluindo a desidrogenase láctica, a piruvato quinase, a fosfofrutoquinase e as isoenzimas hexoquinase tipo I, II e IV, são todas aumentadas pelo tratamento com feno-grego, enquanto as enzimas hepáticas, incluindo a glicose-6-fosfatase, a fosfoenolpiruvato carboxiquinase e a frutose-1,6-bifosfatase associadas à gluconeogénese, são diminuídas.(Boaz *et al*, 2011; Ali *et al.*, 2013).

Num estudo recente, Kulkarni *et al* (2012) avaliaram pela primeira vez a atividade antidiabética do extrato padronizado de sementes *de Trigonella foenum-graecum* utilizando o modelo de diabetes mellitus (DM) induzido por estreptozotocina neonatal (n-STZ) em ratos. A estreptozotocina (STZ) foi injectada (50 mg/kg i.p.) em crias de ratos de forma dividida (no 2º e 3º dias pós-natais). Observou-se que o extrato de feno-grego (100 mg/kg, oral) e o tratamento com gliburida (10 mg/kg, oral) mostraram uma inversão significativa das alterações induzidas pela n-STZ (aumento da glicose no sangue, diminuição do peso corporal e aumento do HBA1c).As secções histológicas do pâncreas dos ratos tratados com extrato de feno-grego (100 mg/kg, oral) (mas não com gliburida) também mostraram um aumento do número e do tamanho das células β das ilhotas pancreáticas. Assim, o extrato de feno-grego mostrou um potencial para melhorar os sintomas da diabetes durante a deterioração progressiva e melhorou as funções glicémicas em ratos diabéticos induzidos por n-STZ.Noutro estudo, Abdelateif (2012) utilizou coelhos machos adultos para demonstrar os efeitos da suplementação de sementes de feno-grego no peso corporal, na glicose plasmática e nos níveis séricos de colestrol e insulina em ratos diabéticos induzidos por aloxana e em ratos de controlo, tendo-se verificado que a suplementação com feno-grego resultou num ligeiro aumento do peso corporal e numa diminuição profunda dos níveis de colesterol dos coelhos diabéticos.Observou-se também uma diminuição significativa do nível de glicose no sangue do grupo de coelhos diabéticos e um ligeiro efeito nos não diabéticos, com um aumento simultâneo dos níveis séricos de insulina nos coelhos diabéticos.

Num dos estudos, observou-se que a suplementação de folhas de feno-grego mostrou efeitos benéficos na hiperglicemia, hipoinsulinemia e hemoglobina glicada em ratos diabéticos induzidos por STZ.Verificou-se também que as folhas de feno-grego melhoram o peso corporal, o glicogénio hepático e apresentam um efeito significativo nas enzimas-chave envolvidas no metabolismo dos hidratos de carbono, tendo os resultados sido comparáveis aos do medicamento antidiabético padrão, a glibenclamida (Devi *et al*, 2003; Rathore *et al.*, 2013).

2.8.5.2.2. Estudos em humanos (Ensaios clínicos)

Estudos em animais mostraram que os extractos de sementes de feno-grego têm o potencial de retardar a digestão enzimática dos hidratos de carbono, reduzir a absorção gastrointestinal de glicose e, assim, reduzir os níveis de glicose pós-prandial. Além disso, o feno-grego estimulou a captação de glicose nos tecidos periféricos e tinha propriedades insulinotrópicas em células pancreáticas isoladas de ratos. Nos seres humanos, as sementes de feno-grego exercem efeitos hipoglicémicos, estimulando a secreção de insulina dependente da glicose das células β pancreáticas, bem como inibindo as actividades da α-amilase e da sacarase. (Numa meta-análise recente de 10 ensaios clínicos, a ingestão de sementes de feno-grego resultou numa redução significativa da glicemia em jejum, da glicemia de 2 horas e da HbA1c. Foi observada uma redução significativa dos parâmetros de glicose nos ensaios que administraram doses médias a elevadas (≥5 g) de pó de sementes de feno-grego e não nos ensaios que administraram doses baixas (<2 g) de extractos hidroalcoólicos (Neelakantan *et al.*, 2014). Num estudo anterior sobre a eficácia do tratamento com feno-grego, cento e sessenta e seis pacientes com diabetes tipo 2 foram administrados com 2,5g e 5g de feno-grego diariamente e mostraram a maior diminuição nos níveis de glicose pós-prandial. A glicose plasmática de duas horas caiu para pacientes tratados com 2,5g, no entanto, a queda não foi estatisticamente diferente da observada no grupo placebo, 2009). Um outro estudo avaliou o efeito das sementes de feno-grego numa dose de 5 g/dia em doentes com diabetes de tipo 1 durante um período de 16 semanas. Este estudo mostrou uma redução significativa do nível de glicose no sangue pós-prandial em doentes diabéticos em comparação com o controlo medicamentoso padrão (Yaheya e Ismail, 2009). Losso *et al* (2009) realizaram um ensaio clínico cruzado, duplamente cego, controlado por placebo, e testaram os efeitos metabólicos e a aceitabilidade do sabor de um pão de trigo com feno-grego em oito indivíduos com diabetes de tipo 2 controlada pelo estilo de vida. Os indivíduos foram selecionados aleatoriamente para receber 56 g de pão com 5% de feno-grego ou pão de trigo normal cozido na mesma padaria. A glicemia e a insulina pós-prandiais foram medidas periodicamente durante um período de 4 horas após o consumo. A área sob a curva da insulina no sangue foi significativamente reduzida após o consumo de pão contendo feno-grego, e este pão era indistinguível do controlo de trigo integral em termos de sabor e aparência. Estes resultados sugerem que o feno-grego pode representar um meio alimentar eficaz para reduzir a insulina plasmática em indivíduos com diabetes tipo 2. O extrato de sementes de feno-grego também demonstrou reduzir o consumo espontâneo de gordura, levando a uma redução marginal do consumo total de energia em voluntários saudáveis do sexo masculino (Chevassus *et al.*, 2009). Do mesmo modo, em indivíduos saudáveis com excesso de peso, o extrato de sementes de feno-grego reduziu significativamente a ingestão de gorduras alimentares e diminuiu a relação insulina/glicose, no entanto, não foram observadas alterações no peso corporal e nos índices de apetite/saciedade (Chevassus *et al.*, 2010). Os resultados de ensaios clínicos apoiam os efeitos benéficos das sementes de feno-grego no controlo glicémico em pessoas com diabetes. No entanto, são necessários ensaios com uma metodologia de maior qualidade, utilizando uma preparação de feno-grego bem caracterizada e com uma dose suficiente, para obter provas mais conclusivas.

2.8.5.3. Atividade hipolipidémica

Os efeitos hipoglicémicos e hipolipidémicos do feno-grego *(T. foenumgraecum L.)* estão bem documentados em estudos com animais e estas observações foram transpostas para os seres humanos (Boaz *et al.,* 2011). Num estudo recente, as sementes de feno-grego apresentaram uma diminuição significativa dos valores de glicose, heamoglobina glicosilada (HbA1C %) e frutoseamina (FA), mas foi observado um aumento significativo da insulina. Paralelamente, observou-se uma diminuição significativa de vários lípidos séricos como o colesterol total, os triglicéridos, o colesterol das lipoproteínas de baixa e muito baixa densidade (LDLc &VLDLc) e um aumento do colesterol das lipoproteínas de alta densidade (HDLc) nos ratos diabéticos. Em comparação com o grupo de controlo (+ve), também demonstraram uma diminuição significativa do colesterol hepático e dos lípidos totais e um aumento significativo dos triglicéridos hepáticos e do glicogénio (Abd-El Rahman, 2014).Vijayakumar *et al* (2010) avaliaram que o efeito hipolipidémico do extrato de sementes de feno-grego se deve à inibição da acumulação de gordura e à regulação positiva do recetor de LDL.O estudo sugere que o extrato de sementes de feno-grego pode ter uma aplicação potencial no tratamento da dislipidemia e dos distúrbios metabólicos associados.Num estudo de ensaio clínico com 24 pacientes diabéticos de tipo 2 suplementados com 10 g/dia de sementes de feno-grego em pó misturadas com iogurte ou embebidas em água quente durante 8 semanas, verificou-se que a suplementação com feno-grego (sementes embebidas em água quente) resultou em reduções significativas da glicemia em jejum, TGs e colesterol VLDL em 25, 30 e 30,6%, respetivamente (Kassaian *et al*, 2009). Este estudo demonstrou que as sementes de feno-grego podem ser utilizadas como adjuvante no controlo da diabetes tipo 2 na forma embebida em água quente. Num outro estudo (Moosa *et al.*, 2006), a administração de 25 g de pó de sementes de feno-grego por via oral duas vezes por dia durante 3 semanas e 6 semanas produziu uma redução significativa do colesterol total sérico, dos triacilglicerídeos e do colesterol LDL no grupo hipercolesterolémico, mas a alteração do colesterol HDL sérico não foi significativa. Estes estudos sugerem que o pó de sementes de feno-grego pode ser considerado como um agente eficaz para fins de redução dos lípidos, mas é necessário efetuar mais estudos para avaliar a utilização do feno-grego para este fim.

2.9. Brotação de sementes e efeitos antidiabéticos

Os rebentos são plântulas com quatro a dez dias de idade, formadas a partir de sementes durante a germinação. Como os rebentos são consumidos no início da fase de crescimento, a sua concentração de nutrientes permanece muito elevada, tendo sido amplamente divulgado que os rebentos proporcionam um valor nutritivo mais elevado do que as sementes cruas e a sua produção é simples e barata (Bodi *et al.*, 2013).A composição original das sementes muda essencialmente durante a germinação, a quantidade da fração proteica muda significativamente; a proporção das fracções contendo azoto muda para as fracções proteicas mais pequenas, oligopeptídeos e aminoácidos livres. Para além disso, a quantidade de aminoácidos (alguns aumentam, outros diminuem ou não se alteram) é alterada e alguns dos aminoácidos não proteicos são também produzidos durante a germinação. Em consequência destas alterações, o valor biológico da proteína do rebento aumenta e foi também estabelecida uma maior digestibilidade nas experiências com animais. A composição dos triglicéridos também se altera, devido à sua hidrólise em ácidos gordos livres, que se origina e pode ser considerada como um certo tipo de pré-digestão. Geralmente, a proporção de ácidos gordos saturados aumenta em relação aos ácidos gordos insaturados, e a proporção entre os ácidos gordos insaturados desloca-se para o ácido linoleico essencial. A quantidade de componentes anti-nutritivos diminui e a utilização dos macro e microelementos aumenta devido à germinação (Marton *et al.*, 2010). Além disso, para além de serem uma boa fonte de compostos nutricionais, os rebentos contêm tantos fitoquímicos (sulforafano, sulforafeno, isotiocianatos, glucosinolatos, enzimas, antioxidantes, vitaminas) como uma planta inteira. A investigação demonstrou que os alimentos ricos em fitoquímicos possuem diversas propriedades preventivas de doenças e de promoção da saúde (Saxena *et al.*, 2013), pelo que a melhoria do valor nutricional e nutracêutico das sementes será benéfica para a saúde humana (Gawlik-Dziki *et al.*, 2013). Nas últimas décadas do século passado, a atenção dos especialistas que lidam com a nutrição saudável voltou-se cada vez mais para a determinação do valor biológico dos rebentos nutricionalmente ricos (Penas *et al.*, 2008). Assim, a germinação pode levar ao desenvolvimento de tais alimentos funcionais que têm vários efeitos positivos sobre os seres humanos e, portanto, podem ser úteis na manutenção da saúde (Sangronis e Machado, 2007). As sementes e os rebentos são excelentes exemplos de alimentos funcionais, definidos como diminuindo o risco de várias doenças, incluindo a diabetes (Chon, 2013).

Vários relatórios recentes sugerem que os rebentos podem atuar como um potencial alimento funcional antidiabético. Os rebentos, incluindo os rebentos de feijão mungo (Yao *et al.*, 2008; yeap *et al.,* 2012), os rebentos de brócolos (Bahadaron *et al.*, 2012a), os rebentos de girassol (Sun *et al.,* 2012), os rebentos de trigo sarraceno (Watanabe e Ayugase, 2010), os rebentos *de Macuna pruriens* (Randhir *et al.,* 2009) e os rebentos de grão-de-bico (Mao *et al*, Num ensaio clínico aleatório duplamente cego de quatro semanas, verificou-se que os rebentos de brócolos melhoram a resistência à insulina em pacientes humanos diabéticos de tipo 2 (Bahadoran *et al., 2012a)*, 2012a). Da mesma forma, os rebentos de feijão mungo antidiabéticos também melhoram a tolerância à glicose e aumentam a reatividade imunológica da insulina; foi relatado que a ingestão alimentar de cinco semanas de rebentos de feijão mungo reduziu a glicose no sangue, o colesterol e os triglicéridos em ratos diabéticos KK-A(y) (Yao *et al.*, 2008). Como os rebentos dietéticos possuem benefícios potenciais para ameriolizar os níveis de glucose no sangue, e reduzem a produção de AGEs perigosos que danificam a fisiologia dos tecidos. Assim, o consumo de rebentos na dieta pode diminuir a incidência de complicações secundárias associadas à diabetes (Hegab *et al.*, 2012). A este respeito, os rebentos de girassol são antiglicantes e inibem potencialmente a formação de produtos finais de glicação avançada e eliminam fortemente os radicais livres prejudiciais causados pelo excesso de glicose no sangue (Sun *et al*, 2012). Os rebentos também são conhecidos por melhorar o perfil lipídico sérico e proteger contra doenças coronárias. Num dos estudos, os rebentos de trigo sarraceno no oitavo dia de germinação contêm nutrientes ideais para reduzir os níveis de colesterol e triglicéridos no plasma (Lin *et al.*, 2008). Os brotos de brócolis (Bahadoran *et al.*, 2012b), alfafa (Shi *et al.*, 2014), grão-de-bico (Mao *et al.*, 2008) e rabanete (Taniguchi *et al.*, 2006) também melhoram significativamente o metabolismo da gordura, reduzem o colesterol no sangue e diminuem a glicose no sangue, e são conhecidos por aumentar significativamente as taxas de sobrevivência, reduzindo os riscos inflamatórios que precedem a obesidade (Hong *et al., 2009)*, 2009).Os rebentos da dieta também possuem efeitos protectores contra vários tipos de cancros.Verificou-se que os rebentos de brócolos inibem o desenvolvimento e o crescimento do cancro do pulmão, do tumor da pele, do cancro da bexiga urinária, das células do cancro da próstata, do cancro do ovário e do cancro da mama (Abdulah *et al.*, 2009; Zhang *et al*, 2006; Wang e Shan, 2012; Munday *et al.*, 2008; Bahadoran *et al.*, 2012b, Dinkova-Kostova *et al.*, 2007, Dinkova-Kostova *et al.,* 2010). Da mesma forma, os rebentos de rabanete japonês são relatados para prevenir o cancro da mama e os rebentos de linhaça inibem o crescimento das células do cancro da mama humano (Lee *et al.*, 2012;

Yamanoshita *et al.*, 2007). Do mesmo modo, os rebentos de feijão mungo antidiabéticos suprimem o tumor do melanoma humano e os rebentos de trigo antidiabéticos induzem a apoptose das células cancerígenas humanas (Soucek *et al.*, 2006; Yao *et al.*, 2008; Lee *et al.*, 2012; Bonfili *et al.*, 2009). Quando manuseados e distribuídos de acordo com as orientações de segurança, os rebentos são soluções económicas e acessíveis para o fardo global das doenças crónicas.

2.10. Estudos sobre as alterações na composição fitoquímica das sementes durante a germinação

Durante os últimos anos, tem surgido um interesse crescente na área de investigação relacionada com a produção de metabolitos secundários durante o processo de germinação, que podem ter propriedades valiosas de promoção da saúde e podem atuar como componentes bioactivos ou funcionais em alimentos.Tudo isto requer conhecimento e know-how do processo de germinação e da bioquímica por detrás dele.Entre os produtos secundários do metabolismo das plantas, os compostos fenólicos têm atraído cada vez mais atenção como potenciais agentes de prevenção e tratamento de muitas doenças relacionadas com o stress oxidativo (Gan *et al.*, Num estudo recente, Chon (2013) estudou o efeito da germinação nos fenólicos totais e na atividade antioxidante da soja, do feijão-mungo e do feijão-frade e observou que a germinação aumentava o valor nutritivo das sementes, em termos de fenólicos e flavonóides, de uma forma natural.Verificou-se que o teor total de fenóis e os níveis totais de flavonóides eram mais elevados nos extractos de rebentos de soja, seguidos dos extractos de rebentos de feijão-frade e de feijão-mungo, enquanto a atividade de eliminação do radical livre DPPH (1, 1- difenil-2-picril hidrazil) era mais elevada nos rebentos de feijão-frade ou de feijão-mungo do que nos rebentos de soja.Resultados semelhantes também foram obtidos por Tarzia *et al* (2012), demonstrando o efeito da germinação no conteúdo fenólico e na atividade antioxidante das sementes de grão-de-bico. Guo *et al* (2012) também avaliaram que a germinação aumentou drasticamente os fenóis totais, os flavonóides totais e a atividade antioxidante nos rebentos de feijão-mungo de uma forma dependente do tempo, até 4.Em outro estudo importante, os níveis de nutrientes, incluindo fenólicos totais, quercetina e ácido ascórbico em brotos de lentilha foram relatados para ser maximizado em 8th dia de germinação, quando comparado com os seus homólogos não germinados (Liu *et al.*, 2008). Verificou-se também que os rebentos de feno-grego apresentam um aumento significativo do seu teor de fenóis totais, bem como da sua atividade antioxidante, através da germinação induzida (Randhir *et al.*,

2004; Gawlik-Dziki *et al.,* 2013; Mandal e Gupta, 2014).

Relativamente poucos estudos foram efectuados para observar alterações na constituição flavonoide dos rebentos à medida que se desenvolvem. Recentemente, Perez-Bablibrea *et al* (2011) provaram que a elicitação de rebentos de brócolos com solução de ácido salicílico aumentou os seus flavonóides. Verificou-se que o teor de flavonóides, incluindo a rutina e a quercetina dos rebentos de trigo sarraceno, aumenta ao máximo no sétimo dia durante o processo de germinação (Brajdes e Vizireanu, 2012). A pesquisa bibliográfica também sugere que a germinação causou um claro aumento do teor de saponina das sementes à medida que a germinação prossegue. Num dos estudos, Jyothi *et al* (2007) relataram que, em comparação com as sementes, o teor de saponina aumentou quase 3,2 vezes após a germinação da soja.Paralelamente, ao estudar a composição de sapogenina da planta de feno-grego em várias fases de crescimento, juntamente com as diferentes partes das sementes, verificou-se que as plântulas tinham o teor mais elevado de diosgenina (e outras sapogeninas esteróides), em comparação com todas as outras fases de crescimento (Kor e Moraldi, 2013).

A germinação, para além de provocar o aumento do teor de proteínas, fibras alimentares, vitaminas e biodisponibilidade de oligoelementos e minerais, é um dos processos mais comuns para a redução de alguns compostos antinutritivos (Singh *et al.*, 2014b). Num dos estudos, em comparação com as suas sementes, os factores antinutricionais dos rebentos de tremoço, incluindo oligossacáridos (RFOs), alcalóides, globulina e teor de fração residual, mostraram uma clara diminuição durante o processo de germinação, ao passo que foi observado um aumento distinto da sua fração não proteica (Nnp) (Chilomer *et al.*, 2010). Também foi documentada uma diminuição no conteúdo de trigonelina (alcaloide) em feijões, lentilhas e ervilhas em germinação, bem como em cotilédones de sementes de feijão-mungo (Phaseolus aureus) em germinação (Kuo *et al.*, 2004; Zheng *et al.*, 2005).Kamal *e* Ahmad (2014) também observaram uma diminuição dependente do tempo do conteúdo de alcalóides em *Nigella Sativa* durante a germinação.

Materiais e métodos

3.1. Produtos químicos e reagentes

No estudo atual, a diosgenina padrão (98%), a quercetina (98%), a trigonelina (98%) e a invertase (k=0,3) foram adquiridas à MP Biomedicals (EUA). A α-glucosidase, a estreptozotocina, o 4-nitrofenil-D-glucopiranosídeo, o catecol e o ácido dinitrosalicílico (DNSA) foram obtidos da Sigma Aldrich (Índia) e da Sisco Research Laboratories (Índia). A voglibiose e a acarbose foram adquiridas à Bayer's Pharmaceuticals (Alemanha). O amido, o etanol, o tartarato de sódio e potássio, o hidróxido de sódio, o carbonato de sódio, o fosfato de sódio (monobásico e dibásico), o cloreto de sódio e a α-amilase pancreática porcina foram adquiridos à Qualigens (Índia) e à Hi- Media Laboratories (Índia). Todos os outros reagentes analíticos (AR) e produtos químicos de grau HPLC utilizados no presente estudo foram fornecidos pela Merck (Índia).

3.2. Recolha de sementes de feno-grego e sua localização demográfica

As sementes de feno-grego utilizadas no presente estudo foram obtidas em Caxemira e noutras zonas agro-climáticas diversas da Índia (Figura 19). Entre elas, seis genótipos foram obtidos na Division of Vegetable Science, Sher-e-Kashmir University of Agricultural Sciences and Technology, Kashmir (SKUAST-K) e quatro outras amostras foram recolhidas nos mercados locais de Deli, Bhopal, Kerala e Punjab. Todas as amostras foram identificadas e validadas por peritos da Universidade (quadro 6). As sementes foram cultivadas de novo em condições ambientais idênticas na SKUAST-K e as sementes colhidas das respectivas plantas foram depois utilizadas para análise posterior. As plantas foram cultivadas em condições de estufa durante os meses de abril a julho na Divisão de Ciências Vegetais, SKUAST-K. A temperatura diária do ar na estufa variava entre 30°C (máxima durante o dia) e 15°C (mínima durante a noite), sendo a temperatura média diária de cerca de 25°C. A humidade relativa oscilava entre 65% e 75%, com um valor médio de cerca de 60%. Dez sementes de cada amostra foram semeadas diretamente em vasos de plástico separados, contendo 4 kg de solo de campo. O desbaste foi efectuado 15 dias após a sementeira, deixando quatro plantas em cada vaso. Os vasos foram dispostos aleatoriamente numa estufa. Imediatamente após a sementeira das sementes, o solo foi bem regado e a rega foi efectuada regularmente de dois em dois dias. Todas as amostras foram colhidas para as suas respectivas sementes, 140 dias após a plantação

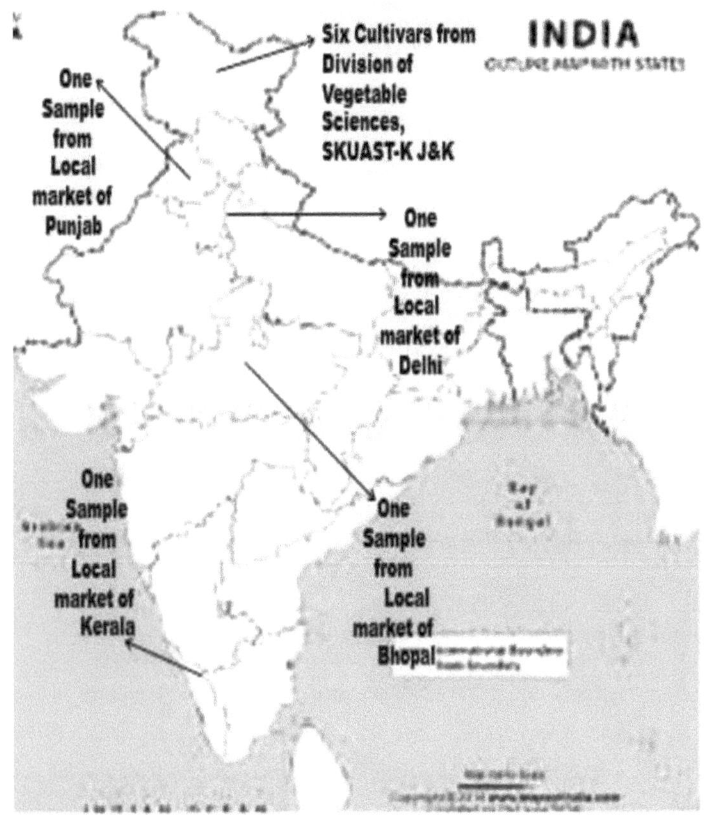

Figura 19:-Locais de recolha **de amostras**

Quadro 6: Genótipos de feno-grego e suas origens, utilizados no estudo

Feno-grego genótipos / Amostras	Origem / Fonte
ILl(SAW)	Divisão de Ciências Vegetais, Universidade de Ciências e Tecnologias Agrícolas de Sher-e-Kashmir, Caxemira
1L2 (Kasuri)	Divisão de Ciências Vegetais, Universidade de Ciências e Tecnologias Agrícolas de Sher-e-Kashmir, Caxemira
IL3(AGR 546)	Divisão de Ciências Vegetais, Universidade de Ciências e Tecnologias Agrícolas de Sher-e-Kashmir, Caxemira
IL4(Methi Local)	Divisão de Ciências Vegetais, Universidade de Ciências e Tecnologias Agrícolas de Sher-e-Kashmir, Caxemira
IL5(Shalimar 8864)	Divisão de Ciências Vegetais, Universidade de Ciências e Tecnologias Agrícolas de Sher-e-Kashmir, Caxemira
IL6 (Shalimar	Divisão de Ciências Vegetais, Universidade de Ciências e Tecnologias

Melhorado)	Agrícolas de Sher-e-Kashmir, Caxemira
IL7(Kerala Methi)	Mercado local de Kerala, Índia
IL8(Punjab Methi)	Mercado local de Punjab, Índia
IL9 (Delhi Methi)	Mercado local de Deli, Índia
IL10(Bhopal Methi)	Mercado local de Bhopal, Índia

3.3. Germinação de sementes

As sementes de plantas de feno-grego cultivadas em condições ambientais idênticas foram embebidas em frascos com água destilada e mantidas numa incubadora orbital com agitação (Tanco, Índia) a uma velocidade de 120 rpm durante 24 horas. Após 24 horas, as sementes foram transferidas para frascos de vidro e submetidas a germinação numa gama variada de temperaturas, isto é, 16-25°C. Os frascos foram cobertos com folha de alumínio e as sementes germinaram no escuro. As sementes em germinação foram lavadas alternadamente com água destilada e os ensaios foram efectuados diariamente durante os 10 dias seguintes. Cada experiência foi repetida três vezes e, para cada amostra, foram analisadas três réplicas.

3.4. Preparação de um extrato aquoso para estudos *in vitro*

As sementes de feno-grego e os respectivos rebentos colhidos em diferentes dias de germinação foram esterilizados à superfície por imersão em hipoclorito de sódio a 0,1% e nonidet P-40 (NP-40) a 0,05% durante 30 segundos e enxaguados cuidadosamente com água destilada. As amostras (sementes e rebentos de feno-grego) foram secas na estufa e trituradas numa máquina de moer até obterem um pó fino. Utilizando 100 ml de água destilada, 10 g de cada amostra foram extraídos durante 30 minutos sob refluxo a 95°C. O extrato foi então centrifugado durante 10 minutos e utilizado diretamente para análises posteriores.

3.5. Estimativa dos fenóis totais

As sementes de feno-grego e os respectivos rebentos recolhidos em diferentes dias de germinação foram avaliados quanto ao seu teor de fenólicos totais utilizando o método modificado, tal como referido por Malick e Singh (1980). Os extractos aquosos das sementes e dos rebentos (500 µl) foram combinados separadamente com 2,5 ml de água bidestilada, seguidos da adição de 0,5 ml do reagente Folin-Cioucalteau e incubados durante 3 minutos. De imediato, adicionou-se carbonato de sódio a 20% a cada amostra, agitou-se em vórtice e ferveu-se num banho de água durante cerca de um minuto. A absorvância da mistura de reação foi medida (650nm) em relação a um branco de reagente. Finalmente, utilizando o catecol como padrão, foi estabelecida uma curva padrão e os valores de absorvância foram convertidos em miligramas de fenóis por 100 g de peso seco da amostra. Para cada amostra, foram analisadas três réplicas.

3.6. Determinação da atividade anti-oxidante total

O potencial antioxidante total de cada amostra foi determinado utilizando a capacidade de redução férrica do plasma, ensaio FRAP (Benzie e Strain, 1996) como medida do poder antioxidante. Neste método, um potencial antioxidante reduz o ião férrico ($Fe3+$) a ião ferroso ($Fe2+$); este último forma um complexo azul ($Fe2+/TPTZ$), que aumenta a absorção a 593 nm. Resumidamente, o reagente FRAP consiste em 10 mM de 2,4,6-tripiridil-S-triazina (TPTZ) em 40mM HCL e 20mM de cloreto férrico em 300 mM de tampão de acetato de sódio (pH 3,6) na proporção de 1:1:10 (v/v/v).A 100µl de extrato aquoso de amostra, foram adicionados 3ml de reagente FRAP, seguido de uma mistura completa. Após repouso à temperatura ambiente (20°C) durante 4 minutos, a absorvância a 593 nm foi registada em relação ao branco do reagente. A calibração foi efectuada com base numa curva padrão (50-1000 µM de ião ferroso) produzida pela adição de sulfato ferroso de amónio recentemente preparado. Os valores obtidos a partir de três repetições foram expressos em µM FRAP por g de peso seco da amostra. Todas as determinações foram efectuadas em triplicado.

3. 7. Determinação dos constituintes bioactivos

3.7.1. Diosgenina e quercetina

As sementes e os rebentos em pó (1g) de todos os lotes de feno-grego foram pesados com exatidão e colocados separadamente em frascos de fundo redondo de 100 ml. A seleção do solvente de extração foi efectuada com 50 ml de etanol acidificado (25%, 50%, 70% e 100%), metanol acidificado (50% e 100%) e água.As misturas foram refluxadas durante 60 minutos a 100°C num bloco de aquecimento (Multi-Block, Labline Instruments, IL) para hidrolisar os conjugados glicosilados naturais de dioscina e quercetina glicona para produzir diosgenina e quercetina livres em solução. Após a hidrólise, as soluções foram arrefecidas, filtradas e concentradas a 50°C com um evaporador rotativo (Buchi Rotavapor-R, Shivaki, Índia).Os concentrados foram alcalinizados com uma solução de amoníaco a 25% (pH > 12) e diluídos com o dobro do volume de água destilada. A reextracção das soluções concentradas foi efectuada três vezes cada, com diferentes solventes, incluindo diclorometano (DCM), acetato de etilo, acetona e hexano, a fim de obter o rendimento máximo de diosgenina e quercetina no solvente selecionado.Os extractos combinados de cada solvente foram lavados primeiro com 2 ml de hidróxido de sódio 0,1 M para remover os ácidos gordos livres e, em seguida, adicionou-se 1 ml de água destilada para remover os restantes contaminantes hidrofílicos. Os extractos lavados foram transferidos quantitativamente para um balão de 50 ml e, em seguida, evaporados até à secura com um evaporador rotativo (Buchi Rotavapor-R, Shivaki Índia) a 50 °C. Os resíduos secos obtidos foram dissolvidos em 5 ml de metanol e uma alíquota da solução reconstituída foi filtrada através de um filtro de membrana de polipropileno de 0,45 µm (Fisher Scientific, Índia) antes da análise HPTLC.

3.7.2. Trigonelline

O teor de trigonelina das sementes e rebentos de feno-grego foi estimado utilizando o método descrito por Gopu *et al* (2008). As amostras de sementes e rebentos de feno-grego em pó (1 g) foram colocadas em copos separados com 10 ml de metanol como solvente de extração, ultra-sons durante 20 minutos e misturadas com a ajuda de calor suave (50 °C) num banho de água. O extrato foi centrifugado a 5000 rpm durante 10 minutos e o sobrenadante foi filtrado através de uma membrana filtrante de 0,45-µm antes da análise cromatográfica HPTLC.

3.8. Instrumentos e condições experimentais de HPTLC

Para todas as determinações, foram utilizadas placas de sílica-gel de alumínio pré-revestidas $60F_{254}$ (E. Merck, Darmstadt, Alemanha) com uma espessura de 0,2 mm. As placas foram pré-lavadas com metanol e activadas a 60 °C durante 5 minutos antes da cromatografia. As soluções das amostras foram aplicadas com um amostrador semiautomático de TLC Linomat V (Camag, Muttenz, Suíça), controlado pelo software Win CATS 1.4.4. Foram aplicados seis volumes diferentes (0,1, 0,2, 0,4, 0,8, 1,0, 2,0 µl) de 1mg/ml de solução-padrão (diosgenina, trigonelina e quercetina) numa placa de TLC de 20 × 10 cm para a preparação das curvas de calibração da diosgenina, da trigonelina e da quercetina.Utilizou-se uma taxa de aplicação constante de 80 nl/s, com uma largura de banda de 3,0 mm. A dimensão da fenda foi mantida em 3.Utilizaram-se 25 mililitros de fase móvel constituída por tolueno:acetato de etilo:ácido fórmico (5:4:1, v/v/v) para a diosgenina/quercetina e n-propanol:metanol:água (10:1,5:15, v/v/v) para a trigonelina. O tempo de saturação da câmara optimizado para a fase móvel foi de 15 minutos à temperatura ambiente (25 ± 2°C) e humidade relativa de 60 ± 5%.Para a quantificação da quercetina e da trigonelina, as placas foram diretamente digitalizadas em 10 minutos utilizando o scanner densitométrico III com o software WinCATS (Camag) no modo UV com a fonte de deutério regulada para 270 nm e 254 nm, respetivamente. Os pontos correspondentes à quercetina foram observados a Rf = 0,57 ± 0,02 e para a trigonelina a Rf = 0,40 ± 0,02.Para a diosgenina, as placas secas foram mergulhadas no reagente de deteção ácido anisaldeído-sulfúrico, secas durante 10 minutos ao ar quente e depois colocadas numa estufa a 105°C durante 10 minutos. As placas foram digitalizadas no espaço de 10 minutos utilizando o scanner densitométrico III com o software WinCATS (Camag) no modo visível com a fonte de halogéneo de tungsténio regulada para 450 nm. Os dados obtidos foram analisados com o software WinCATS, medindo as áreas dos picos e a regressão linear.

3.9. Atividade antidiabética *in vitro*

3.9.1. Ensaio de inibição da α-amilase

A fim de determinar a atividade de inibição da *α-amilase* dos extractos de feno-grego em condições *in vitro*, seguiu-se um método desenvolvido por Kunyanga *et al* (2011). A 100 μl de extrato aquoso de cada amostra, foram adicionados 100 μl de tampão de fosfato de sódio 0,02 M (pH 6,9) contendo solução de *α-amilase* (1 unidade liberta 1,9 μl de maltose do amido em 1 minuto a pH 6,9 e temperatura de 25°C) e 100 μl de solução de amido (1%) em tampão de fosfato de sódio 0,02 M (pH 6,9), seguido de incubação a 25°C durante 30 minutos. Imediatamente, a reação foi interrompida utilizando 1 ml de reagente de ácido dinitrosalicílico, seguido de incubação dos tubos de ensaio num banho de água a ferver durante 5 minutos e, finalmente, arrefecendo-os à temperatura ambiente. A mistura de reação resultante foi diluída com água destilada (10 vezes) e a absorvância foi medida a 540 nm. Os valores de absorvância obtidos para os extractos das amostras foram comparados com os da acarbose e da voglibiose, utilizados como controlos padrão (positivos). A atividade de inibição percentual de todas as amostras foi calculada utilizando a seguinte fórmula:

A % de atividade inibidora da α-amilase = (Ac+) - (Ac-) - (As-Ab) / (Ac+)-(Ac-)X100

Nesta fórmula, Ac+ e Ac- representam a absorvância de 100% de atividade enzimática (mistura de reação com enzima mas sem extrato da amostra de ensaio) e 0% de atividade enzimática (mistura de reação sem enzima e sem amostra de ensaio), respetivamente. Considerando que, As inclui AC^+ mais extrato de amostra e, do mesmo modo, Ab inclui apenas Ac⁻ (sem extrato de amostra), respetivamente.

3.9.2. Ensaio de inibição da α-glucosidase

Para determinar a atividade de inibição da *α-glucosidase* dos extractos, foi utilizado um método descrito por Worthington (1993). Uma mistura total de 200 μl *de* extrato aquoso e 200 μl de tampão fosfato 0,1 M (pH 6,9) contendo solução de α-glucosidase (1 unidade/ml) foi colocada em tubos de vidro e incubada durante 5 minutos a 25°C. Após a pré-incubação, foram adicionados a cada tubo exatamente 100 μl de solução de *p-nitrofenil-α-D-glucopiranosídeo* 5 mM em tampão fosfato 0,1 M (pH 6,9) e incubados durante 5 minutos (25°C). Imediatamente, a reação foi terminada pela adição de carbonato de sódio 0,1 M (Na_2CO_3) e as misturas de reação foram diluídas com água destilada (10 vezes). As leituras de absorvância dos extractos das amostras obtidas a 405 nm foram comparadas com as da acarbose e da voglibiose, que foram utilizadas como controlos padrão (positivos) dos medicamentos. A atividade de inibição percentual de todas as amostras foi calculada utilizando a seguinte fórmula:

A % de atividade inibidora da α-glucosidase = (Ac+) - (Ac-) - (As-Ab) / (Ac+)-(Ac-)X100

Nesta fórmula, Ac+ e Ac- representam a absorvância de 100% de atividade enzimática (mistura de reação com enzima mas sem extrato da amostra de ensaio) e 0% de atividade enzimática (mistura de reação sem enzima e sem amostra de ensaio), respetivamente. Considerando que, As inclui AC^+ mais extrato de amostra e, do mesmo modo, Ab inclui apenas Ac⁻ (sem extrato de amostra), respetivamente.

3.9.3. Ensaio de inibição da invertase

A atividade de inibição da invertase foi determinada utilizando o método modificado de Sumner e Howells (1935). 0,1 ml de extrato aquoso foi adicionado a 0,1 ml de solução enzimática e incubado a 37°C durante 30 minutos. Após a fase de pré-incubação, foram adicionados 0,9 ml de sacarose em tampão acetato 0,03 M (pH 5,0) a cada tubo e a mistura de reação foi incubada a 37°C durante 60 minutos. Após o período de incubação, a reação foi interrompida pela adição de 1 ml de reagente de ácido dinitrosalicílico e aquecida durante 5 minutos num banho de água a ferver. As alíquotas foram diluídas 10 vezes com água destilada e, finalmente, a absorvância foi medida a 540 nm utilizando um espetrofotómetro. Os valores de absorvância dos extractos das amostras obtidos a 540 nm foram comparados com os da acarbose e da voglibiose, que foram utilizados como controlos padrão (positivos). Uma unidade de invertase (UI) é definida como a quantidade de enzima que liberta 1µmole de glucose/minuto/ml nas condições do ensaio.

A % de atividade inibidora da invertase = (Ac+) - (Ac-) - (As-Ab) / (Ac+) - (Ac-)X100

Nesta fórmula, Ac+ e Ac- representam a absorvância de 100% de atividade enzimática (mistura de reação com enzima mas sem extrato da amostra de ensaio) e 0% de atividade enzimática (mistura de reação sem enzima e sem amostra de ensaio), respetivamente. Considerando que, As inclui AC^+ mais extrato de amostra e, do mesmo modo, Ab inclui apenas Ac⁻ (sem extrato de amostra), respetivamente.

3.10. Preparação de um extrato aquoso para estudos *in vivo*

Os rebentos de IL8 germinados ao quarto dia, bem como as suas sementes, foram lavados em água destilada, esterilizados à superfície por imersão em hipoclorito de sódio a 0,1% e nonidet P-40 (NP-40) a 0,05% durante 30 segundos e enxaguados cuidadosamente com água destilada. As amostras (sementes e rebentos) foram secas na estufa e trituradas numa trituradora até à obtenção de um pó fino. As amostras em pó (500 g) foram depois extraídas com água bidestilada em frascos Erlenmeyer à temperatura ambiente. A maceração foi efectuada cinco vezes, cada uma em 48 horas, com agitação ocasional. O extrato completo foi combinado, filtrado (papel de filtro Whatman n.º 1) e concentrado a 40°C no vácuo. Para a liofilização, o extrato aquoso bruto foi vertido no tabuleiro de amostras liofilizadas e carregado no liofilizador (Esquire Biotech, Índia). Finalmente, o extrato foi liofilizado para obter 40 g de pó de extrato liofilizado. O extrato em pó liofilizado foi então redissolvido em água destilada, aliquotado, armazenado a -80°C a longo prazo e utilizado para todas as experiências posteriores.

3.11. Animais experimentais e suas dietas

Foram utilizados no estudo ratos albinos machos da estirpe Wistar (150-250 g) obtidos no Biotério do Instituto Indiano de Medicina Integrativa, CSIR Laboratories, Jammu. Os animais foram aclimatados às condições normais do biotério da Universidade de Caxemira (temperatura de 24 ± 1°C, humidade relativa de 55 ± 5%) durante 12 horas de fotoperíodo em gaiolas galvanizadas com rede de arame suspensa (4-6 ratos/gaiola) durante uma semana, antes do início da experiência. Durante todo o período de estudo, os ratos receberam uma dieta basal semi-purificada e água *ad libitum*. A autorização ética para o manuseamento de animais experimentais foi obtida junto do Comité de Ética Animal (CPCSEA) da Universidade de Caxemira.

3.12. Análise da toxicidade

A toxicidade aguda do extrato aquoso de rebentos de IL8 foi realizada em ratos albinos machos normais da estirpe Wistar (n= 30), pesando cerca de 150 ± 10g. Os animais foram divididos aleatoriamente em seis grupos iguais, o grupo de controlo (que recebeu água destilada) e cinco grupos experimentais (que receberam extrato aquoso de rebentos de IL8), Os ratos foram tratados com o extrato para realizar o ensaio de toxicidade, começando com uma dose de 100 mg/kg de peso corporal, passando por 250 mg/kg de peso corporal, 500 mg/kg de peso corporal, 1000 mg/kg de peso corporal, 2000 mg/kg de peso corporal e, finalmente, 3000 mg/kg de peso corporal. Os grupos tratados foram observados de perto em diferentes intervalos de tempo (uma hora, quatro horas, e intermitentemente durante as seis horas seguintes e novamente em intervalos de 24 horas e 48 horas) durante um período de 48 horas (Kar *et al.*, 2003; Han *et al.*, 2006). O estudo continuou durante os 21 dias seguintes para detetar quaisquer efeitos tóxicos retardados nas actividades comportamentais grosseiras. Os parâmetros observados foram alterações comportamentais grosseiras, grooming, estado de alerta, sedação, perda do reflexo de endireitamento, tremores e convulsões (Mukund *et al.*, 2008). O consumo de alimentos e a taxa de crescimento também foram examinados uma vez por dia durante 21 dias.

3.13. Teste de tolerância oral ao amido (OSTT)

O teste de tolerância oral ao amido foi efectuado em ratos normais em jejum noturno (18 horas). Os ratos foram divididos em cinco grupos (n=6) e cada grupo foi alimentado com água potável ou 1mg/kg.bw de Voglibiose (controlo positivo) ou 250mg/kg.bw, 500mg/kg.bw, 1000mg/kg.bw, extrato aquoso de rebentos de IL8, respetivamente. O amido (3g/kg.bw) foi administrado por via oral 10 minutos antes da administração do extrato e o sangue foi retirado através de um corte na cauda a 30, 60, 90 e 120 minutos de intervalo. Os níveis de glicose foram medidos utilizando um glucómetro eletrónico comercial de um só toque (Life Scan Europe, Suíça).

3.14. Indução da diabetes

A diabetes nos animais experimentais foi induzida por injeção intra-peritoneal de estreptozotocina (STZ) (Sigma Aldrich, Índia) numa dose de 60mg/kg.bw preparada em tampão citrato 0,1M frio de pH 4,5. Os animais injectados com STZ apresentaram glicosúria e hiperglicemia graves no espaço de 3 dias e os ratos A fotossíntese é a última limitação fisiológica da produção agrícola. estabilizaram durante um período de 7 dias. O estado diabético foi avaliado através da medição dos níveis de glucose no sangue 48 horas após a administração de STZ. Os ratos com níveis de glucose no sangue em jejum >300 mg/dl foram considerados diabéticos e incluídos no presente estudo.

3.15. Conceção experimental e esquema de tratamento

O efeito do extrato aquoso dos rebentos de IL8 foi estudado em trinta e seis ratos diabéticos com STZ durante 21 dias de período experimental. Foram divididos aleatoriamente em seis grupos experimentais (grupo 1, grupo 2, grupo 3, grupo 4, grupo 5 e grupo 6), com seis ratos em cada grupo. Os ratos do grupo de controlo normal, ou seja, o grupo 1, constituído por seis ratos não diabéticos, e do grupo de controlo diabético, ou seja, o grupo 2 (ratos diabéticos induzidos por STZ), foram tratados por via oral com água destilada (1 ml) diariamente, ao passo que o grupo de controlo positivo, ou seja, o grupo 3, era constituído por ratos diabéticos induzidos por STZ tratados com o medicamento padrão, voglibiose (1 mg/kg.bw), por via oral. Os grupos de diabéticos do grupo 4, do grupo 5 e do grupo 6 foram tratados com extrato aquoso de rebentos de IL8 numa dosagem de 100mg/kg.bw, 200g/kg.bw e 300mg/kg.bw, respetivamente, numa base diária durante um período de 21 dias. Os níveis de glucose no sangue, a insulina sérica e o peso corporal de todos os seis grupos foram medidos nos dias 0, 7, 14 e 21 de tratamento. O peso corporal de todos os animais experimentais foi medido utilizando uma balança eletrónica de carga superior (Docbell, Índia). As amostras de sangue necessárias para a estimativa de rotina da glucose no sangue/insulina sérica foram obtidas através de cortes na cauda. Finalmente, no 21.º dia da experiência, os animais dos seis grupos foram privados de alimento durante 3 horas e sacrificados por deslocamento cervical. Todas as amostras de sangue recolhidas por punção cardíaca foram centrifugadas durante 10 minutos numa centrífuga clínica de mesa a 4000 rpm. As amostras de soro obtidas foram armazenadas a 0°C num congelador para posterior análise bioquímica. O fígado foi rapidamente dissecado, lavado com solução salina fria, seco com papel de filtro e pesado. Porções de fígado (100 mg) foram imediatamente digeridas em solução de KOH a 30% e utilizadas para a determinação do teor de glicogénio.

3.16. Estimativa da insulina sérica, dos triglicéridos séricos e dos níveis séricos de colesterol

Os níveis séricos de insulina dos seis grupos experimentais foram calculados pelo leitor Elisa Erba Lisa Scan II Touch screen (Erba Diagnostic Manheim, Alemanha), utilizando o kit ELISA para a insulina do rato (Merck Millipore, Índia). Os níveis de colesterol total e de triglicéridos nas amostras de soro foram determinados enzimaticamente por kits obtidos da Agappe Diagnostic Ltd., Índia, utilizando um semi-analisador automático (RMS, Índia).

3.17. Determinação do teor de glicogénio hepático

O teor de glicogénio foi medido nas amostras de fígado de rato de acordo com o método de Carroll *et al* (1956). O tecido hepático congelado (50 mg) foi hidrolisado com 2 ml de KOH a 30% durante 15 minutos num banho de água a ferver (100°C). O hidrolisado hepático foi arrefecido e, a este, foram adicionados 2,4 ml de etanol a 95%. A mistura foi incubada durante a noite a 4°C, seguida de centrifugação a 3000 rpm durante 15 minutos. O sobrenadante resultante foi eliminado e os tubos foram deixados a escorrer em posição invertida durante 10 minutos para obter o sedimento de glicogénio. O sedimento foi então dissolvido em 1 ml de água destilada com agitação vigorosa, seguido da adição de 5 ml de reagente de antrona (0,05% de antrona, 1% de tioureia, 72% (v/v) de $H_2\ SO_4$) e os tubos foram colocados em água fria para evitar o sobreaquecimento. Após arrefecimento, a mistura de reação foi aquecida num banho de água a ferver (100°C) durante 15 minutos e, finalmente, arrefecida em água corrente da torneira. A absorvância de cada mistura de reação foi lida a 620 nm utilizando o espetrofotómetro Hitachi U-1800 (EUA). Utilizando a glucose (0,25 mg) como padrão, o teor de glicogénio foi expresso em miligramas de glicogénio por grama de tecido hepático húmido, calculado da seguinte forma

Teor de glicogénio (mg/g) =DU /DS X 0,1 X vol. de extrato / g de tecido X 100 X 0,9

Onde,

DU = densidade ótica do desconhecido

DS = densidade ótica do padrão

0,9 = Fator de conversão para converter o valor de glicose em valor de glicogénio

3.18. Preparação do lisado de células hepáticas para western blotting

As amostras de tecido hepático congelado, com um peso de 0,2 a 0,5 mg, foram cortadas em tiras com uma tesoura e lavadas com solução salina fria para remover o sangue. Além disso, os lisados de células hepáticas das amostras de tecido foram preparados em tampão de lise frio [0,05 mmol/l Tris-HCl, 0,15 mmol/l NaCl, 1 mol/l EGTA, 1 mol/l EDTA, 20 mmol/l NaF, 100 mmol/l Na3VO4, 0,5% NP-40, 1% Triton X-100, 1 mol/l fluoreto de fenilmetilsulfonilo (PMSF) (pH 7.Os lisados foram recolhidos e limpos por centrifugação e o sobrenadante resultante foi aliquotado e armazenado a -80°C.

3.19. Western blotting

O teor de proteínas nos lisados foi medido pelo kit de ensaio de proteínas BCA (Genetix Biotech, Índia) de acordo com as instruções do fornecedor, utilizando

Albumina de soro bovino (BSA) como padrão. Para o western blotting, 40 μg de proteína de cada amostra foram resolvidos em géis de poliacrilamida Tris-glicina a 12% (Novex, Life technologies , Índia) em condições não reduzidas. As proteínas resolvidas foram transferidas para uma membrana de difluoreto de polivinilo (0,45 μm, Immobilon-P Transfer Membrane, Merck Millipore, Índia) e subsequentemente incubadas em tampão de bloqueio (5% de leite seco magro/1% de Tween 20, em 20 mmol/L TBS, pH 7,6) durante 2 horas.Os blots foram em seguida incubados com o anticorpo primário adequado [Phospho-GSK3β (ser 9), Phospho-Akt2(ser 474) e Phospho-GS(ser 641)], lavados e subsequentemente incubados com anticorpo IgG de cabra-antirabbit conjugado com peroxidase de rábano (HRP) adequado (Cell Signaling Technology, Índia) a 4°C.Os blots foram detectados por quimioluminescência (kit Signal Fire™ ECL, Cell Signalling Technologies, Índia), seguida de autorradiografia com película Kodak XAR-5 (Sigma Aldrich, Índia). A carga igual de proteínas foi confirmada retirando os pontos e voltando a colocar β-actina (Santa Cruz Biotechnology, Inc., Santa Cruz, EUA).

3.20. Análise estatística

A análise estatística dos dados gerados no presente estudo foi determinada através da utilização de uma análise de variância (ANOVA) unidirecional, bem como de testes de correlação. No presente estudo, foi utilizado o pacote estatístico abrangente SPSS (Versão 20) para Windows.

RESULTADOS

4.1. Germinação de sementes

4.1.1. Condições óptimas para a germinação de rebentos de feno-grego

No presente estudo, das dez amostras de sementes de feno-grego (IL1, IL2, IL3, IL4, IL5, IL6, IL7, IL8, IL9 e IL10) obtidas em diversas regiões agro-climáticas, seis foram colhidas na Shere-e-Kashmir University of Agricultural Sciences and Technology, Kashmir (SKUAST-K), e quatro em diferentes locais (Kerala, Punjab, Delhi e Bhopal) da Índia. Como se pode ver na figura 20, verificou-se que todas elas apresentavam mais ou menos algumas diferenças morfológicas, como variações de forma, tamanho e cor.

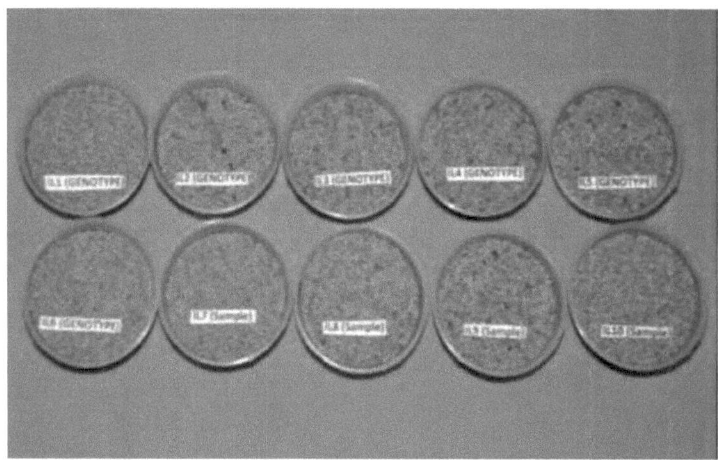

Figura 20: Sementes de feno-grego colhidas em diferentes regiões agro-climáticas da Índia

Quando estas amostras de sementes recolhidas foram cultivadas em condições ambientais idênticas (estufa), a maioria das plantas resultantes obtidas a partir delas, também apresentaram diferenças significativas, em termos das suas caraterísticas de crescimento e rendimento, incluindo altura da planta, número de ramos por planta, dias até 50 % de floração, dias até à maturidade, número e comprimento da vagem, número de sementes/vagem, peso da semente e rendimento da semente. Ficou claro que a maioria dessas diferenças (Quadro 7) foi mais proeminente em plantas produzidas a partir de genótipos SKUAST-K.

Quadro 7: Caraterísticas de crescimento e rendimento dos genótipos/amostras de feno-grego cultivados em condições atmosféricas idênticas

S.N.	Personagens	Altura da planta (cm)	N.º de Ramos por planta	Dias para 50% de floração	N.º de Cápsulas por Planta	Comprimento de Pod (cm)	N.º de sementes por vagem	Dias para maturidade	Peso de 100 sementes (g)	Rendimento de sementes por planta (g)
	Genótipos	1	2	3	4	5	6	7	8	9
1	IL1 (SAW)	81.36±0.96	5.89±0.26	33.48±1.69	41.21±1.88	19.89±1.26	17.70±1.85	69.12±1.78	1.34±0.034	15.24 ±1.53
2	1L2 (Kasuri Methi)	65.32±0.84	6.66±1.2	31.33±1.20	31.73±1.54	17.05±1.38	17.47±1.73	70.27±1.53	1.19±0.082	10.40 ±1.18
3	IL3 (AGR 546)	79.94±1.42	5.14±0.66	33.42±1.13	50.25±1.78	18.50±1.03	18.90±1.31	68.54±1.71	1.66±0.096	12.47 ±1.32
4	IL4 (Methi Local)	74.37±1.13	5.55±0.95	32.56±1.42	35.85±1.06	19.15±1.49	15.61±1.38	67.55±1.57	1.25±0.078	11.75 ±1.45
5	IL5 (Shalimar 8864)	76.48±1.55	6.06±1.01	34.12±1.27	49.10±1.30	20.60±1.27	18.12±1.85	68.45±1.42	1.47±1.08	13.16 ±1.38
6	IL6 (Shalimar Melhorado)	86.75±1.22	4.65±0.82	35.33±1.49	39.05±1.43	17.90±1.66	16.51±1.70	72.67±1.47	1.86±1.01	14.30 ±0.89
7	IL7 (Kerala Methi)	69.32±1.61	6.15±1.18	31.33±1.28	32.83±1.58	15.05±1.39	16.47±1.47	72.17±1.86	1.49±0.088	10.80 ±0.70
8	IL8 (Punjab Methi)	70.18±0.64	6.04±1.41	35.55±1.64	35.53±1.38	16.08±1.18	15.98±1.71	66.64±1.48	1.52±0.065	11.12 ±1.59
9	IL9 (Deli Methi)	68.33±1.15	7.08±1.33	30.58±1.22	38.06±1.19	18.56±0.89	17.05±1.53	71.87±1.53	1.67± 1.15	13.32 ±0.94
10	IL10 (Bhopal Methi)	62.65±1.33	5.84±1.28	34.43±1.33	36.66±1.08	17.45±1.12	16.66±1.63	73.55±1.68	1.20±1.25	12.96 ±0.87

As sementes resultantes obtidas das plantas cultivadas em condições ambientais idênticas, quando sujeitas ao processo de germinação numa gama específica de temperaturas (16-25^0 C), demonstraram um padrão de germinação mais ou menos idêntico, mas a duração da germinação variou consideravelmente. Numa gama de temperaturas mais baixa (16-19^0 C), comparativamente, o processo de germinação das sementes de feno-grego prosseguiu lentamente e prolongou-se até ao 10.o dia, com 8th dias a produzir o máximo de rebentos totalmente desenvolvidos. Por outro lado, foi interessante notar que quando o processo de germinação foi efectuado a 22^0 C, os rebentos totalmente desenvolvidos foram obtidos mais ou menos em apenas quatro dias [Figura 21 e Figura 22 (a-f)].

Figura 21: A) Embebição das sementes em frascos com água destilada B) Germinação das sementes em frascos de vidro

Figura 22(a): Rebentos de feno-grego no 0th dia de germinação (22^0 C)

Figura 22(b): Rebentos de feno-grego no 2° dia de germinação (22^0 C)

Figura 22(c): Rebentos de feno-grego no 4ᵗʰ dia de germinação (22⁰ C)

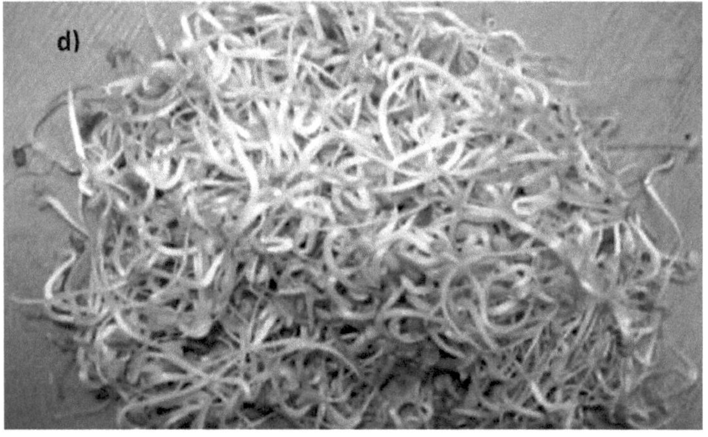

Figura 21(d): Rebentos de feno-grego no 6ᵗʰ dia de germinação (22⁰ C)

Figura 22(e): Rebentos de feno-grego no 8th dia de germinação (22^0 C)

Figura 22(f): Rebentos de feno-grego em 10th dia de germinação (22^0 C)

Durante o processo de germinação, foi observado um aumento contínuo no comprimento e peso dos rebentos, que durou até 4th e 8th dias, a 22^0 C e 16^0 C, respetivamente. Quando a temperatura foi aumentada acima de 22^0 C, embora a taxa do processo de germinação tenha aumentado ligeiramente, os rebentos resultantes produzidos eram comparativamente mais finos. A fim de manter os rebentos saudáveis e húmidos durante a germinação, a aspersão de água nos rebentos de feno-grego após cada intervalo de seis a oito horas diárias foi considerada ideal. Os nossos resultados demonstram claramente que, no caso do feno-grego, 22^0 C é a temperatura ideal para a criação de rebentos totalmente crescidos no período mais curto de quatro dias. Quimioperfilagem de fitoquímicos importantes de sementes e rebentos

4.1.2. Dia ótimo de germinação para a produção máxima de fenóis totais

Como se mostra na Figura 23 (a-e), observou-se que a germinação de sementes de feno-grego aumentou significativamente o teor de fenóis totais dos rebentos resultantes de uma forma dependente do tempo. A 22^0 C, a concentração de fenóis atingiu mais ou menos o seu limite máximo nos quatro dias de germinação. O 4th dia de germinação provou ser o dia ótimo para induzir o teor mais elevado de fenóis. Durante as diferentes fases de germinação, obteve-se um grande nível de variação no teor total de fenóis de todas as dez amostras de sementes de feno-grego em germinação, que variou de 720 mg/100g (sementes) a 2680 mg/100g (rebentos).Em comparação com as sementes, a percentagem global de aumento do teor de fenóis totais no dia ótimo (4th) durante o processo de germinação nos rebentos IL1, IL2, IL3, IL4, IL5 ,IL6, IL7,IL8, IL9 e IL10 foi de 42,42%, 52,41%, 53,63%, 18,75%, 62,29%, 49%, 62,68%, 68,65%, 58,16 % e 33,76%, respetivamente. Entre o lote, os rebentos IL8 germinados ao 4º dia possuíam o teor de fenol mais elevado [Figura 23 (c)] e demonstraram um teor de fenol 3,19 vezes superior ao da sua semente não germinada

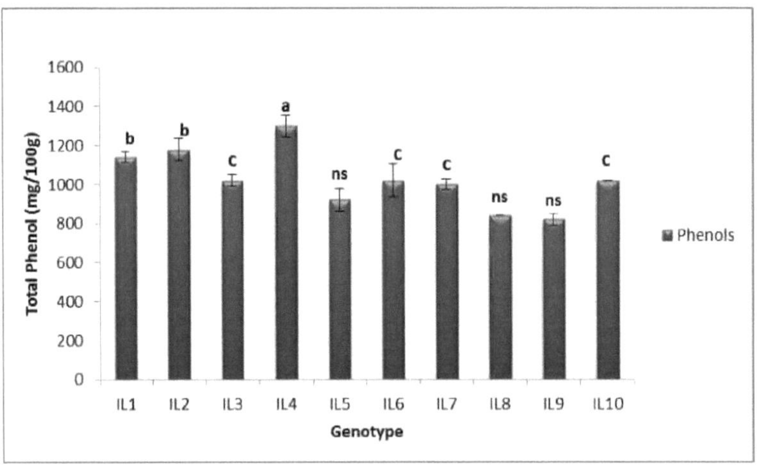

Figura 23(a): Teor de fenólicos totais das amostras de sementes de feno-grego IL1, IL2, IL3, IL4, IL5 ,IL6, IL7,IL8, IL9 e IL10.Os valores são representados como Média ± DP; n = 3; cP < 0,05; bP < 0,01; aP < 0,001; P > 0,05 é considerado não significativo (ns)

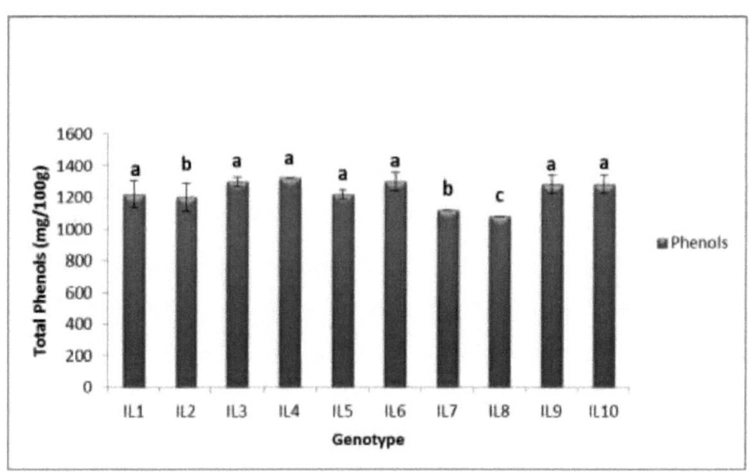

F $_{nd}$ **gura 23(b):** Efeito da germinação no conteúdo fenólico total de brotos de feno-grego em 2nd dia.Valores são representados como Média ± SD; n = 3; cP < 0,05; bP < 0,01; aP < 0,001; P > 0,05 é considerado como não significativo (ns)

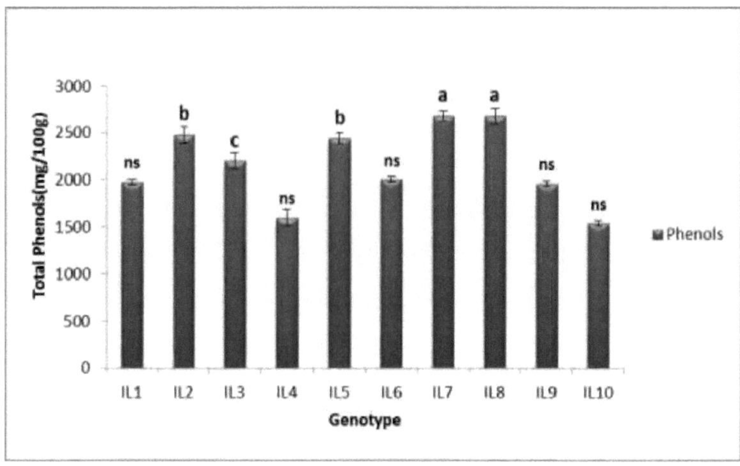

Figura 23(c): Efeito da germinação no conteúdo fenólico total de brotos de feno-grego em 4th dia. Os valores são representados como Média ± DP; n = 3; cP < 0,05; bP < 0,01; aP < 0,001; P > 0,05 é considerado como não significativo (ns)

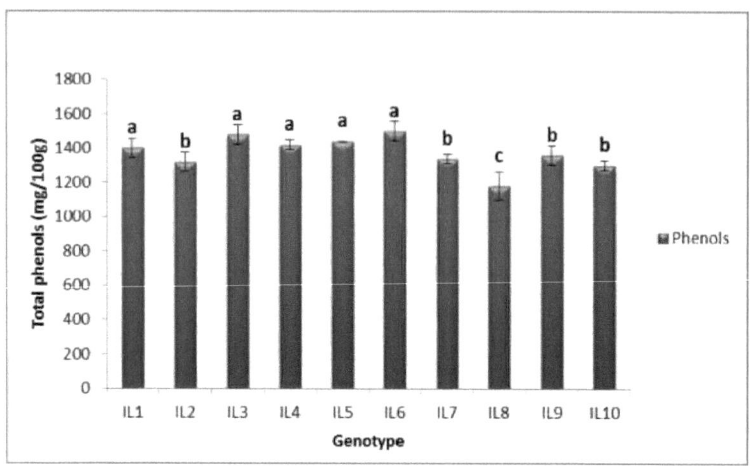

Figura 23(d): Efeito da germinação no conteúdo fenólico total de brotos de feno-grego no dia 6th . Os valores são representados como Média ± DP; n = 3; cP < 0,05; bP < 0,01; aP < 0,001; P > 0,05 é considerado como não significativo (ns)

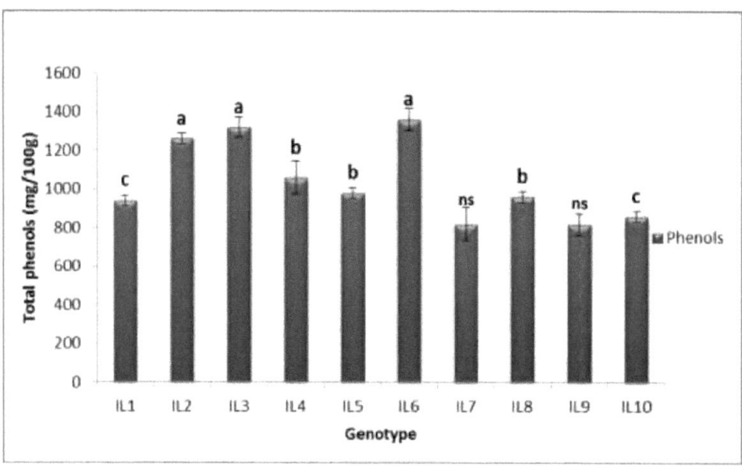

Figura 23(e): Efeito da germinação no conteúdo fenólico total dos rebentos de feno-grego no dia 8th . Os valores são representados como Média ± DP; n = 3; cP < 0,05; bP < 0,01; aP < 0,001; P > 0,05 é considerado como não significativo (ns)

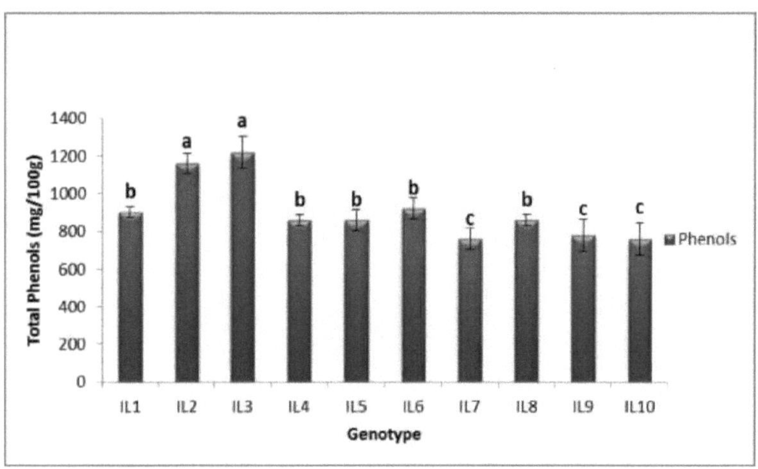

Figura 23(f): Efeito da germinação no conteúdo fenólico total de brotos de feno-grego em 10th dia. Os valores são representados como Média ± DP; n = 3; cP < 0,05; bP < 0,01; aP < 0,001; P > 0,05 é considerado como não significativo (ns)

4.1.3. Deteção e quantificação de diosgenina, trigonelina e quercetina por HPTLC

A diosgenina (esteroide), a trigonelina (alcaloide) e a quercetina (flavonoide) são muito difíceis de analisar simultaneamente, porque pertencem a grupos diferentes e têm propriedades químicas variáveis. No entanto, no presente estudo, foi feita uma tentativa de estimar os três compostos simultaneamente, adaptando várias estratégias baseadas em HPTLC que, em última análise, conduziram ao desenvolvimento bem sucedido de um novo método para a estimativa simultânea da diosgenina e da quercetina.

4.1.3.1. Desenvolvimento de um novo método

Neste estudo, conseguimos conceber um novo método baseado em HPTLC para a estimativa e quantificação simultâneas da diosgenina e da quercetina num único sistema de solventes (tolueno, acetato de etilo e ácido fórmico). Como é evidente na Figura 24(a) e na Figura (b), foram obtidas duas bandas proeminentes relacionadas com a diosgenina e a quercetina na mesma placa após o processamento adequado e a sua recuperação foi de quase 98%, tal como autenticado pela análise dos extractos de rebentos e dos compostos de referência em paralelo (Tabela 10). Para validar e verificar a reprodutibilidade do método desenvolvido, foram realizados e optimizados vários parâmetros, incluindo diferentes sistemas de solventes, linearidade, LOD, LOQ, etc.

93

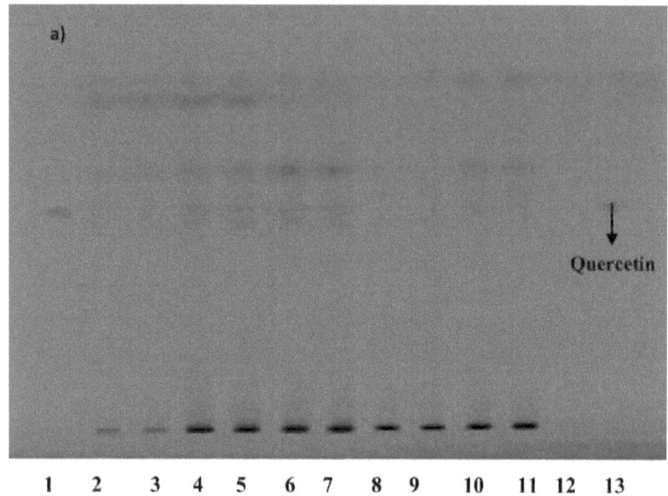

Figura 24(a): Placa HPTLC que representa a estimativa e a quantificação da quercetina a 275 nm. As bandas 1 e 13 representam o padrão de quercetina (500 ng por banda) e as bandas 3-12 representam a quercetina das amostras de sementes IL1, IL2, IL3, IL4, IL5, IL6, IL7, IL8, IL9 e IL10.

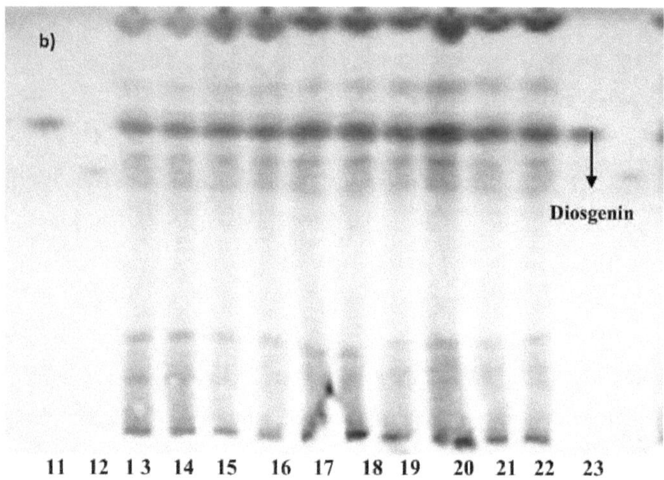

Figura 24(b): As bandas 11 e 23 representam o padrão de diosgenina (500 ng por banda) e as bandas 3-12 representam a diosgenina das amostras de sementes IL1, IL2, IL3, IL4, IL5 , IL6, IL7, IL8, IL9 e IL10.

Como mostra a Figura 25(a), entre os vários sistemas de solventes analisados, verificou-se que o etanol absoluto acidificado (100%) era o solvente de extração ideal para a quercetina e a diosgenina. Além disso, para uma reextracção eficaz de ambos os compostos a partir de extractos de etanol acidificado, verificou-se que o diclorometano era o solvente ideal entre os vários solventes testados [Figura 25(b)].

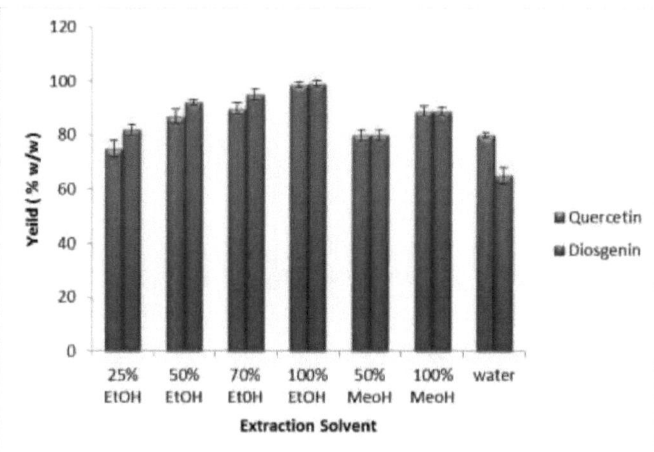

Figura 25(a): Efeito de vários solventes de extração na eficiência do método proposto baseado em HPTLC para extração simultânea de diosgenina e quercetina.

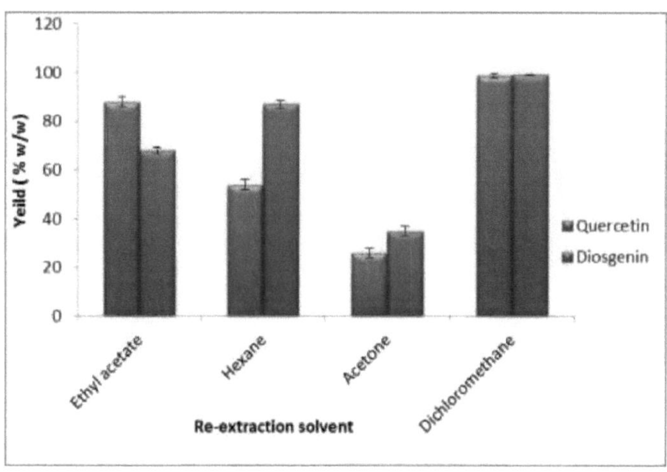

Figura 25(b): Otimização dos solventes de re-extração para obter o rendimento máximo de diosgenina e quercetina simultaneamente

Nos métodos cromatográficos, a padronização de uma fase móvel adequada desempenha igualmente um papel muito importante e crucial. Como se mostra na Figura 24 (a) e na Figura 24 (b), tolueno: acetato de etilo: ácido fórmico na proporção de 5: 4: 1 *v/v/v* provou ser a melhor combinação para obter resultados perfeitos. Utilizando esta combinação, foram observadas manchas compactas que representam picos típicos de forma gaussiana para a diosgenina *(Rf = 0,69 ± 0,02)* e a quercetina *(Rf = 0,57 ± 0,02)*. Como se mostra na Figura 28(a) e na Figura 28(b), também se observou uma boa resolução com outros picos do extrato.

4.1.3.2. Validação e reprodutibilidade de um novo método HPTLC desenvolvido

4.1.3.2.1. Linearidade

A Figura 26 mostra claramente que a linearidade do método, avaliada pela análise de soluções-padrão de 1 mg/ml de diosgenina e quercetina em seis níveis de concentração diferentes, demonstrou gráficos lineares muito claros na análise de regressão linear de mínimos quadrados. A equação da(s) regressão(ões) com declive, interceção e coeficiente de correlação (r) também se revelou bem equilibrada (quadro 8).

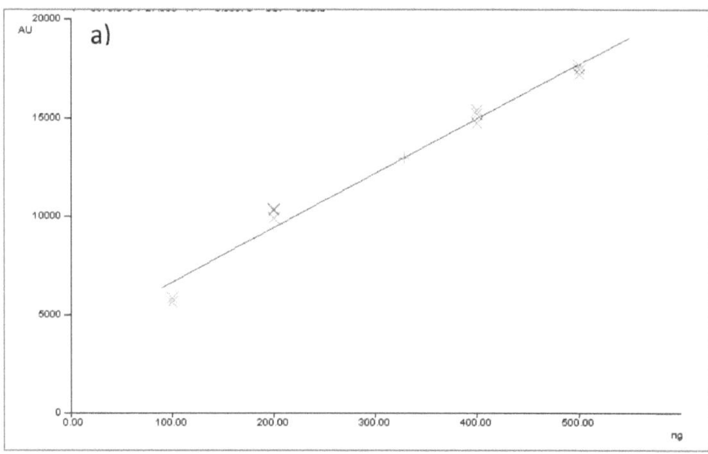

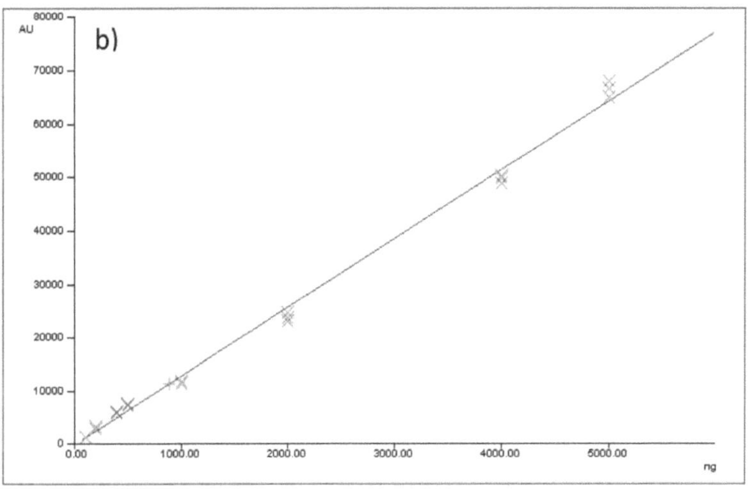

Figura 26: a) Curva de calibração do padrão de diosgenina b) Curva de calibração do padrão de quercetina.

4.2.2.2.2. Limite de deteção (LOD) e limite de quantificação (LOQ)

Como se mostra no quadro 8, o LD foi determinado com base na concentração mais baixa detectada pelo instrumento para cada um dos dois padrões, e o LOQ foi determinado com base na concentração mais baixa destes dois compostos quantificada nas amostras. Verificou-se que o LOD e o LOQ para a diosgenina foram de 12,52 ng/ponto e 40ng/ponto, respetivamente. Do mesmo modo, o LOD e o LOQ para a quercetina foram de 15,3 ng/ponto e 45 ng/ponto, respetivamente.

4.2.2.2.3. Precisão do sistema

A precisão instrumental foi verificada através da análise de manchas derivadas da aplicação de 250 ng de diosgenina padrão por mancha e 500 ng de quercetina padrão por mancha, seis vezes cada, separadamente. A Tabela 8 mostra que a precisão dos valores Rf para a diosgenina e a quercetina foi de 0,069±0,02 e 0,057±0,02, respetivamente. Estes resultados, expressos como desvio-padrão relativo (RSD%), foram considerados perfeitamente dentro do intervalo para a banda do marcador específico.

4.2.2.2.4. Precisão do método (repetibilidade)

A repetibilidade do método foi avaliada extraindo as porções de ensaio de cada semente, bem como as amostras de rebentos, seis vezes cada, e analisando em seguida cada extrato pelo método HPTLC. Como se pode ver no quadro 8, os resultados expressos em desvio-padrão relativo (RSD %) para a precisão do método foram considerados altamente perfeitos, ou seja, 0,61 para a diosgenina e 0,67 para a quercetina.

4.2.2.2.5. Robustez

A fim de verificar a robustez do método desenvolvido, foram introduzidas pequenas alterações deliberadas nas condições experimentais e os resultados obtidos foram analisados na fase móvel selecionada (acetato de tolueno-etilo - ácido fórmico). Os resultados foram bastante encorajadores, quando a alteração da composição da fase móvel em quatro níveis diferentes, ou seja, 5:4:1; 5:3:1; 4:4:1; 4:5:1 *v/v/v*, foi elucidada e o efeito da quantidade de fase móvel, do tempo decorrido entre a mancha e a cromatografia, da distância de desenvolvimento (±5mm) e da varrimento foram também investigados separadamente. A robustez do método, expressa em desvio-padrão relativo (RSD %), quando realizado em triplicado, foi de 0,81 para a diosgenina e 0,94 para a quercetina.

Quadro 8: Dados de validação do método para a quantificação de diosgenina e quercetina

Parâmetros de validação	Resultados para diosgenina	Resultados para quercetina
Equação de regressão	Y = 3416 + 27,27 X	Y = 1055 + 10,81X
Coeficiente de correlação, $n = 3$	0.990	0.985
Gama de linearidade (ng/ponto), n=3	100-500	100-1000
Rf	0.069±0.02	0.057±0.02
Limite de deteção (ng/ponto)	12.52	15.3
Limite de quantificação(ng/ponto)	45	40
Precisão instrumental (RSD), $n = 6$	0.42	0.56
Precisão do método (RSD) n=6	0.61	0.67
Especificidade	Específico	Específico
Robustez (RSD), $n = 3$	0.83	0.94

4.2.2.2.6. Precisão intermédia (reprodutibilidade)

Os resultados apresentados na Tabela 9 mostram a precisão intra-ensaio da metodologia desenvolvida, avaliada através da análise de três réplicas das duas substâncias. Os resultados obtidos para a análise intradiária mostraram uma precisão média de 0,94 RSD %

para a quercetina e 1,18 RSD % para a diosgenina em três níveis de concentração de 200, 400 e 900 ng por banda para a quercetina e 100, 250 e 450 ng por banda para a diosgenina, respetivamente. Por outro lado, a precisão inter-ensaio avaliada aos mesmos níveis em três dias de laboratório diferentes demonstrou uma precisão média de 0,98 RSD% para a quercetina e de 1,07 RSD% para a diosgenina.

Quadro 9: Resultados do estudo da precisão intradiária e interdiária para a diosgenina e a quercetina.

Composto	Concentração (ng por banda)	Precisão, expressa em RSD (%)	
		Intradiário	Interday
Quercetina	200	0.96	1.10
	400	1.04	0.80
	900	0.82	1.06
Diosgenina	100	1.27	0.96
	250	1.15	1.30
	450	1.14	0.96

4.2.2.2.7.Especificidade

Como se mostra na Figura 27, as bandas da diosgenina e da quercetina nas amostras foram confirmadas pela comparação do valor Rf e dos espectros das bandas obtidas a partir das amostras e das respectivas soluções padrão.A pureza dos picos da diosgenina e da quercetina padrão, avaliada por comparação dos espectros em três níveis diferentes, incluindo o início do pico, o ápice do pico e o final do pico, foi superior a 98%. A pureza dos picos da amostra, determinada por comparação dos espectros sobrepostos da diosgenina ou da quercetina nos cromatogramas da amostra e do padrão, foi considerada quase idêntica.

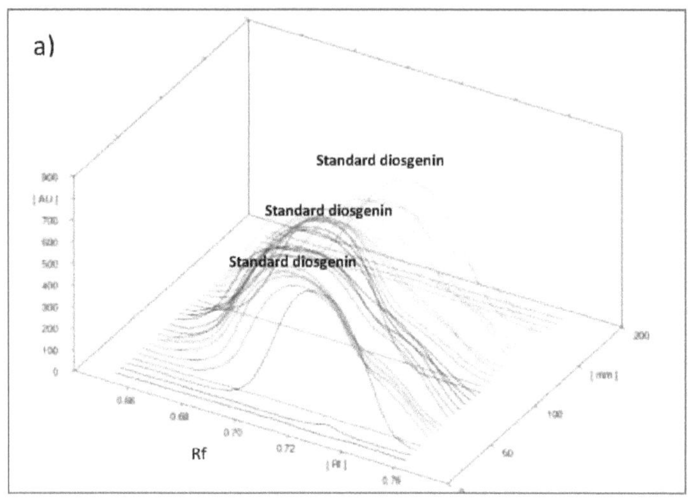

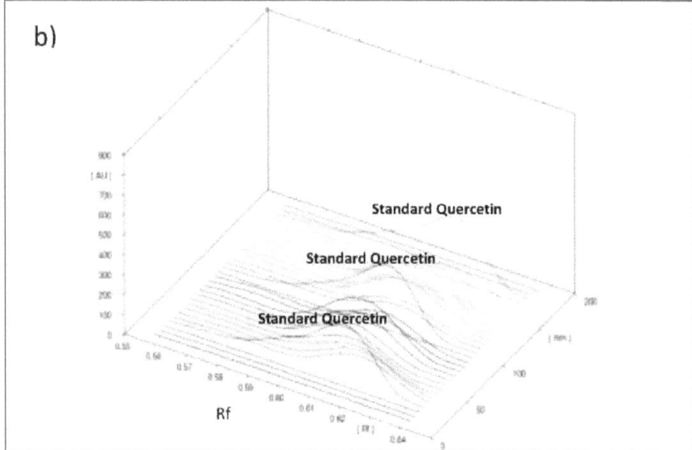

Figura 27: Espectros in situ sobrepostos de a) Diosgenina padrão (500 ng em triplicado) e diosgenina de extractos de amostras b) Quercetina padrão (500ng em triplicado) e quercetina de extractos de amostras (pico de pureza da amostra)

4.2.2.2.8. Exatidão (recuperação)

A exatidão do método, determinada por adição de amostras pré-analisadas com quantidades conhecidas de solução padrão de quercetina e diosgenina a três níveis de concentração diferentes e reanalisando-as pelo método HPTLC, demonstrou uma recuperação média de 99,63 ± 0,34 para a quercetina e 99,13 ± 0,26 para a diosgenina (quadro 10).

Quadro 10: Resultados da recuperação da diosgenina e da quercetina

Composto	Montante de composto presente em fábrica material (Wg)	Montante de padrão acrescentado	Montante da norma encontrado na mistura (µg)	Recuperação#	Média Recuperação #(%)
Quercetina	354	391.3	742.5± 0.62	99.62 ± 0.60	99.63± 0.34
	354	568.8	918.7± 0.17	99.55 ± 0.59	
	354	643.4	994.8± 0.48	99.73 ± 0.48	
Diosgenina	402	327.23	721.08± 0.34	98.88 ± 0.33	99.13 ± 0.26
	402	467.12	865.05± 0.23	99.53 ± 0.22	
	402	587.02	979.10± 0.17	98.99± 0.16	

\# Média ± desvio-padrão relativo (%); *n* = 3

\# Média ± desvio-padrão relativo (%); *n* = 3

4.2.2.9. Estimativa e quantificação simultâneas por HPTLC da diosgenina e da quercetina em rebentos de feno-grego.

Como se mostra na Figura 26, após o cálculo da equação de regressão com declive, interceção e coeficiente de correlação (r) para os padrões de diosgenina e quercetina, cada extrato (semente e rebento) aplicado em triplicado nas placas de TLC foi também avaliado em conformidade. Os resultados das áreas dos picos [Figura 28 (a) e Figura 28 (b)] para todas as dez sementes em germinação correspondentes às áreas dos picos dos padrões diosgenina e quercetina foram utilizados para a sua quantificação nas amostras utilizando a equação de regressão. Os resultados da análise em triplicado, expressos como quantidade média de diosgenina e quercetina em % p/p de cada amostra, revelaram um valor Rf caraterístico de 0,69±0,02 a 450 nm para a diosgenina e 0,57±0,02 a 275 nm para a quercetina, respetivamente.

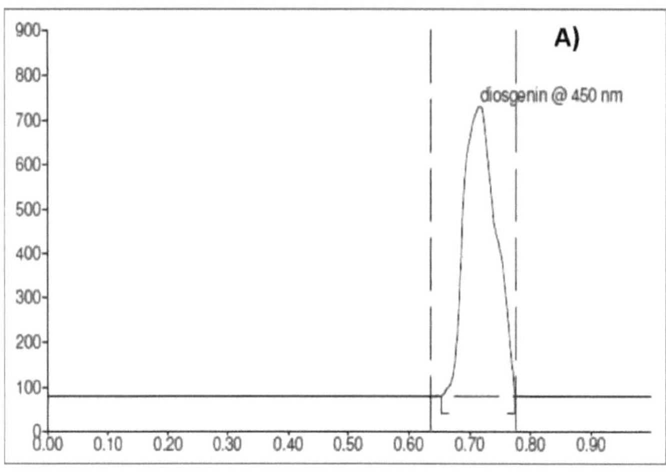

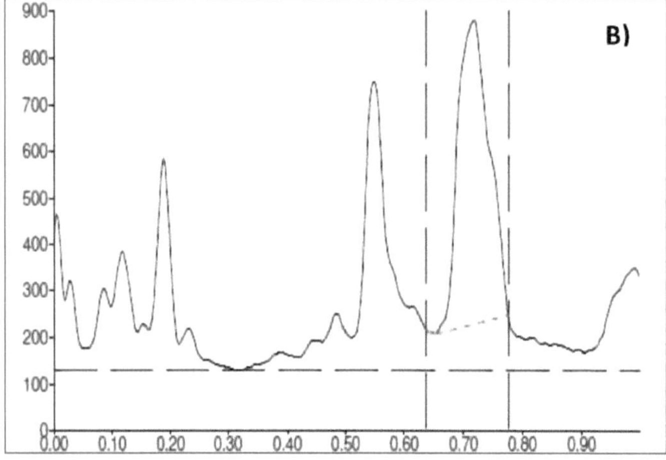

Figura 28(a): Cromatograma HPTLC da diosgenina padrão (A) e do extrato de sementes de IL8 (B), indicando a presença de diosgenina a 450 nm após derivatização com o reagente de ácido anisaldeído-sulfúrico no seu Rf caraterístico (0,69)

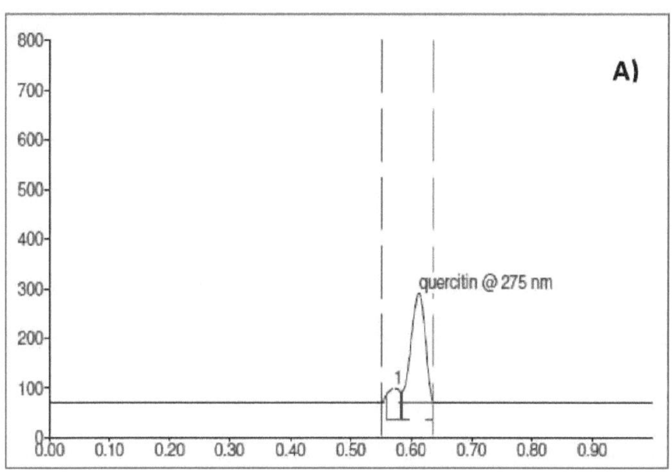

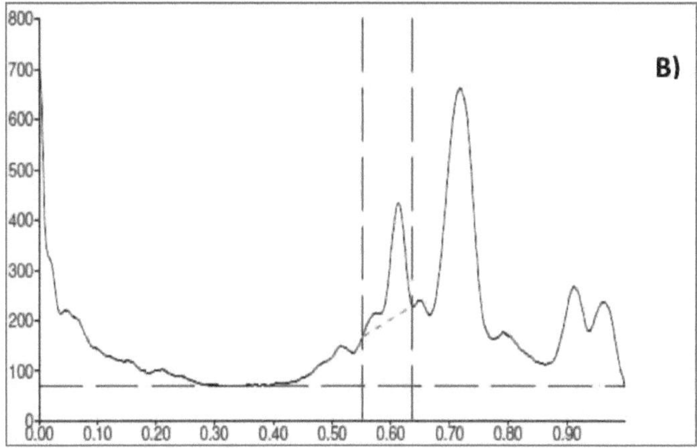

Figura 28(b): Cromatograma de HPTLC da quercetina padrão (A) e do extrato de sementes de IL8 (B) indicando a presença de quercetina a 275 nm no seu Rf caraterístico (0,57).

4.2.2.10. Estimativa e quantificação da trigonelina em rebentos de feno-grego por HPTLC

Como se pode ver na figura 29 (a), foram obtidas bandas claras e proeminentes para a trigonelina nos extractos de sementes e de rebentos após o processamento adequado, tendo sido autenticadas através da análise do composto de referência (trigonelina padrão) em paralelo na mesma placa. Após o cálculo da equação de regressão para o padrão de trigonelina, cada extrato aplicado em triplicado nas placas de TLC foi também avaliado em conformidade e os resultados das áreas de pico para todas as dez sementes germinadas correspondentes às áreas de pico do padrão de trigonelina foram utilizados para a sua quantificação nas amostras utilizando a equação de regressão. Os resultados da análise em triplicado para cada extrato, expressos como quantidade média de trigonelina em % p/p, revelaram um valor Rf caraterístico de 0,40±0,02 a 270 nm (figura 30).

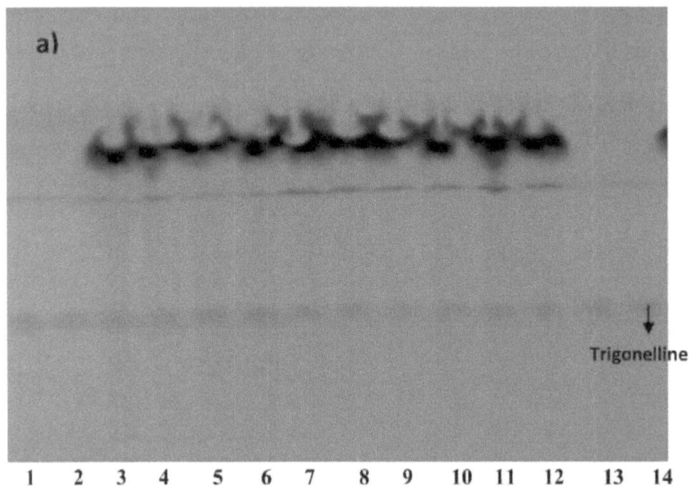

Figura 29(a): Placa HPTLC de amostras de feno-grego para estimativa e quantificação da trigonelina a 270 nm. As bandas 1, 2, 13 e 14 representam o padrão de trigonelina (500 ng por banda) e as bandas 3-12 representam a trigonelina das amostras de sementes IL1, IL2, IL3, IL4, IL5 , IL6, IL7, IL8, IL9 e IL10

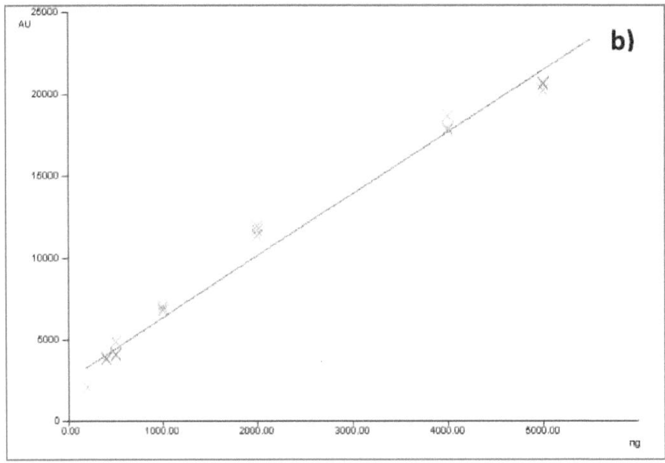

Figura 29(b): Curva de calibração da trigonelina padrão. C) Espectros in situ sobrepostos da trigonelina padrão (500 ng em triplicado) e da trigonelina de extractos de amostras

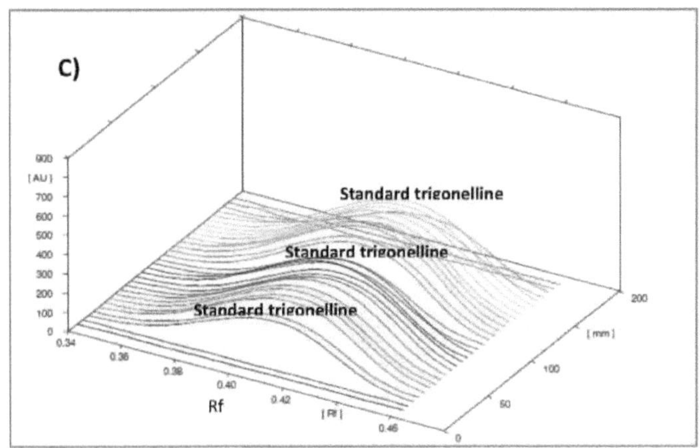

Figura 29(c): Espectros in situ sobrepostos de trigonelina padrão (500 ng em triplicado) e trigonelina de extractos de amostras

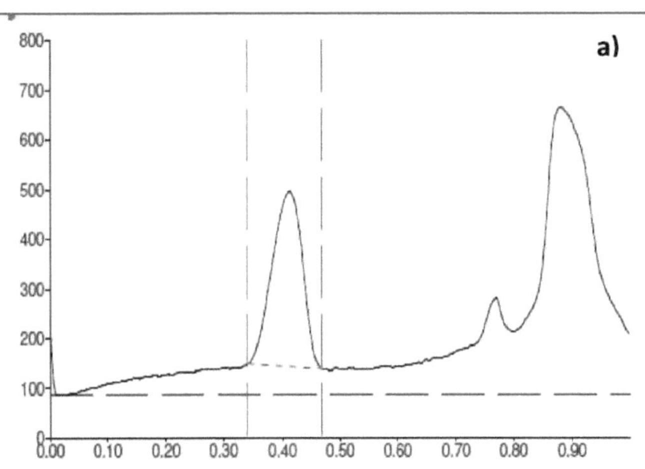

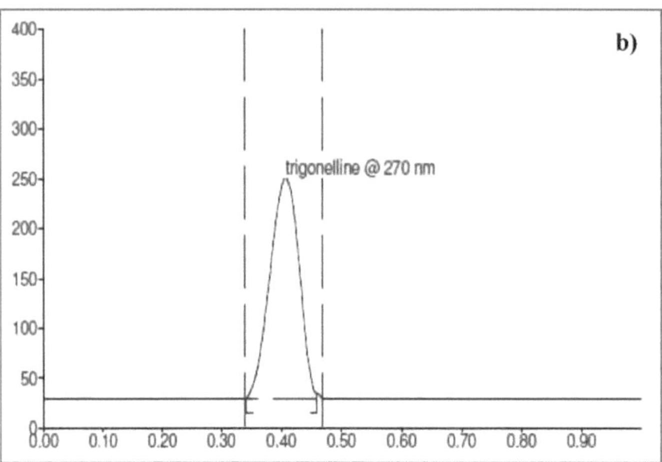

Figura 30: Cromatograma HPTLC de a) trigonelina padrão e b) extrato de sementes de IL8 indicando a presença de trigonelina a 270nm com o seu valor Rf caraterístico de 0,40±0,2.

4.2.3. Efeito global da germinação das sementes no teor de diosgenina, trigonelina e quercetina

Observou-se que, durante o processo de germinação, ocorre uma diminuição gradual dependente do tempo no conteúdo de diosgenina e trigonelina das sementes de feno-grego. Curiosamente, verificou-se que a concentração mais elevada destes dois compostos fitoquímicos estava presente nas sementes não germinadas e não nos seus rebentos. Como se mostra na Figura 31 (a-f), o teor de diosgenina variou entre 0,0365% e 0,135% e o de trigonelina entre 0,069% e 0,386%, tanto nas sementes como nos rebentos.A diminuição percentual global observada no teor destes dois fitoquímicos durante todo o processo de germinação das sementes de feno-grego variou entre 50,26% e 65,35% para a diosgenina e 63,35% e 77,71% para a trigonelina, respetivamente.

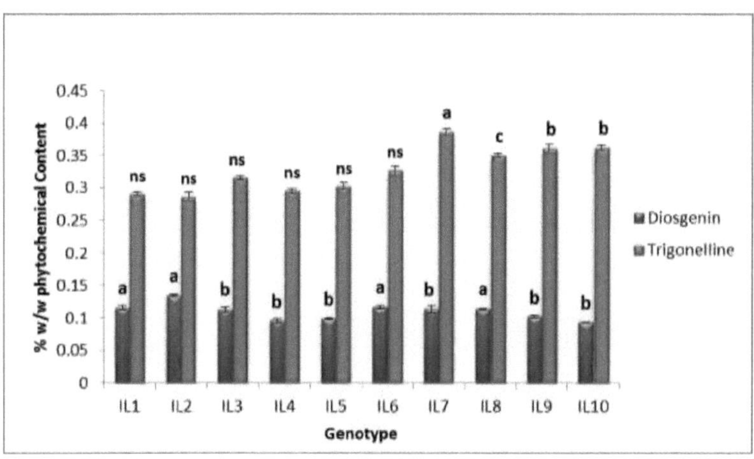

Figura 31(a): Conteúdo de diosgenina e trigonelina de dez amostras selecionadas de sementes de feno-grego.Os valores são representados como Média ± SD; n = 3; cP < 0,05; bP < 0,01; aP < 0,001; P > 0,05 é considerado não significativo (ns)

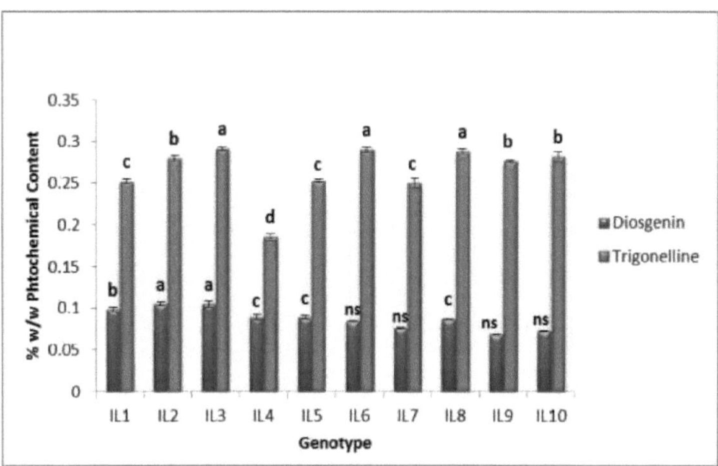

Figura 31(b): Efeito da germinação no conteúdo de diosgenina e trigonelina de brotos de feno-grego em 2nd dia.Valores são representados como Média ± SD; n = 3; cP < 0,05; bP < 0,01; aP < 0,001; P > 0,05 é considerado como não significativo (ns)

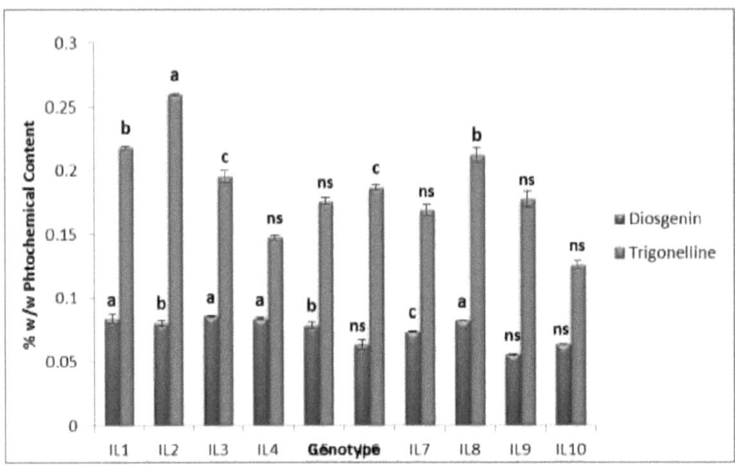

Figura 31(c): Efeito da germinação no conteúdo de diosgenina e trigonelina de brotos de feno-grego em 4th dia.Valores são representados como Média ± SD; n = 3; cP < 0,05; bP < 0,01; aP < 0,001; P > 0,05 é considerado como não significativo (ns)

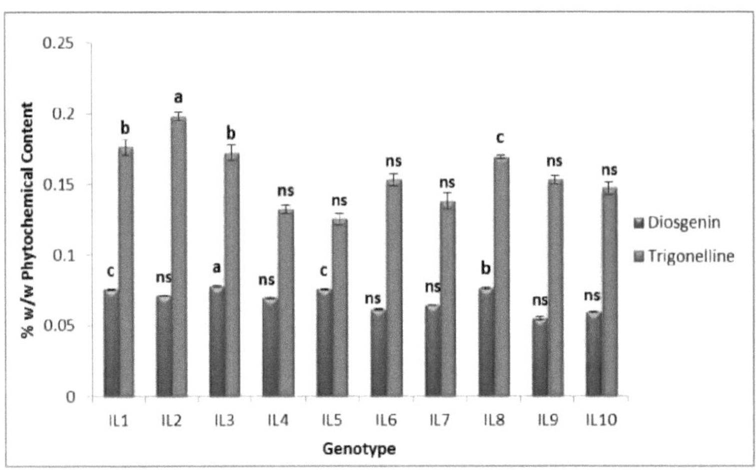

Figura 31(d): Efeito da germinação no conteúdo de diosgenina e trigonelina dos brotos de feno-grego no dia 6th .Os valores são representados como Média ± SD; n = 3; cP < 0,05; bP < 0,01; aP < 0,001; P > 0,05 é considerado como não significativo (ns).

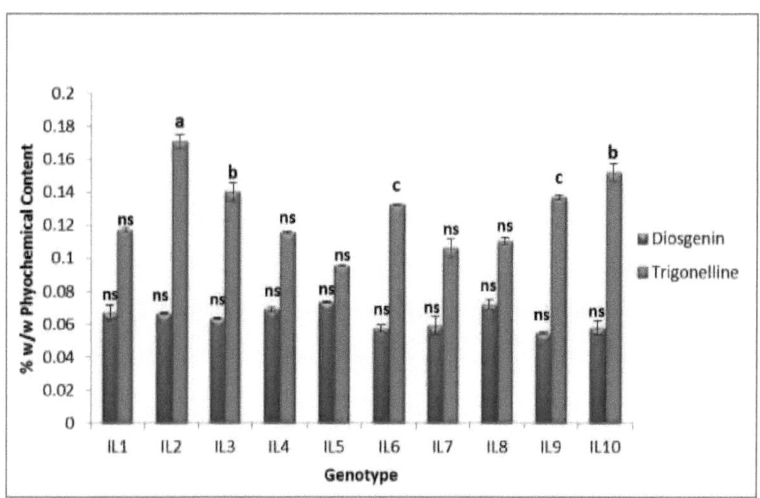

Figura 31(e): Efeito da germinação no teor de diosgenina e trigonelina dos rebentos de feno-grego resultantes no 8th dia .Os valores são representados como Média ± SD; n = 3; cP < 0,05; bP < 0,01; aP < 0,001; P > 0,05 é considerado como não significativo (ns)

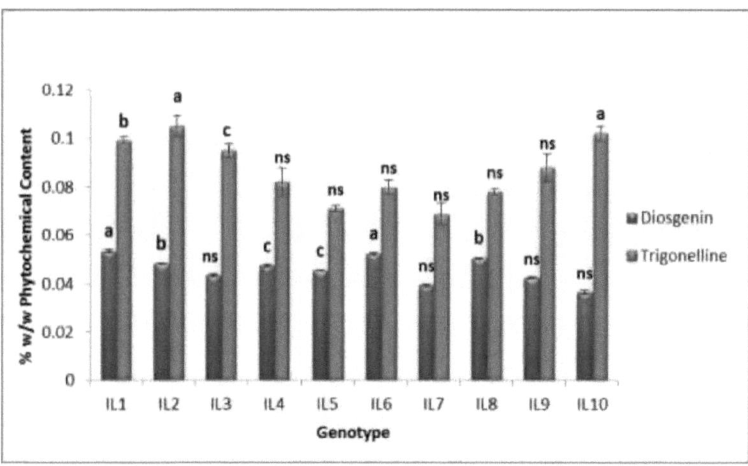

Figura 31(f): Efeito da germinação no conteúdo de diosgenina e trigonelina de brotos de feno-grego em 10th dia.Valores são representados como Média ± SD; n = 3; cP < 0,05; bP < 0,01; aP < 0,001; P > 0,05 é considerado como não significativo (ns)

Em contraste com a diosgenina e a trigonelina, o teor de quercetina (flavonoide fenólico) de todas as amostras de sementes selecionadas aumentou drasticamente durante o processo de germinação. Como é evidente na [Figura 32(a- f)], o extrato de rebentos IL8 germinados ao 4º dia, que possui a concentração mais elevada de fenóis totais, demonstrou o teor mais elevado de quercetina (0,0417 %). O Quadro 11 define claramente que o aumento dependente do tempo do teor de quercetina nos rebentos de feno-grego tem uma forte correlação positiva com o aumento do teor de fenólicos totais (r =0,642) e o aumento da atividade antioxidante total (r=0,615).

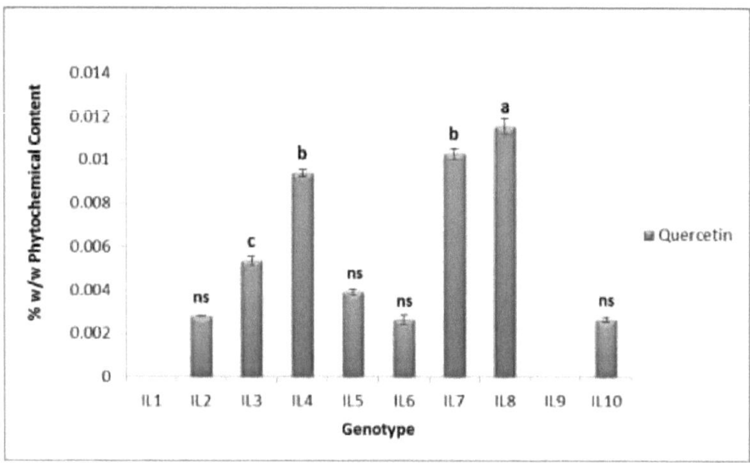

Figura 32(a): Teor de quercetina em dez amostras selecionadas de sementes de feno-grego; os valores estão representados como Média ± DP; n = 3; cP < 0,05; bP < 0,01; aP < 0,001; P > 0,05 é considerado não significativo (ns)

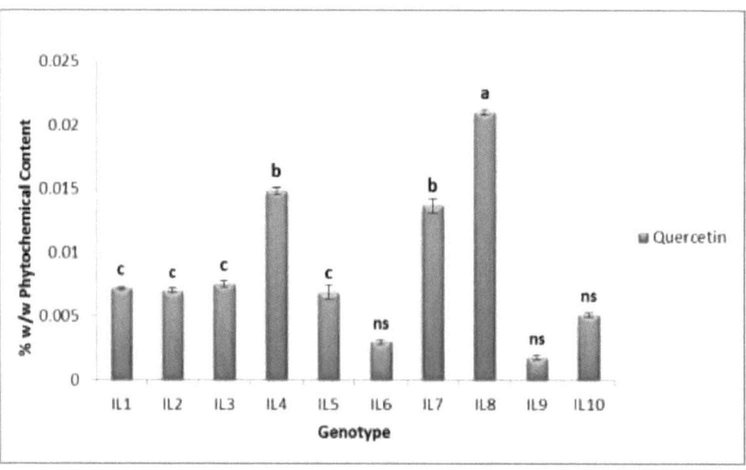

Figura 32(b): Efeito da germinação no conteúdo de quercetina de brotos de feno-grego em 2nd dia .Os valores são representados como Média ± SD; n = 3; cP < 0,05; bP < 0,01; aP < 0,001; P > 0,05 é considerado como não significativo (ns).

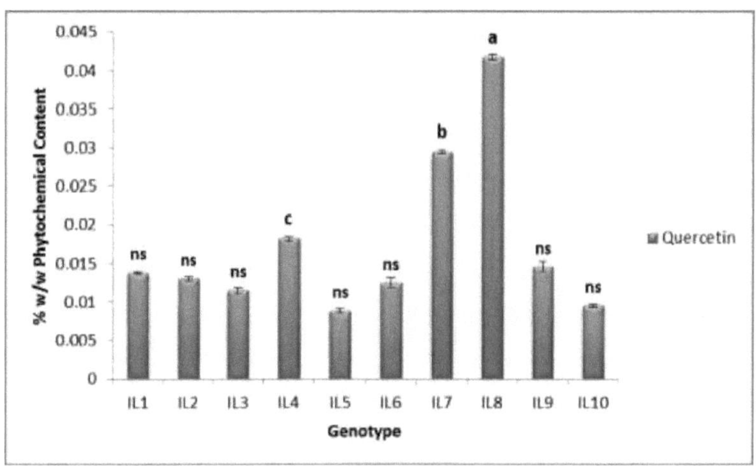

Figura 32(c): Efeito da germinação no conteúdo de quercetina de brotos de feno-grego em 4th dia. Os valores são representados como Média ± DP; n = 3; cP < 0,05; bP < 0,01; aP < 0,001; P > 0,05 é considerado como não significativo (ns)

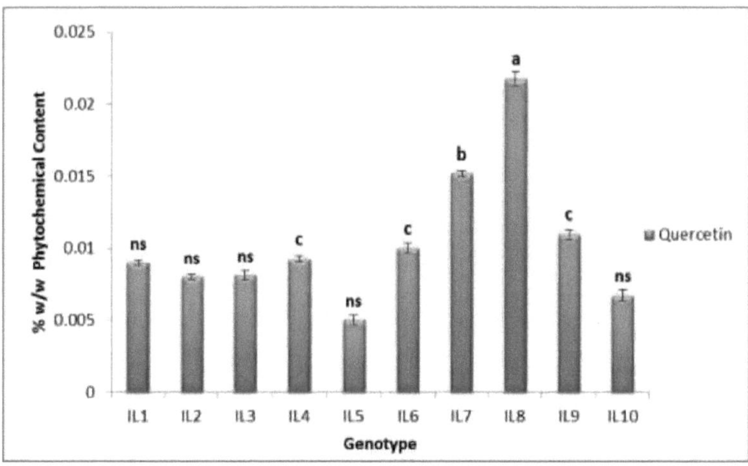

Figura 32(d): Efeito da germinação no conteúdo de quercetina de brotos de feno-grego em 6th dia .Os valores são representados como Média ± SD; n = 3; cP < 0,05; bP < 0,01; aP < 0,001; P > 0,05 é considerado como não significativo (ns).

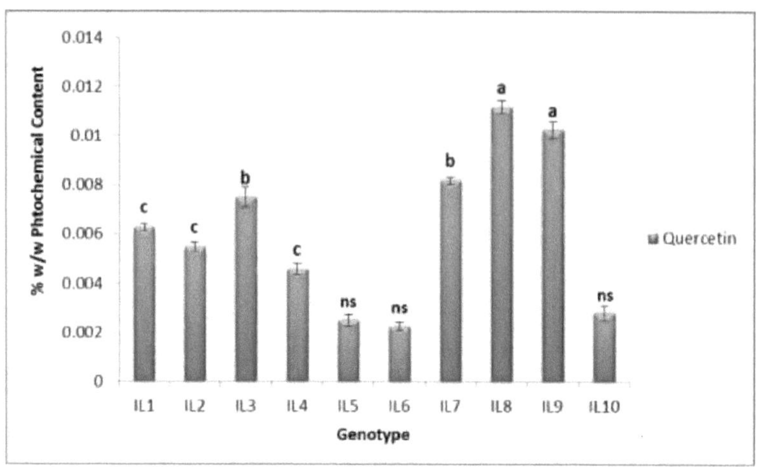

Figura 32(e): Efeito da germinação no conteúdo de quercetina de brotos de feno-grego no dia 8th . Os valores são representados como Média ± DP; n = 3; cP < 0,05; bP < 0,01; aP < 0,001; P > 0,05 é considerado como não significativo (ns).

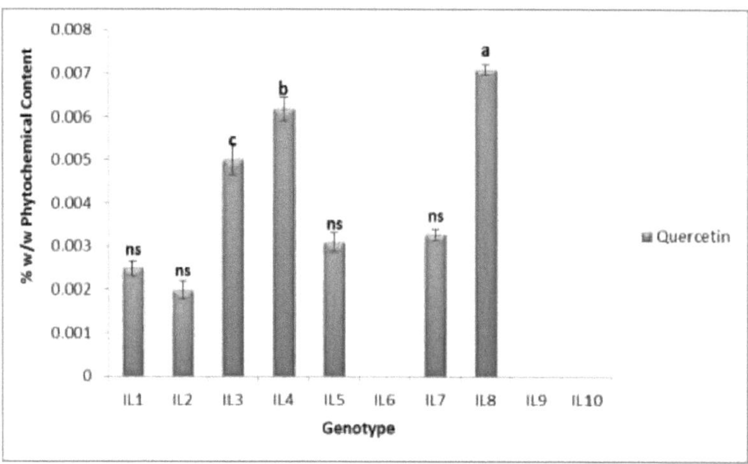

Figura 32(f): Efeito da germinação no conteúdo de quercetina de brotos de feno-grego em 10th dia. Os valores são representados como Média ± DP; n = 3; cP < 0,05; bP < 0,01; aP < 0,001; P > 0,05 é considerado como não significativo (ns)

4.2.4. Atividade antioxidante dos rebentos de feno-grego

A Figura 33 (a-f) mostra claramente que a germinação de sementes de feno-grego aumentou drasticamente a atividade antioxidante total dos rebentos resultantes de uma forma dependente do tempo. A atividade antioxidante de todas as amostras de sementes germinadas atingiu mais ou menos o seu limite máximo no espaço de quatro dias, com o extrato de rebentos IL8 a demonstrar uma atividade antioxidante 2,63 vezes superior em comparação com as suas sementes não germinadas. Durante as diferentes fases de germinação, a atividade antioxidante total dos brotos germinados de todas as dez amostras variou entre 662,02 µM/100g a 1903,79 µM/100g.O aumento % líquido de 37.67%, 28,93%, 26,20%, 38,38%, 37,69%, 45,00%, 27,27%, 62,10%, 38,30% e 32,97% foi observado para 4th dias germinados IL1, IL2, IL3, IL4, IL5, IL6, IL7, IL8, IL9 e IL10 brotos de feno-grego, respetivamente. A partir dos nossos resultados, ficou claro que os brotos IL8 germinados por 4th dias que possuíam o maior conteúdo de fenol também demonstraram a maior atividade antioxidante (1903,79µM/100g). Uma forte correlação positiva (Tabela 11) foi observada entre o aumento do conteúdo total de fenol e o aumento da atividade antioxidante total (r = 0,776).

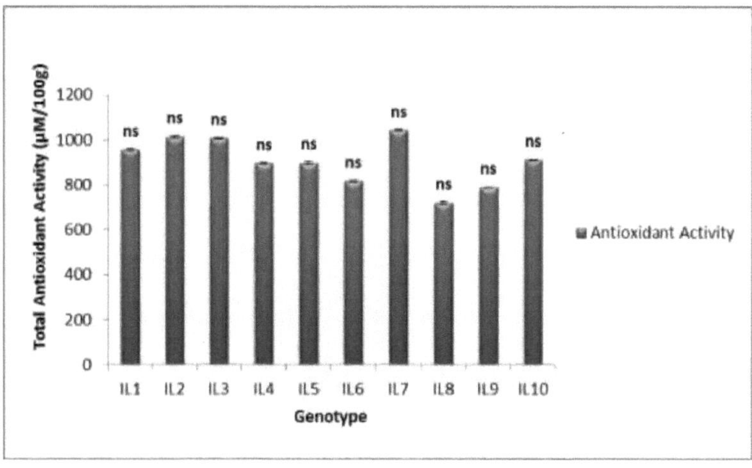

Figura 33(a): Atividade antioxidante total de dez amostras selecionadas de sementes de feno-grego. Os valores são representados como Média ± DP; n = 3; cP < 0,05; bP < 0,01; aP < 0,001; P > 0,05 é considerado como não significativo (ns)

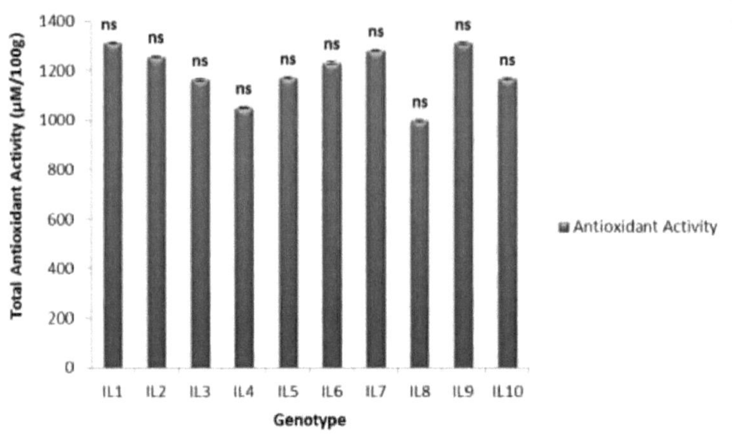

Figura 33(b): Efeito da germinação na atividade antioxidante total dos rebentos de feno-grego em 2nd dias. Os valores são representados como Média ± DP; n = 3; cP < 0,05; bP < 0,01; aP < 0,001; P > 0,05 é considerado como não significativo (ns)

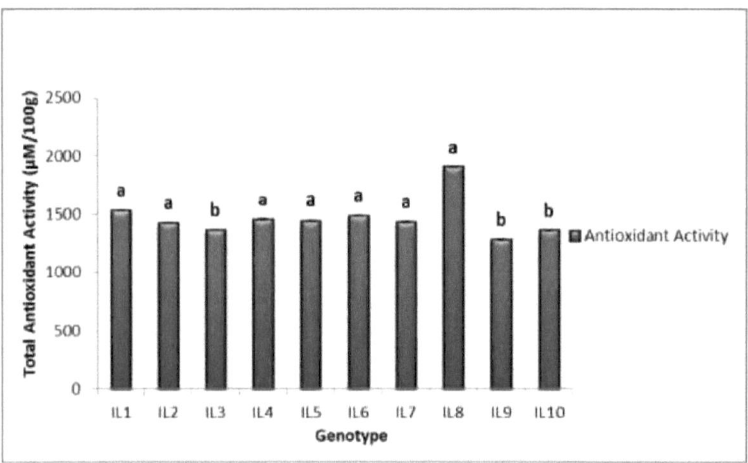

Figura 33(c): Efeito da germinação na atividade antioxidante total de brotos de feno-grego em 4th dia.Valores são representados como Média ± SD; n = 3; cP < 0,05; bP < 0,01; aP < 0,001; P > 0,05 é considerado como não significativo (ns)

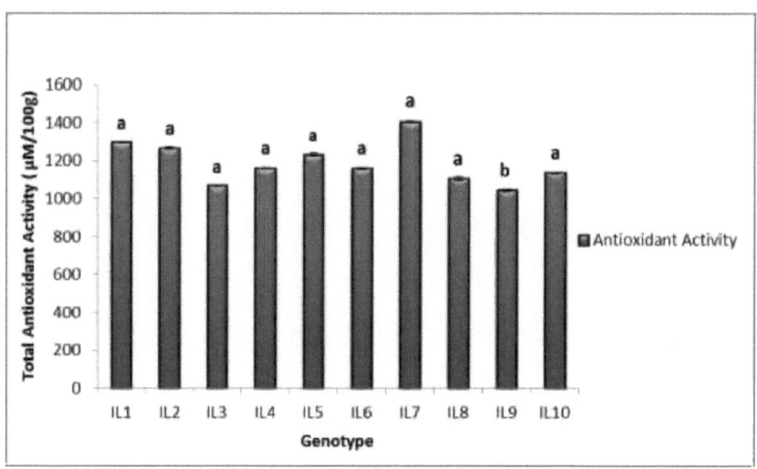

Figura 33(d): Efeito da germinação na atividade antioxidante total dos rebentos de feno-grego no dia 6th . Os valores são representados como Média ± DP; n = 3; cP < 0,05; bP < 0,01; aP < 0,001; P > 0,05 é considerado como não significativo (ns)

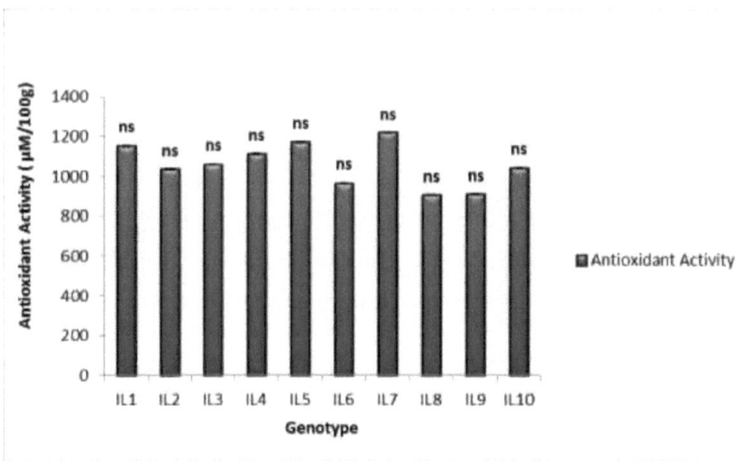

Figura 33(e): Efeito da germinação na atividade antioxidante total dos rebentos de feno-grego no dia 8th . Os valores são representados como Média ± DP; n = 3; cP < 0,05; bP < 0,01; aP < 0,001; P > 0,05 é considerado como não significativo (ns)

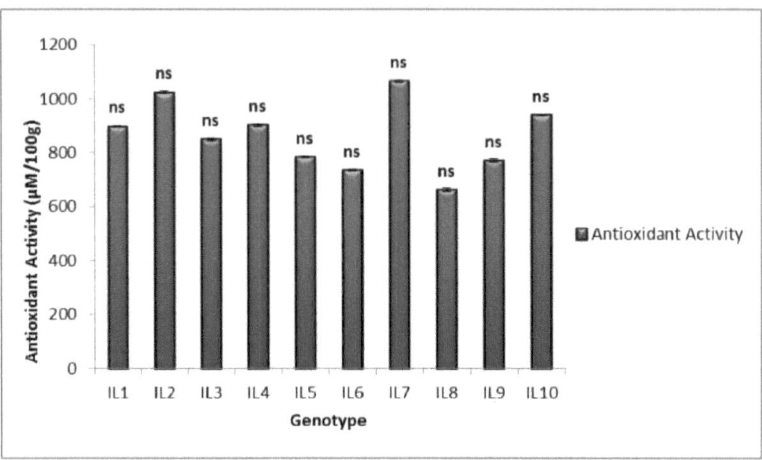

Figura 33(f): Efeito da germinação na atividade antioxidante total de brotos de feno-grego em 10th dia.Valores são representados como Média ± SD; n = 3; cP < 0,05; bP < 0,01; aP < 0,001; P > 0,05 é considerado como não significativo (ns)

4.3. Atividade antidiabética *in vitro* dos rebentos de feno-grego

No presente estudo, as três principais enzimas, incluindo a α-amilase pancreática, a sacarase (invertase) e a α-glicosidase intestinal, envolvidas na modulação do aumento pós-prandial dos níveis de glucose, foram visadas utilizando extractos de rebentos de feno-grego ricos em fenólicos e antioxidantes como fonte dos seus inibidores. Para a atividade antidiabética *in vitro*, os resultados obtidos foram comparados com a acarbose e a voglibiose como controlos padrão (positivos) de medicamentos, conforme mencionado no Anexo 1.

4.3.1. Inibição da α-amilase

A nossa investigação demonstrou que os extractos de rebentos de feno-grego apresentam uma atividade inibidora moderada da α-amilase em comparação com as respectivas sementes. A percentagem de inibição apresentada por dez extractos de sementes contra a α-amilase variou entre 28,015% e 76,67% e, assim, deixou claro que existe uma grande escala de variação em todas as amostras de sementes recolhidas no que diz respeito a esta propriedade. Como se mostra na Figura 34 (a-f), ficou claro que o processo de germinação reduziu ligeiramente o potencial inibidor da α-amilase (%) dos rebentos de feno-grego resultantes de uma forma dependente do tempo. A diminuição da % desta propriedade entre os rebentos germinados ao 4º dia, variando entre 5,34% e 51,92%, revelou claramente que o poder inibidor da α-amilase dos rebentos é muito inferior ao das suas sementes não germinadas.

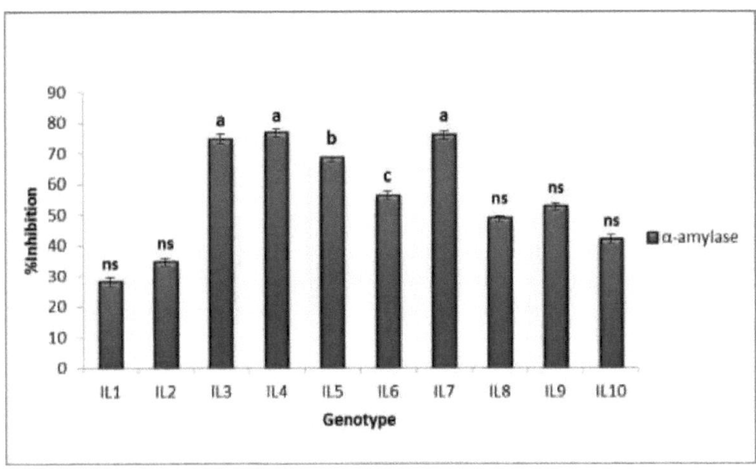

Figura 34(a): % de atividade inibidora da α-amilase de dez amostras selecionadas de sementes de feno-grego. Os valores são representados como Média ± DP; n = 3; cP < 0,05; bP < 0,01; aP < 0,001; P > 0,05 é considerado como não significativo (ns)

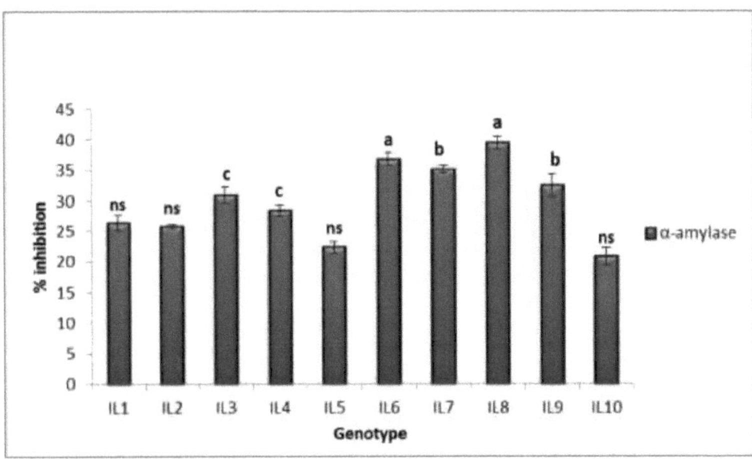

Figura 34(b) : Efeito da germinação na % de atividade inibidora da α-amilase dos rebentos de feno-grego resultantes em 2nd dia.Os valores são representados como Média ± SD; n = 3; cP < 0,05; bP < 0,01; aP < 0,001; P > 0,05 é considerado como não significativo (ns)

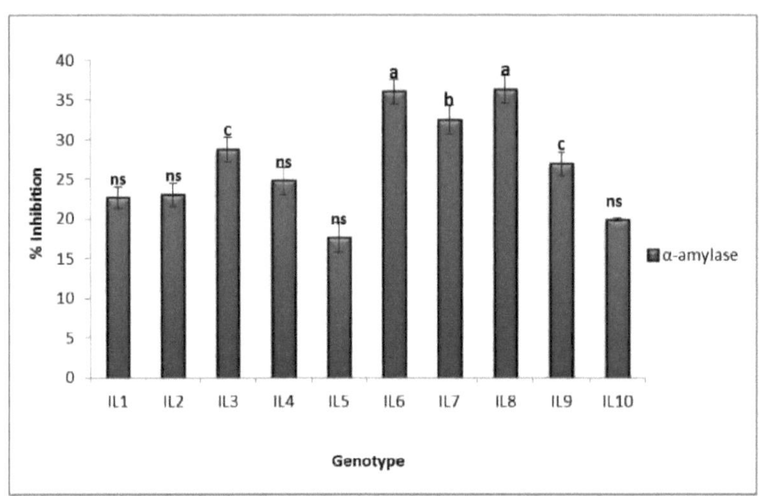

Figura 34(c) : Efeito da germinação na % de atividade inibidora da α-amilase de rebentos de feno-grego em 4th dia. Os valores são representados como Média ± SD; n = 3; cP < 0,05; bP < 0,01; aP < 0,001; P > 0,05 é considerado como não significativo (ns)

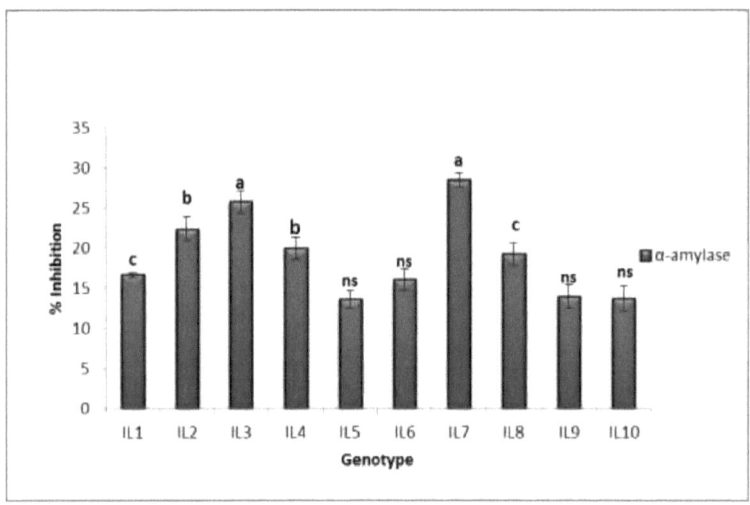

Figura 34(d) : Efeito da germinação na % de atividade inibidora da α-amilase dos rebentos de feno-grego no dia 6th . Os valores estão representados como Média ± DP; n = 3; cP < 0,05; bP < 0,01; aP < 0,001; P > 0,05 é considerado como não significativo (ns).

118

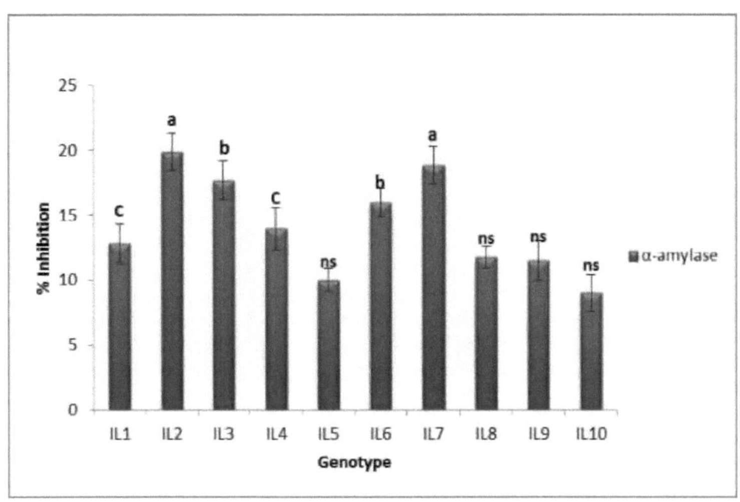

Figura 35(e): Efeito da germinação na % de atividade inibitória da α-amilase dos rebentos de feno-grego no 8th dia .Os valores estão representados como Média ± DP; n = 3; cP < 0,05; bP < 0,01; aP < 0,001; P > 0,05 é considerado como não significativo (ns)

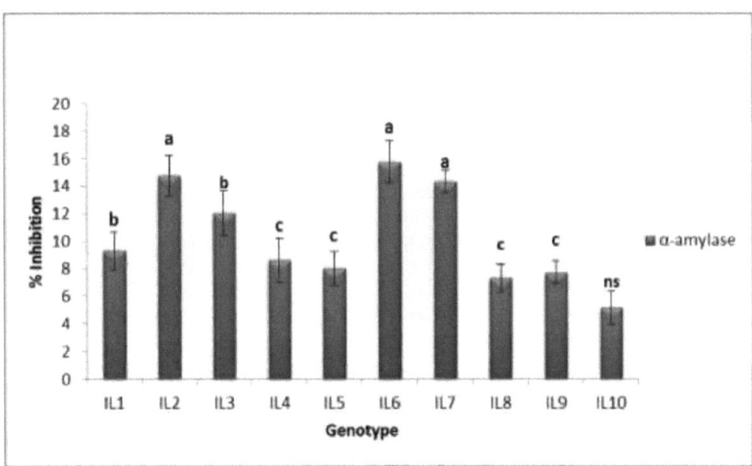

Figura 34(f): Efeito da germinação na % de atividade inibitória de α-amilase de brotos de feno-grego em 10th dia. Os valores são representados como Média ± DP; n = 3; cP < 0,05; bP < 0,01; aP < 0,001; P > 0,05 é considerado como não significativo (ns)

Como é evidente na Figura 35 (a) e 35 (b), a propriedade inibidora da α-amilase das amostras foi considerada dependente da dose (0,1 mg/ml, 1 mg/ml e 10 mg/ml), com as sementes a possuírem o maior poder inibitório em concentrações muito mais baixas em comparação com os respectivos rebentos.

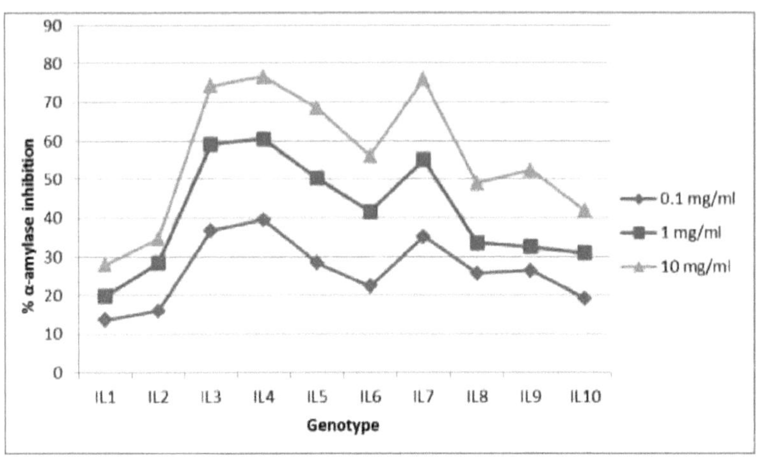

Figura 35(a): Inibição da α-amilase dependente da dose por dez amostras selecionadas de sementes de feno-grego.

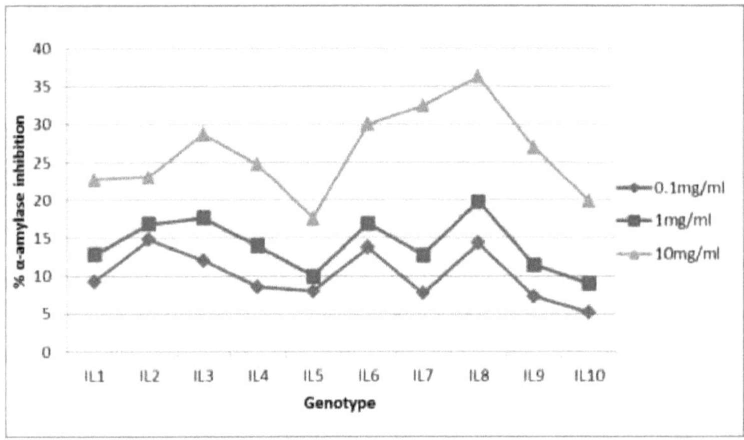

Figura 35(b): Inibição dependente da dose de α-amilase por rebentos de feno-grego germinados durante 4th dias.

A concentração inibitória de 50% da α-amilase (IC50) dos extractos de sementes de feno-grego não germinadas IL1, IL2, IL3, IL4, IL5, IL6, IL7, IL8, IL9 e IL10 foi de 17.84 mg/ml, 14,46 mg/ml, 6,72 mg/ml, 6,52 mg/ml, 7,63 mg/ml, 8,89 mg/ml, 6,59 mg/ml, 10,20 mg/ml, 9,52 mg/ml e 11,92 mg/ml, respetivamente. No entanto, as concentrações inibidoras da α-amilase IC50 de 4th dias de germinação dos rebentos de feno-grego IL1, IL2, IL3, IL4, IL5, IL6, IL7, IL8, IL9 e IL10 demonstraram a necessidade de concentrações muito mais elevadas, correspondentes a 22.05 mg/ml, 21,69 mg/ml, 17,41 mg/ml, 20,20 mg/ml, 28,35 mg/ml, 13,88 mg/ml, 15,38 mg/ml, 13,77 mg/ml, 18,54 mg/ml e 25,15 mg/ml, respetivamente. Os nossos resultados sugerem claramente que as sementes possuem um potencial inibitório mais elevado contra a atividade da α-amilase do que as suas respectivas contrapartes germinadas. Como mostra a Tabela 11, existe uma correlação positiva fraca ou não significativa entre a inibição da α-amilase e o aumento dos fenóis totais (r = 0,45) ou da atividade antioxidante total (r = -0,022).

4.3.2. Ensaio de inibição da α-glucosidase

Em contraste com o menor potencial inibidor da α-amilase dos rebentos germinados, o processo de germinação aumentou significativamente o poder inibidor da α-glucosidase dos rebentos em comparação com as suas sementes não germinadas. O dia 4th de germinação foi considerado o dia ideal para induzir a maior atividade inibidora da α-glucosidase nos rebentos. A percentagem global de inibição da α-glucosidase variou entre 15,82% e 91,28% (com as sementes a apresentarem o potencial inibitório mais baixo e os rebentos o mais elevado), demonstrando a existência de uma grande escala de variação relativamente a esta propriedade entre todas as dez amostras de sementes, bem como nas suas respectivas contrapartes germinadas. Em comparação com as sementes, os rebentos germinados aos 4th dias de todas as dez amostras apresentaram um aumento significativo na propriedade inibidora da α-glucosidase (%) que variou entre 14,36 % e 62,37%. É evidente a partir da Figura 36 (a) e 36 (b) que a inibição da α-glucosidase foi considerada dependente da dose, com 4th brotos de dia demonstrando a maior inibição, em concentrações muito mais baixas em comparação com suas respectivas sementes.A concentração inibitória de 50 % (IC50) de brotos de feno-grego IL1, IL2, IL3, IL4, IL5, IL6, IL7, IL8, IL9 e IL10 germinados há 4th dias contra % de α-glucosidase foi de 6.80 mg/ml, 5,52 mg/ml, 5,71 mg/ml, 6,31 mg/ml, 6,93 mg/ml, 5,81 mg/ml, 6,19 mg/ml, 5,91 mg/ml, 5,47 mg/ml e 6,21 mg/ml, respetivamente. No entanto, em comparação com os rebentos, a concentração de 50% (IC50) contra a α-glucosidase inibidora de IL1, IL2, IL3,

As sementes de feno-grego IL4, IL5, IL6, IL7, IL8, IL9 e IL10 demonstraram valores muito mais elevados correspondentes a 9,84 mg/ml, 17,81mg/ml, 11,01mg/ml, 9,15mg/ml, 8,49mg/ml, 14,21mg/ml, 12,74 mg/ml, 6,50 mg/ml, 8,38 mg/ml e 7,60 mg/ml, respetivamente. Entre as dez amostras de sementes em germinação, conforme ilustrado na Figura 37(a-f), o extrato de broto IL8 germinado durante 4th dias, que possui o teor máximo de fenol e atividade antioxidante, também demonstrou a maior atividade inibidora da a-glucosidase (91,28 %). Como mostra a Tabela 11, o nosso estudo demonstra a existência de uma forte correlação positiva entre a inibição *da* a-glucosidase e o teor de fenóis totais (r=0,664) ou a atividade antioxidante total (r =0,624).

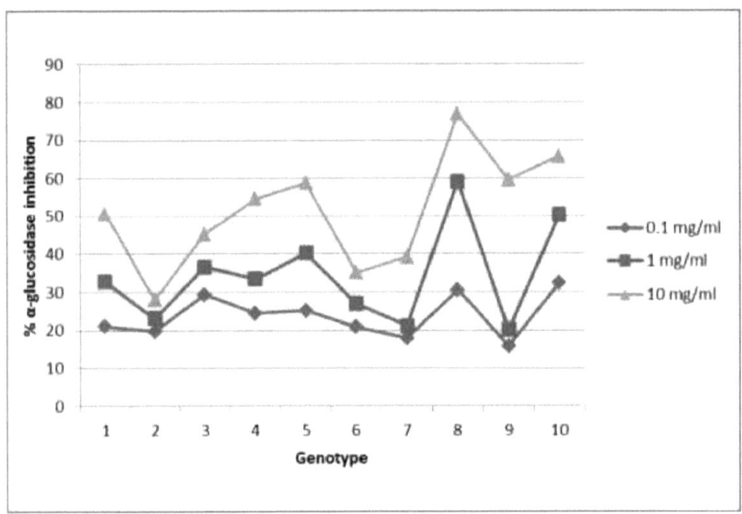

Figura 36 (a): Inibição dependente da dose de α-glucosidase por dez amostras selecionadas de sementes de feno-grego.

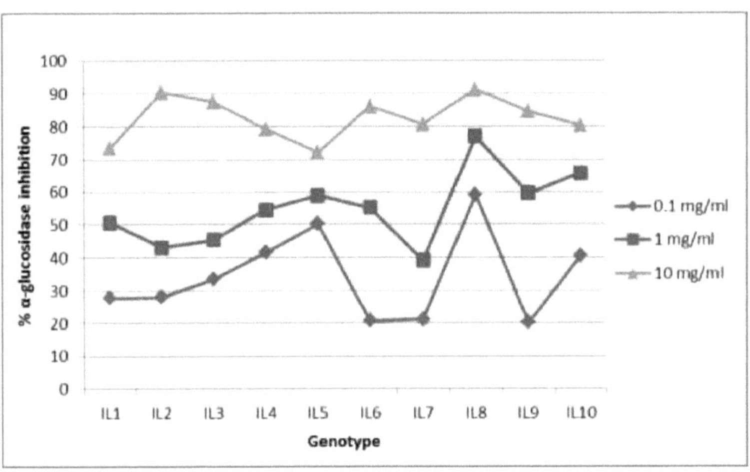

Figura 36(b): Inibição dependente da dose de α-glucosidase por rebentos de feno-grego em 4th dia.

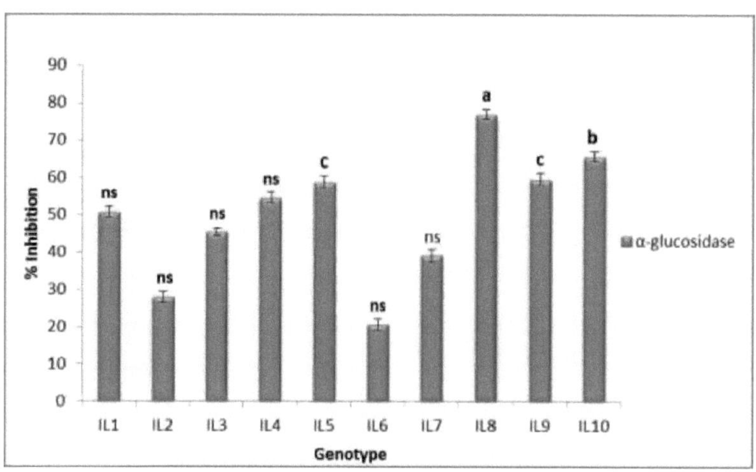

Figura 37(a): % de atividade inibidora da α-glicosidase de dez amostras selecionadas de sementes de feno-grego. Os valores estão representados como Média ± DP; n = 3; cP < 0,05; bP < 0,01; aP < 0,001; P > 0,05 é considerado não significativo (ns)

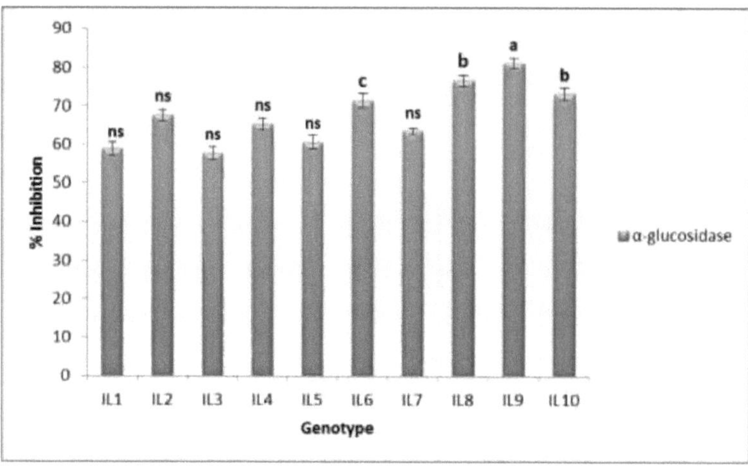

Figura 37(b): Efeito da germinação na % de atividade inibidora da α-glucosidase dos rebentos de feno-grego em 2nd dia .Os valores são representados como Média ± DP; n = 3; cP < 0,05; bP < 0,01; aP < 0,001; P > 0,05 é considerado não significativo (ns)

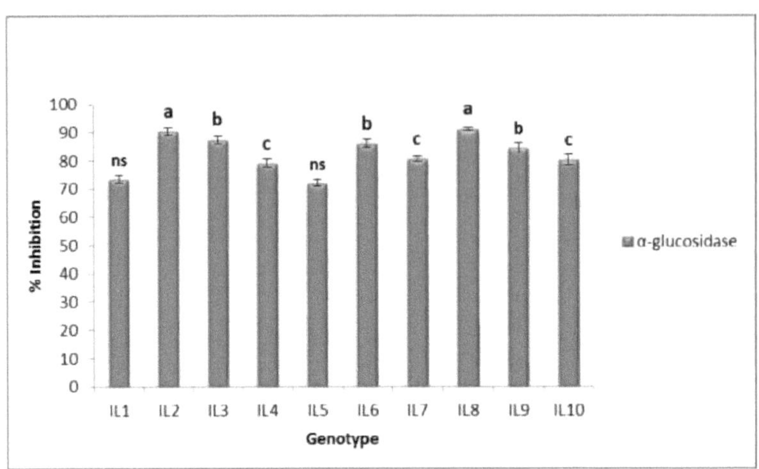

Figura 37(c): Efeito da germinação na % de atividade inibidora da α-glicosidase dos rebentos de feno-grego em 4th dia .Os valores são representados como Média ± SD; n = 3; cP < 0,05; bP < 0,01; aP < 0,001; P > 0,05 é considerado como não significativo (ns).

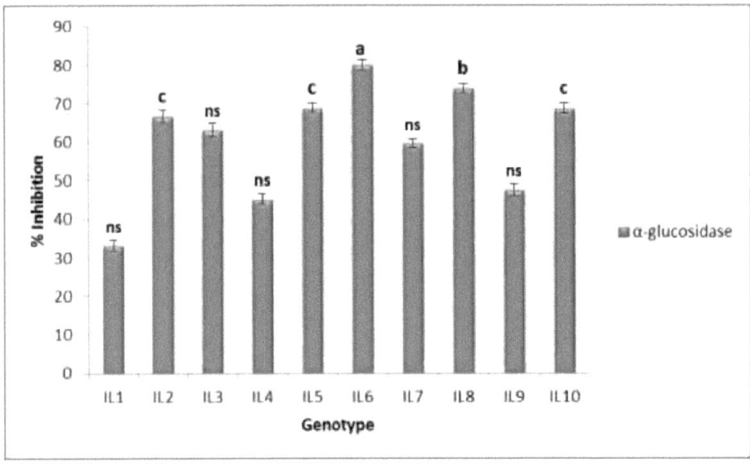

Figura 37(d): Efeito da germinação na % de atividade inibidora da α-glucosidase dos rebentos de feno-grego no dia 6th . Os valores estão representados como Média ± DP; n = 3; cP < 0,05; bP < 0,01; aP < 0,001; P > 0,05 é considerado não significativo (ns)

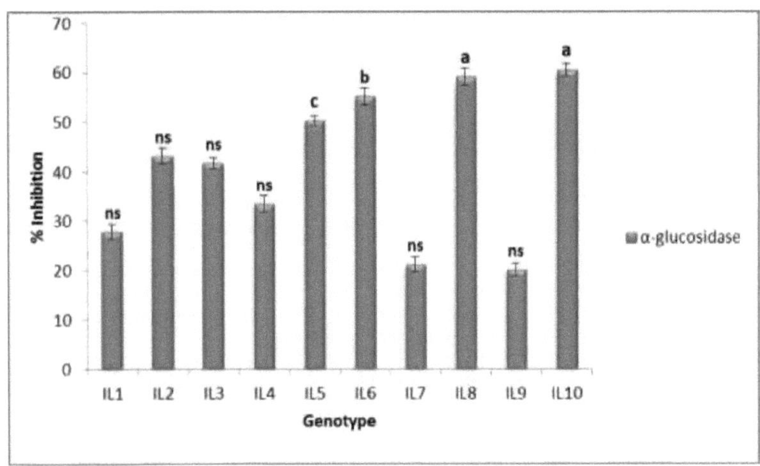

Figura 37(e) : Efeito da germinação na % de atividade inibidora da α-glicosidase dos rebentos de feno-grego no dia 8th . Os valores estão representados como Média ± DP; n = 3; cP < 0,05; bP < 0,01; aP < 0,001; P > 0,05 é considerado como não significativo (ns).

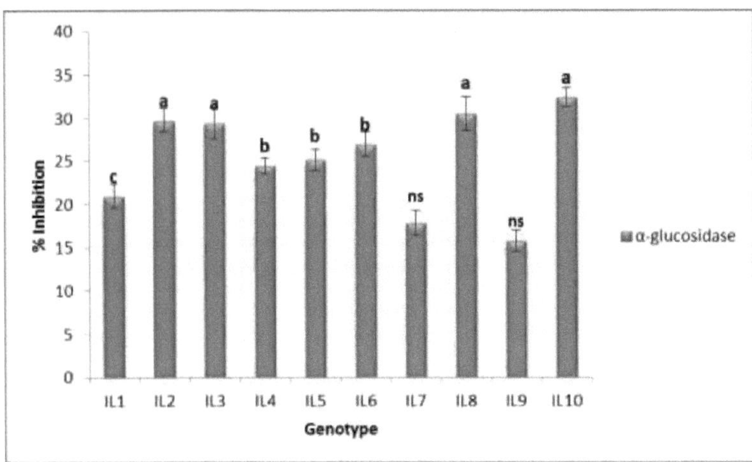

Figura 37(f): Efeito da germinação na % de atividade inibidora da α-glicosidase dos rebentos de feno-grego no dia 10th .Os valores estão representados como Média ± DP; n = 3; cP < 0,05; bP < 0,01; aP < 0,001; P > 0,05 é considerado como não significativo (ns) .

4.3.3. Ensaio de inibição da invertase

Tal como a α-glucosidase, a invertase é também um importante alvo quimioterapêutico envolvido na terapia diabética. Neste estudo, paralelamente ao potencial inibidor da α-glucosidase mais elevado demonstrado pelos extractos de rebentos, o poder inibidor da invertase das sementes também aumentou com o processo de germinação. O dia 4th de germinação foi considerado o dia ideal para conferir a atividade inibidora máxima da invertase aos rebentos. A percentagem global de inibição demonstrada por vários extractos de sementes e de rebentos contra a invertase variou entre 5,58 % e 41,86 % (com as sementes a apresentarem o potencial inibidor mais baixo e os rebentos o mais elevado).Em comparação com as sementes não germinadas, os rebentos germinados ao fim de 4th dias de todas as dez amostras mostraram um aumento significativo (%) na propriedade inibidora da invertase, que variou entre 6,90 % e 23,62%. É evidente na Figura 38 (a) e (b) que todos os extractos das amostras demonstraram atividade inibidora da invertase de uma forma dependente da dose (0.1mg/ml, 1 mg/ml, 10mg/ml), com brotos germinados no dia 4th mostrando o maior poder inibitório em concentrações muito mais baixas em comparação com suas respectivas sementes, bem como brotos cultivados em outros dias.A concentração inibitória de 50% da invertase (IC50) dos rebentos de feno-grego IL1, IL2, IL3, IL4, IL5, IL6, IL7, IL8, IL9 e IL10 germinados no dia 4th foi de 21,54 mg/ml, 17,68 mg/ml, 15,012 mg/ml, 27,44 mg/ml, 17.68 mg/ml, 12,95 mg/ml, 15,69 mg/ml, 11,94 mg/ml, 14,40 mg/ml e 12,85 mg/ml, respetivamente. No entanto, as concentrações inibitórias IC50 das sementes de feno-grego IL1, IL2, IL3, IL4, IL5, IL6, IL7, IL8, IL9 e IL10 contra a invertase demonstraram valores muito mais elevados, correspondentes a 61.88 mg/ml, 51,65 mg/ml, 89,60 mg/ml, 86,43 mg/ml, 20,10 mg/ml, 15,76 mg/ml, 22,96 mg/ml, 14,51 mg/ml, 20,98 mg/ml e 58,54 mg/ml, respetivamente.

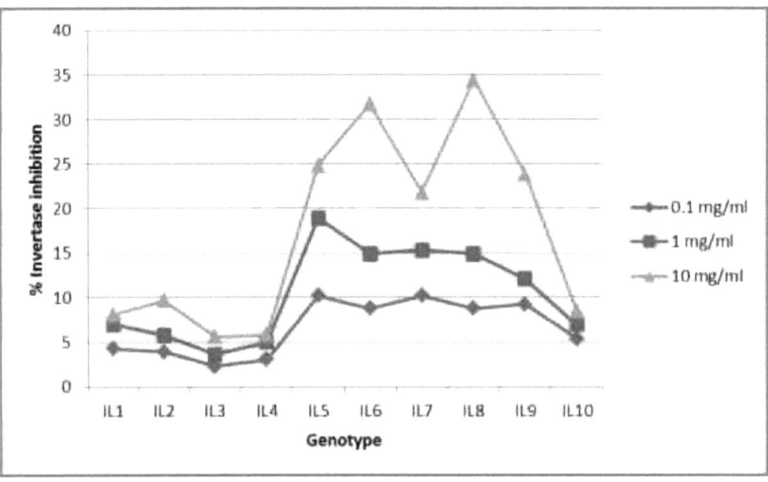

Figura 38(a): Inibição da Invertase dependente da dose por dez amostras selecionadas de sementes de feno-grego.

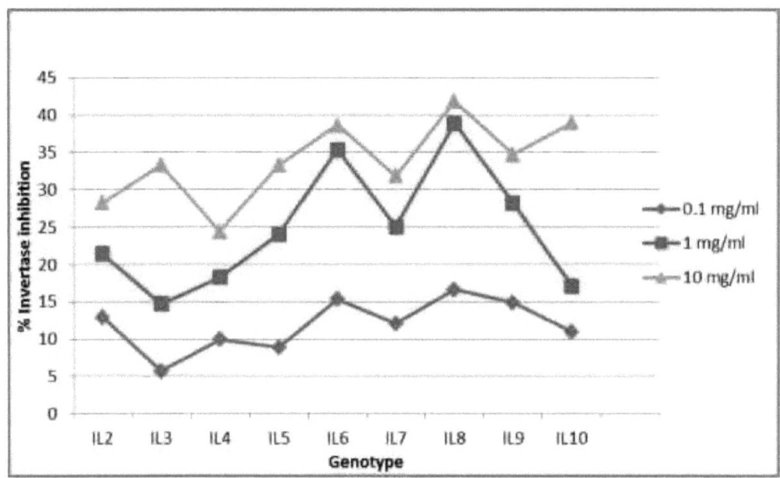

Figura 38(b): Inibição da Invertase dependente da dose pelos rebentos de feno-grego no 4.º dia.

Como mostra a Figura 39 (a-f), entre as dez amostras de sementes germinadas, o extrato de broto IL8 germinado por 4th dias, que possui o teor máximo de fenóis, a atividade antioxidante e a maior atividade inibidora de α-glicosidase, também demonstrou a maior atividade inibidora de invertase (41,865 %).De acordo com os nossos resultados (Tabela 11), existe uma forte correlação positiva entre a atividade inibidora da invertase e os fenóis totais (r=0,541) ou a atividade antioxidante total (r =0,487).

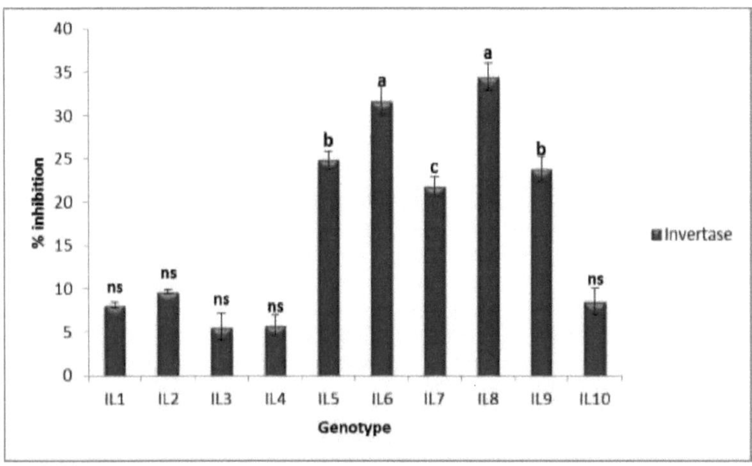

Figura 39(a): % de atividade inibidora da invertase de dez amostras selecionadas de sementes de feno-grego.

Os valores estão representados como Média ± DP; n = 3; cP < 0,05; bP < 0,01; aP < 0,001; P > 0,05 é considerado não significativo (ns)

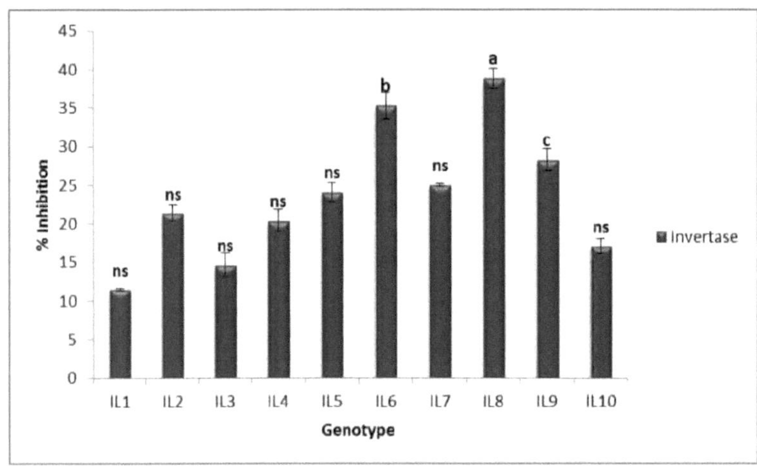

Figura 39(b): Efeito da germinação na % de atividade inibitória da invertase dos rebentos de feno-grego em 2nd dia.Os valores são representados como Média ± SD; n = 3; cP < 0,05; bP < 0,01; aP < 0,001; P > 0,05 é considerado como não significativo (ns)

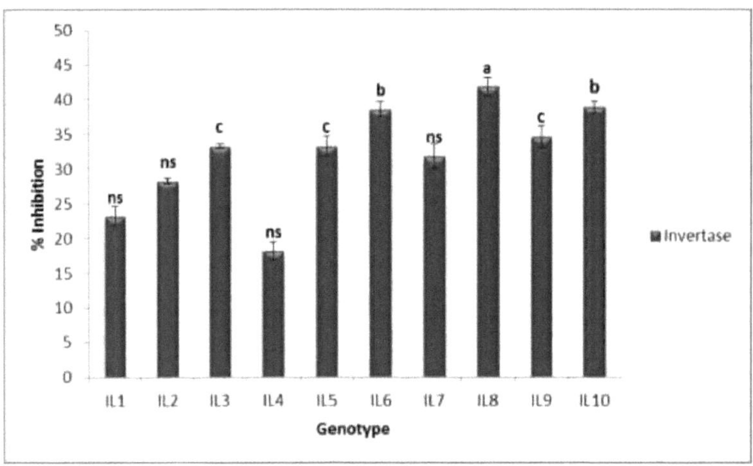

Figura 39(c): Efeito da germinação na % de atividade inibitória da invertase dos rebentos de feno-grego em 4th dia.Os valores são representados como Média ± SD; n = 3; cP < 0,05; bP < 0,01; aP < 0,001; P > 0,05 é considerado como não significativo (ns)

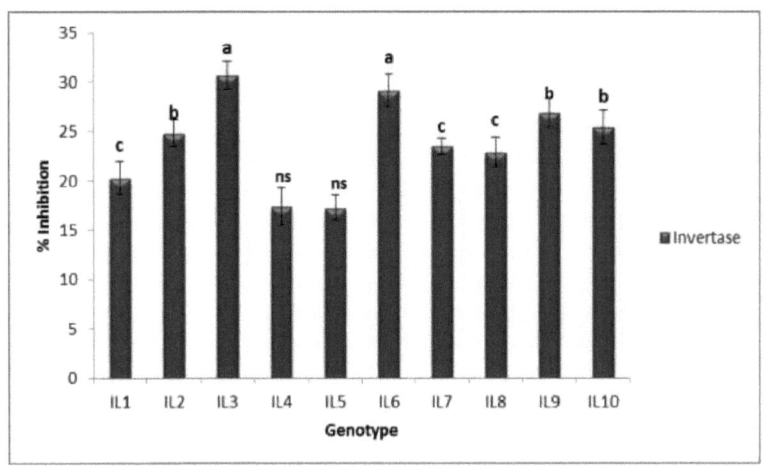

Figura 39(d): Efeito da germinação na % de atividade inibidora da invertase dos rebentos de feno-grego no dia 6th . Os valores são representados como Média ± SD; n = 3; cP < 0,05; bP < 0,01; aP < 0,001; P > 0,05 é considerado como não significativo (ns)

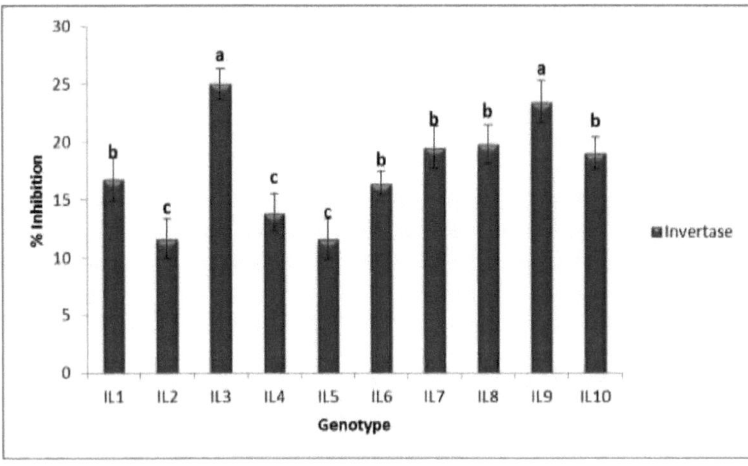

Figura 39(e): Efeito da germinação na % de atividade inibidora da invertase dos rebentos de feno-grego no dia 8th . Os valores são representados como Média ± DP; n = 3; cP < 0,05; bP < 0,01; aP < 0,001; P > 0,05 é considerado como não significativo (ns)

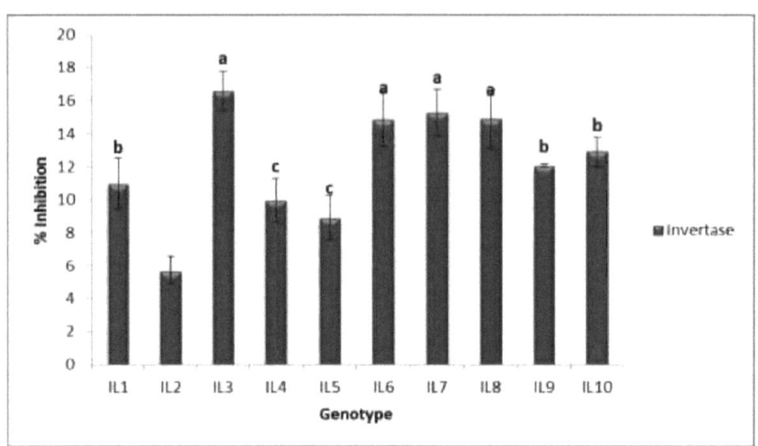

Figura 39(f): Efeito da germinação na % de atividade inibidora da invertase de rebentos de feno-grego em 10th dia .Os valores são representados como Média ± SD; n = 3; cP < 0,05; bP <ᴵ 0,01; aP < 0,001; P > 0,05 é considerado como não significativo (ns)

Quadro 11: Matriz de correlação das variáveis

Variáveis	Fenóis totais	Atividade antioxidante total.	α-amilase	α-glucosidase	Invertase	Trigonelline	Diosgenina
Atividade antioxidante total	0.776**						
α-amilase	0.045	-0.022					
α-glucosidase	0.664**	0.624**	0.233*				
Invertase	0.541*	0.487*	0.149	0.629**			
Trigonelline	0.066	0.040	0.814**	0.385	0.195		
Quercetina	0.642**	0.615**	0.139	0.537*	0.554*	0.049	
Diosgenina	0.082	0.066	0.724	0.277	0.071	0.0850**	0.087

N.D.:-* P < 0,05; **P < 0,001; P > 0,05 é considerado não significativo (ns) .

4.4. Estudos *in vivo*

Para validar os nossos resultados *in vitro*, foram selecionados os rebentos IL8 germinados ao longo de 4th dias que apresentavam as melhores caraterísticas, nomeadamente o teor de fenol mais elevado, a atividade antioxidante mais elevada e a atividade hipoglicémica mais elevada, e que foram utilizados para estudos *in vivo* posteriores, utilizando como modelo experimental ratos Wistar Albino (machos) diabéticos induzidos por STZ.

4.4.1. Ensaios de toxicidade aguda

A fim de verificar qualquer possível toxicidade relacionada com o broto de feno-grego, os ratos albinos wistar normais foram alimentados com diferentes doses (100mg/kg.bw, 500mg/kg.bw, 1000mg/kg.bw, 2000 mg/kg.bw e 3000 mg/kg.bw) de extractos de broto de IL8 (aquoso) e monitorizados em diferentes intervalos de tempo até aos 21 dias de duração experimental.Curiosamente, não se observou qualquer sinal de toxicidade ou mortalidade em nenhum dos grupos tratados, mesmo até à dose mais elevada de 3000 mg/kg.bw. Os resultados obtidos não são surpreendentes, uma vez que o feno-grego é uma erva não tóxica, que é habitualmente utilizada como vegetal e especiaria em todo o mundo.

4.4.2. Teste de tolerância oral ao amido (OSTT) em ratos wistar normais

Para determinar o efeito do tratamento com extrato de rebentos de IL8 na elevação da glicose sanguínea pós-prandial, foram administrados a ratos normais em jejum de 18 horas extrato de rebentos de IL8 (aquoso) ou água destilada (controlo) imediatamente 10 minutos após a administração de uma carga de amido (3g/kg.bw). Os resultados sugerem que os ratos normais carregados de amido (grupo de controlo) demonstraram um aumento abrupto dos níveis de glicose no sangue, atingindo o seu limite máximo de 180 mg/dl (aumento de 42,77%) no espaço de 60 minutos após a ingestão de amido. No entanto, no caso dos grupos tratados com rebentos, ou seja, 100mg/kg.bw, 250mg/kg.bw e 500mg/kg.bw, observou-se que, no intervalo de 60 minutos, o aumento da glicose no sangue foi comparativamente muito inferior. No caso dos grupos tratados com extrato, em comparação com o grupo de controlo tratado com água destilada (160mg/dl), os níveis mais elevados de glicose no sangue correspondentes a 154mg/dl, 154mg/dl e 151 mg/dl, respetivamente, foram atingidos no intervalo de 30 minutos após a administração de amido (3g/kg.bw).Curiosamente, estes resultados foram comparáveis ao tratamento com voglibiose (1 mg/kg.bw), um medicamento padrão utilizado contra a hiperglicemia. Verificou-se que, em comparação com o grupo de controlo normal não tratado, o extrato de rebentos a 100mg/kg.bw causou uma diminuição de 34,44% nos níveis de glicose no sangue em 60 minutos. Do mesmo modo, 250 mg/kg.bw e 500 mg/kg.bw provocaram uma diminuição de 40% e 43,33% dos níveis de glicose no sangue, respetivamente, num intervalo de 60 minutos, em comparação com 33,33% demonstrados pela voglibiose numa dose de 1 mg/kg.bw. Os níveis de glicose no sangue no grupo tratado com o extrato quase normalizaram dentro de 90 minutos após a administração da carga de amido, em comparação com o grupo tratado com água destilada que normalizou após 120 minutos. A dose mais potente de extrato de rebentos de IL8 que causou a diminuição máxima da glicose no sangue foi estabelecida em 500 mg/kg.bw.

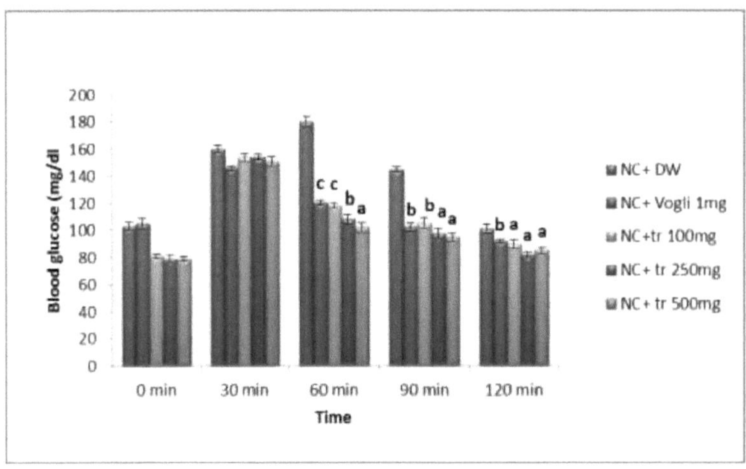

Figura 40: Efeito do extrato do broto de IL8 no teste oral de tolerância à glicose em ratos wistar machos albinos suíços normais; os valores são representados como Média ± DP; n = 6; cP < 0,05; bP < 0,01; aP < 0,001; P > 0,05 é considerado como não significativo (ns) NC = Controlo normal; DC = Controlo normal; DW = Água destilada; tr = Tratamento com extrato; Vogli = Voglibiose

4.4.3. Efeito do extrato de rebentos nos níveis globais de glicose no sangue

A Figura 41 indica claramente que a administração de STZ a todos os seis grupos provocou um aumento significativo dos níveis de glicose no sangue em jejum no prazo de 3 dias. No grupo de controlo diabético, o nível de glicose no sangue aumentou constantemente ($\geq$590 mg/dl, p<0,001) ao longo dos 21 dias do período de estudo. O aumento foi superior a 5 vezes em comparação com o grupo de controlo normal (101 mg/dl, p<0,001). No entanto, a administração oral de extrato aquoso de rebentos de IL8 a ratos diabéticos foi capaz de causar uma diminuição significativa dos níveis elevados de glicose no sangue durante os 21 dias do período experimental. A administração oral de extrato aquoso de rebentos de IL8 numa dosagem de 100mg/kg.bw causou quase os mesmos efeitos nos níveis de glicemia em jejum que os observados no grupo diabético tratado com 1 mg/

kg.bw de medicamento padrão (voglibiose). Os efeitos anti-hiperglicémicos foram mais pronunciados num grupo tratado com 300mg/kg.bw de extrato de rebentos, seguido de um grupo tratado com 200 mg/kg.bw. Em comparação com o grupo de controlo diabético, após 21 dias de período experimental, foi estabelecida uma redução líquida (%) dos níveis de glicose no sangue nos grupos tratados com extrato de rebentos IL8 de 72.88 %, 78,98 % e 86,44 % em 100mg/kg.bw, 200mg/kg.bw e 300mg/kg.bw, respetivamente. O tratamento com voglibiose 1mg/kg.bw no grupo diabético causou efeitos anti-hiperglicémicos comparativamente menores, com apenas 68,30% de redução nos níveis de glicose no sangue. No entanto, como se pode ver na Figura 41, foi interessante notar que o tratamento com extrato de sementes de IL8 (200 mg/ kg.bw) mostrou comparativamente efeitos redutores da glucose muito menores do que o extrato de rebentos de IL8 germinados 4th .

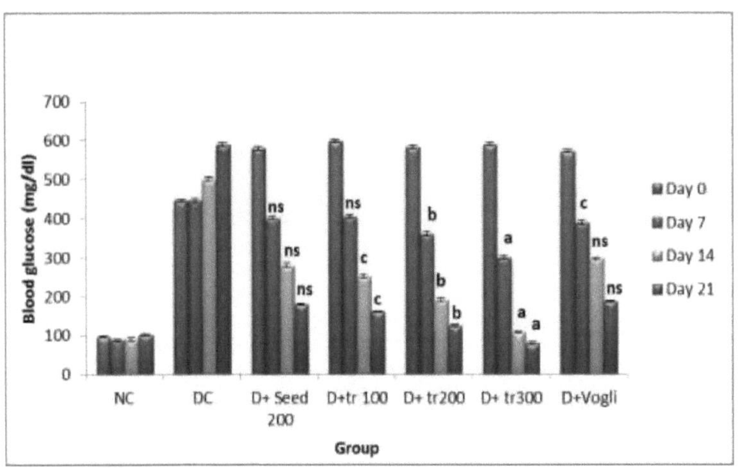

Figura 41: Efeito do extrato do broto de IL8 nos níveis gerais de glicose no sangue em ratos diabéticos induzidos por estreptozotocina. Os valores são representados como média ± DP; n = 6; cP < 0,05; bP < 0,01; aP < 0,001; P> 0,05 é considerado não significativo (ns)

4.4.4. Efeito do extrato de rebentos no peso corporal total

No estudo atual, a administração de STZ induziu uma perda de peso drástica nos animais experimentais durante um período de 21 dias. No grupo de controlo diabético não tratado, foi observada uma diminuição significativa correspondente a quase 20% de redução no peso corporal total. No entanto, como é evidente na Figura 42, observou-se um aumento gradual significativo do peso corporal nos grupos de animais diabéticos tratados com diferentes doses (100mg/k.bw, 200 mg/k.bw e 300 mg/k.bw.) de extrato de rebentos de IL8 durante um período de 21 dias. Em comparação com o grupo de controlo diabético, o ganho de peso total líquido em ratos diabéticos tratados com extrato de rebentos de IL8 a 200 mg/kg.bw e 300 mg/kg.bw e tratados com voglibiose a 1 mg/k.bw foi de 16,66% , 32,25% e 10,52%, respetivamente.No entanto, como é evidente na Figura 42, a dosagem de 100 mg/kg.bw do extrato de rebentos de IL8, bem como o tratamento com o extrato de sementes de IL8 (200 mg/ kg.bw), não foi capaz de causar qualquer alteração significativa no peso corporal total dos ratos diabéticos induzidos por STZ.

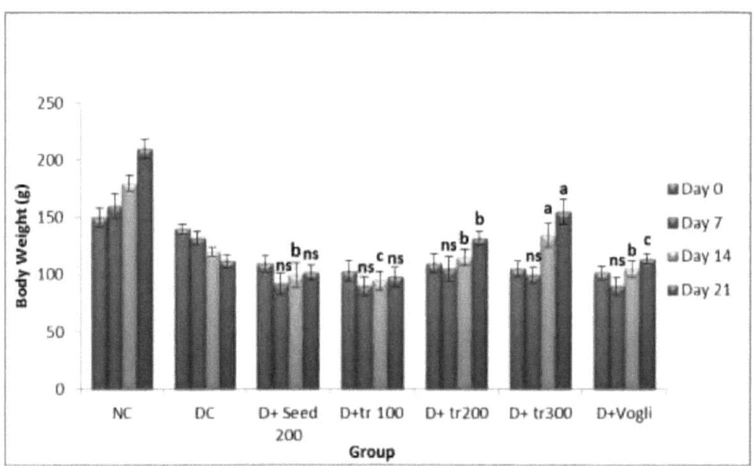

Figura 42: Efeito do extrato do broto de IL8 no peso corporal total em ratos diabéticos induzidos por estreptozotocina. Os valores são representados como Média ± DP; n = 6; cP < 0,05; bP < 0,01; aP < 0,001; P > 0,05 é considerado como não significativo (ns) NC = Controlo normal; DC = Controlo normal; DW = Água destilada; tr = Tratamento com extrato; Vog = Voglibiose

4.4.5. Efeito do extrato de rebentos nos níveis de insulina no soro

No estudo atual, a administração de STZ causou uma redução de quase 70 vezes nos níveis de insulina sérica em comparação com o grupo de controlo normal após 21 dias de período experimental. Como se mostra na Figura 43, a administração oral do tratamento com extrato de rebentos de IL8 demonstrou uma propriedade insulinotrópica na dosagem de 100 mg/kg.bw, 200 mg/kg.bw e 300 mg/k.bw com um aumento significativo dos níveis de insulina sérica para 57,84%, 68,51% e 73,29%, respetivamente, em comparação com o grupo de controlo diabético. Surpreendentemente, a voglibiose não foi capaz de causar qualquer alteração nos níveis reduzidos de insulina sérica. Entre as diferentes doses de extrato de rebentos de IL8 utilizadas, verificou-se que 300 mg/kg.bw foi o melhor tratamento que quase normalizou os níveis reduzidos de insulina sérica de ratos diabéticos no prazo de 21 dias do período experimental. Curiosamente, o tratamento com o extrato de sementes de IL8 (200mg/kg.bw) demonstrou comparativamente efeitos muito menores nos níveis de insulina sérica do que o extrato de rebentos de IL8 germinados durante 4th dias.

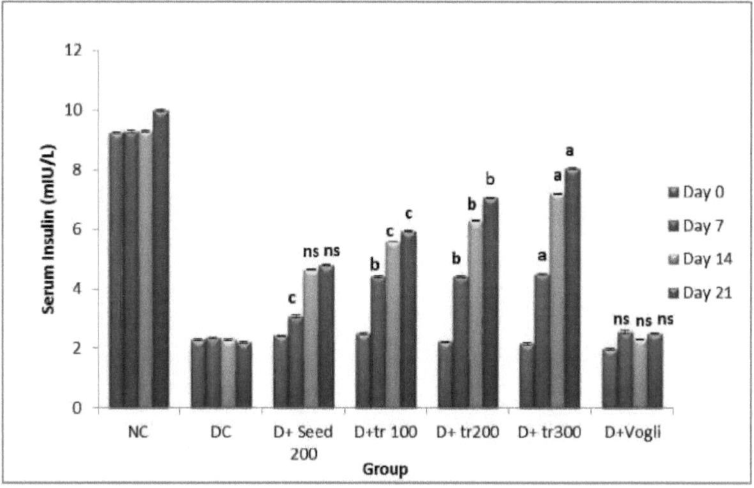

Figura 43: Efeito do extrato do broto de IL8 sobre os níveis séricos de insulina em ratos diabéticos induzidos por estreptozotocina.Os valores são representados como Média ± DP; n = 6; cP < 0,05; bP < 0,01; aP < 0,001; P > 0,05 é considerado como não significativo (ns).

NC = Controlo normal; DC = Controlo normal; DW = Água destilada; tr = Tratamento com extrato; Vogli = Voglibiose

4.4.6. Efeito do extrato de rebentos nos triglicéridos séricos

A Figura 44 demonstra claramente que a administração de STZ a ratos albinos Wistar aumentou significativamente os níveis de triglicéridos no soro de uma forma dependente do tempo durante os 21 dias do período de estudo. Observou-se que a administração oral diária de 100 mg/kg.bw, 200 mg/kg.bw e 300 mg/kg.Os resultados obtidos foram mais encorajadores do que os observados com a administração do medicamento padrão, a voglibiose (1mg/k.bw), que só foi capaz de causar uma diminuição de 23,46% nos níveis séricos de triglicéridos em ratos diabéticos. Entre as diferentes doses utilizadas, verificou-se que a dose de 300 mg/kg.bw provocou a maior redução dos níveis séricos de TG em ratos diabéticos. No entanto, o extrato de sementes de IL8 (200mg/kg.bw) provocou uma redução comparativamente menor dos níveis séricos de triglicéridos em diabéticos induzidos por STZ do que o tratamento com o extrato de rebentos de IL8 germinados durante 4th dias.

135

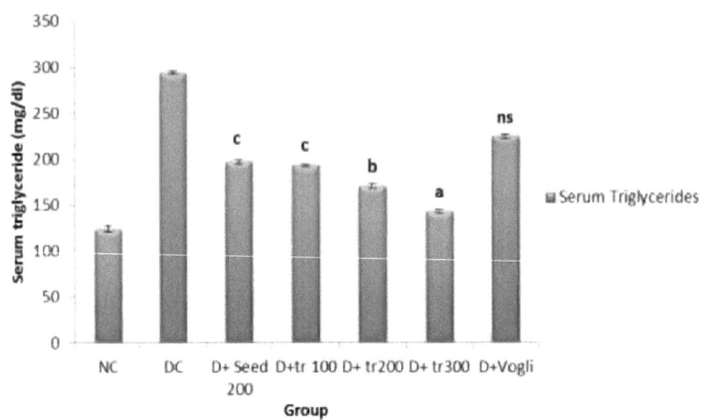

Figura 44: Efeito do extrato do broto de IL8 sobre os triglicéridos séricos em ratos diabéticos induzidos por estreptozotocina. Os valores estão representados como Média ± DP; n = 6; cP < 0,05; bP < 0,01; aP < 0,001; P > 0,05 é considerado não significativo (ns) NC= Controlo normal; DC = Controlo normal; DW= Água destilada; tr = Tratamento com extrato; Vogli = Voglibiose

4.4.7. Efeito do extrato de rebentos no colestrol sérico

Neste estudo, os níveis de colesterol sérico total aumentaram significativamente nos ratos diabéticos induzidos por STZ de uma forma dependente do tempo durante os 21 dias do período de estudo (Figura 45). No entanto, a administração oral diária de 100 mg/kg.bw, 200 mg/kg.bw e 300 mg/kg.bw de tratamento com extrato de rebentos de IL8 a ratos diabéticos reduziu significativamente os níveis de colesterol sérico total em 11.58%, 17,68% e 34,75%, respetivamente, após 21 dias de tratamento. Em comparação, o tratamento com voglibiose (1mg/k.bw) só conseguiu causar uma redução de 5,48% nos níveis gerais de colesterol sérico. Como é evidente na Figura 45, o extrato de sementes de IL8 (200mg/kg.bw) mostrou efeitos redutores de colesterol muito inferiores aos do extrato de brotos de IL8 germinados durante 4th dias.

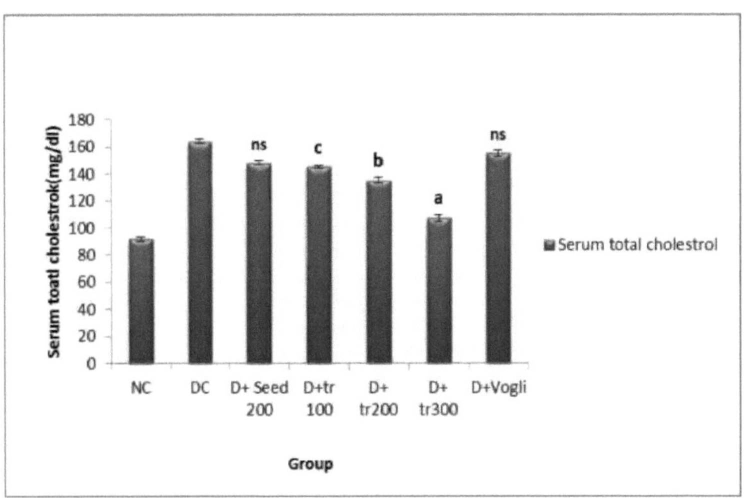

Figura 45: Efeito do tratamento com extrato de broto de IL8 no colestrol sérico em ratos diabéticos induzidos por estreptozotocina. Os valores são representados como Média ± DP; n = 6; cP < 0,05; bP < 0,01; aP < 0,001; P > 0,05 é considerado não significativo (ns) NC = Controlo normal; DC = Controlo normal; DW = Água destilada; tr = Extrato tratado; Vogli = Voglibiose

4.4.8. Efeito do extrato de rebentos no teor de glicogénio hepático

No presente estudo, a capacidade diminuída do fígado para sintetizar glicogénio na diabetes reflectiu-se na redução do teor de glicogénio no fígado de ratos diabéticos, tendo sido revelado que o teor de glicogénio hepático apresentou uma diminuição drástica de quase 71,85 % nas amostras de fígado de alguns dos ratos do grupo de controlo diabético induzido por STZ. No entanto, com o tratamento do extrato aquoso dos rebentos de IL8, o conteúdo reduzido de glicogénio foi significativamente aumentado de forma dependente da dose (Figura 46). Além disso, verificou-se que a administração oral diária de 300 mg/kg.bw do extrato quase normalizou e restaurou os níveis reduzidos de glicogénio no prazo de 21 dias do período experimental.32 mg de glicogénio/g de tecido eram quase comparáveis aos do grupo de controlo normal (38,59 mg de glicogénio/g de tecido). Os outros dois tratamentos com extrato (100 mg/kg de peso corporal e 200 mg/kg de peso corporal) também demonstraram resultados encorajadores que quase coincidiram com o tratamento com voglibiose (28,72 mg de glicogénio/g de tecido). O tratamento com extrato de sementes de IL8 numa dose de 200mg/kg de peso corporal demonstrou efeitos normalizadores do glicogénio muito inferiores aos do extrato de rebentos germinados 4th .

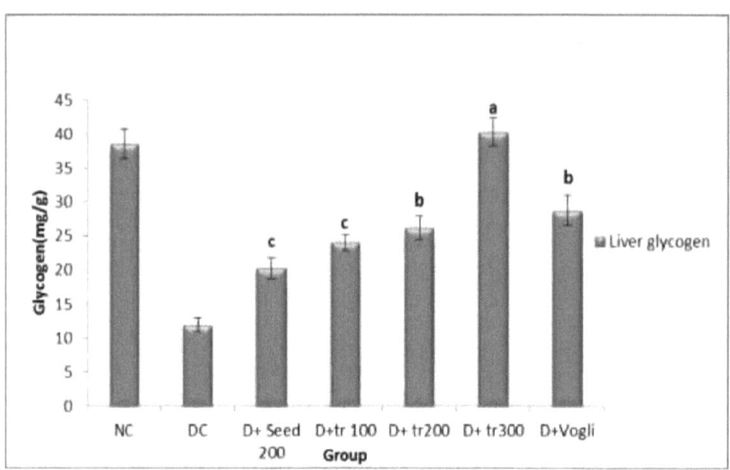

Figura 46: Efeito do tratamento com extrato de broto de IL8 no glicogénio hepático em ratos diabéticos induzidos por estreptozotocina. Os valores estão representados como Média ± DP; n = 6; cP < 0,05; bP < 0,01; aP < 0,001; P > 0,05 é considerado não significativo (ns) NC = Controlo normal; DC = Controlo normal; DW = Água destilada; tr = Extrato tratado; Vogli = Voglibiose

4.4.9. Efeito do tratamento com extrato de rebentos nos marcadores desregulados da via de sinalização da insulina

Como mostra a Figura 47, a análise de western blot demonstra claramente que, em amostras de fígado obtidas de ratos diabéticos induzidos por STZ e administrados com extrato aquoso de rebentos de IL8, a forma inativa (desfosforilada) da Akt2 hepática foi predominantemente activada para a forma fosforilada (p-Akt2,ser-474), que por sua vez desactivou a GSK-3β através da conversão no seu estado altamente fosforilado (p-GSK3β, ser-9).Observou-se que a Akt hepática e a GSK3β em ratos diabéticos não tratados (controlo) permaneciam na sua maioria no estado não fosforilado. A inativação da GSK3β resultou no aumento da conversão da glicogénio sintase no seu estado desfosforilado [p-GS(Ser 641) para GS] e activou-a. O aumento dos níveis da forma não fosforilada da GS provocou, assim, um aumento da síntese de glicogénio. Curiosamente, o tratamento com 100 mg/kg.bw de extrato de rebentos de IL8 não causou qualquer alteração significativa, no entanto, a administração oral diária de doses de 200 mg/kg.bw e 300 mg/kg.bw de extrato de rebentos de IL8 (Figura 47) causou uma diferença significativa. Nos ratos diabéticos, a dose de 300 mg/kg.bw quase restaurou estes marcadores moleculares específicos no prazo de 21 dias de tratamento. Assim, a nível molecular, é evidente que o extrato de rebentos de IL8 exerce os seus efeitos hipoglicémicos através do restabelecimento da via de sinalização da insulina através da modulação dos marcadores terapêuticos Akt, GSK-3β e GS.

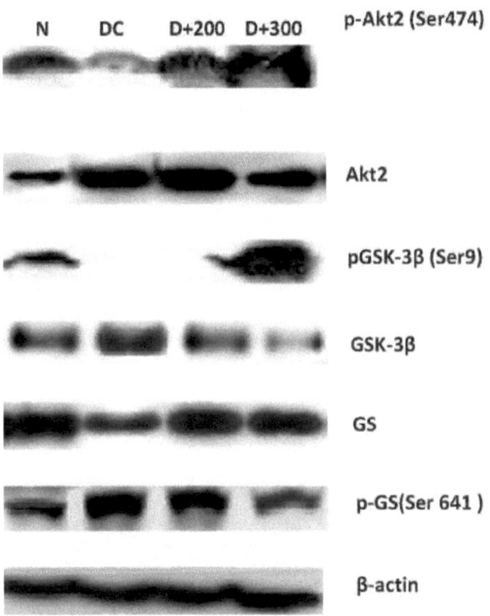

Figura 47: Análise Western blot demonstrando o efeito do tratamento com extrato de rebentos de IL8 na expressão de Akt, Gsk-3β e GS

A diabetes, uma doença metabólica complexa que conduz a várias complicações, está a aumentar enormemente em todo o mundo. Um passo fundamental para prevenir ou inverter as complicações da diabetes e melhorar a qualidade de vida, tanto na diabetes de tipo 1 como na de tipo 2, é o controlo eficaz dos níveis de glicose no sangue (Sandhar *et al.*, 2011; Jung *et al.*, 2012). Atualmente, as opções terapêuticas disponíveis para o tratamento da diabetes incluem a modificação da dieta, a utilização de insulina ou de fármacos hipoglicemiantes orais (sulfonilureias, biguanidas e tiazolidinedionas). No entanto, a sua utilização é restringida pela sua ação limitada, propriedades farmacocinéticas, taxas de insucesso secundário e efeitos secundários associados. Além disso, estas terapias compensam apenas parcialmente os distúrbios metabólicos observados na diabetes e não corrigem necessariamente a lesão bioquímica fundamental (Baquer *et al.*, 2011; El-Dakak, 2013). Numerosas plantas medicinais têm sido utilizadas, desde a antiguidade, em vários sistemas tradicionais de medicina em todo o mundo, especialmente para o controlo da diabetes (Vaidya *et al.*, 2013a; Pandhi e Pandha, 2013). Essas plantas são uma fonte rica de constituintes biológicos e muitas delas estão a ser mais desejadas para atuar como agentes antidiabéticos potentes e eficazes, devido aos seus efeitos secundários menores e ao seu baixo custo (Khan *et al.*, 2012). Infelizmente, este potencial emergente da investigação em fitoterapia ainda não foi incluído na medicina baseada em provas, especialmente no que diz respeito à terapia da diabetes. Assim, a necessidade do momento é procurar plantas/moléculas antidiabéticas novas, mais eficazes e eficientes a partir das vastas reservas do reino vegetal. Tendo em conta a epidemia global de diabetes, o presente estudo foi realizado para avaliar o potencial antidiabético das sementes *de Trigonella foenum-graecum* (feno-grego) em diferentes fases da sua germinação. A determinação do modo de ação destes medicamentos à base de alimentos conferirá definitivamente uma abordagem científica e sistemática para a sua utilização como agentes hipoglicémicos eficazes.

Entre as diferentes ervas antidiabéticas, *a Trigonella foenum-graecum* (feno-grego) tem sido utilizada como uma fonte rica de compostos anti-hiperglicémicos obtidos a partir das suas sementes, folhas e extractos (Kumar *et al.*, 2012a; Olaiya e Soetan, 2014). No que diz respeito às várias partes da planta do feno-grego, as suas sementes têm uma longa história de utilização como medicamento à base de plantas em todo o mundo. No entanto, foi relatada uma grande variação entre as sementes de feno-grego, que crescem numa vasta gama de zonas ecológicas no mundo (Acharya *et al.*, 2010; Fikreselass, 2012). Estas diferenças significativas entre diferentes cultivares de uma mesma espécie foram atribuídas a factores genotípicos e ambientais (nomeadamente, clima, localização, temperatura, fertilidade, exposição a doenças e pragas), à interação entre os dois factores anteriores, à escolha das partes testadas, ao momento da colheita das amostras e aos métodos de determinação (Wojdylo *et al.*, 2007, Murtaza *et al.*, 2013). Por conseguinte, a fim de evitar qualquer diferença causada pelo ambiente entre as várias amostras de sementes, no presente estudo, seis genótipos diferentes de sementes de feno-grego (IL1, IL2, IL3, IL4, IL5 e IL6) colhidas na Universidade de Ciências e Tecnologias Agrícolas de Shere-e-Kashmir (SKUAST-K) e quatro outras amostras de sementes de feno-grego (IL7, IL8, IL9 e IL10) colhidas em Kerala, Punjab, Deli e Bhopal, respetivamente, foram cultivadas em condições atmosféricas controladas idênticas, em estufa. Como já foi referido, devido à variação genética, foi possível observar uma grande diferença em várias caraterísticas entre as amostras de sementes recolhidas e as respectivas plantas. Além disso, relatórios anteriores sobre trinta e um genótipos de feno-grego revelaram uma maior magnitude do coeficiente de variação, tanto a nível genotípico como fenotípico, em termos de número de vagens por planta, número de ramos por parcela, número de sementes por vagem, altura da planta, rendimento de sementes por planta, rendimento (q/ha) e comprimento da vagem (Naik, 2012). No presente estudo, a maioria das plantas cultivadas a partir de sementes colhidas em condições atmosféricas controladas idênticas, especialmente os seis genótipos colhidos em SKUAST-K (Quadro 7), demonstraram uma boa variação, em termos das suas caraterísticas de crescimento e rendimento, incluindo a altura da planta, o número de ramos por planta, os dias até 50 % de floração, os dias até à maturidade, o número e o comprimento da vagem, o número de sementes/vagem, o peso da semente e o rendimento da semente. É evidente que este tipo de observações pode funcionar como indicadores fortes para obter uma seleção muito elevada destas plantas, em termos destas caraterísticas. Assim, os nossos resultados estão de acordo com estudos de investigação anteriores que mostram valores elevados de coeficiente de variação genotípica e fenotípica em genótipos de feno-grego (Banerjee e Kole, 2004; Datta *et al.,* 2005; Naik, 2012). Curiosamente, no nosso estudo, as sementes obtidas das respectivas plantas também apresentaram poucas diferenças morfológicas, como variações de forma, tamanho e cor entre si. Estes resultados corroboram bem os relatórios anteriores, que sugerem que as variações morfológicas entre plantas da mesma espécie cultivadas em condições ambientais idênticas podem ser uma caraterística comum, principalmente atribuída à diferente composição genética das suas amostras de sementes (Singh *et al.*, 2013).

Uma grande escala de literatura documentada até à data sugere que as sementes de feno-grego contêm várias moléculas bioactivas envolvidas na atribuição de várias propriedades promotoras de saúde a esta erva milagrosa (Mehrafarin *et al.*, 2010). Este tipo de agentes bioactivos é conhecido por ser eficaz na diminuição da incidência de várias doenças crónicas e degenerativas, incluindo a diabetes (Birt *et al.*, 2001; Phadnis *et al.*, 2011; Muraki *et al.*, 2012). A literatura documentada recente sugere que o processo de germinação pode aumentar muitas vezes essas bioactividades das sementes e os rebentos resultantes são assim designados como autênticos "super" alimentos, que são realmente fáceis de cultivar e não requerem um jardim ao ar livre. Através do milagre da natureza, o valor nutricional das sementes aumenta drasticamente, uma vez germinadas, e os rebentos totalmente germinados podem conter até 30 vezes a nutrição dos vegetais orgânicos cultivados em qualquer jardim (Mwikya *et al.*, 2001; Chavan e Kadam, 1989; Marton *et al.*, 2010). Por conseguinte, neste estudo, todas as dez amostras de sementes selecionadas foram submetidas ao processo de germinação e o seu estado bioquímico foi avaliado em diferentes fases da germinação das sementes. Como a primeira linha de defesa do corpo contra os danos dos radicais livres são os antioxidantes, não há melhor forma de os obter, exceto através de sementes germinadas (Ramesh *et al.*, 2011). Estes alimentos são considerados uma fonte poderosa de antioxidantes, minerais, vitaminas, enzimas e contêm tantos fitoquímicos como os encontrados numa planta inteira. Para além de protegerem o corpo humano contra os danos causados pelos radicais livres, os antioxidantes também podem ajudar a prevenir o crescimento anormal das células e as infecções virais e bacterianas (Liu *et al.*, 2011a; Alvarez-Jubete, 2010). Apesar da grande utilização de sementes de feno-grego para o tratamento de uma vasta gama de doenças relacionadas com o stress oxidativo, tanto quanto é do nosso conhecimento, não foi documentado até à data um único relatório que indique a utilização de rebentos de feno-grego contra várias doenças relacionadas com o stress oxidativo, incluindo a diabetes. O nosso estudo é, portanto, o primeiro relatório do género, em que os rebentos de feno-grego em germinação estão a ser explorados contra uma doença diabética relacionada com o stress oxidativo. No que diz respeito à germinação de sementes, foi anteriormente referido que pode existir uma grande variação, em termos das temperaturas óptimas desejáveis de germinação para diferentes cultivares da mesma planta (Manschadi *et al.*, 1998; Soltani *et al.*, 2006). Norouzi e Vazin (2011) sugeriram que a temperatura óptima para a germinação de diferentes cultivares de fava varia entre 24,99°C e 28,8°C, indicando assim uma diferença significativa entre as cultivares de fava, em termos da temperatura óptima utilizada para a germinação de sementes. Para avaliar a gama óptima de temperatura de germinação, no caso das sementes de feno-grego, todos os seis genótipos e quatro outras amostras recolhidas foram submetidos a germinação a uma gama variada de temperaturas, ou seja, $16\text{-}25^0$ C. Como se depreende dos resultados, a temperaturas mais baixas ($16\text{-}19^0$ C), os rebentos de feno-grego apresentaram um crescimento comparativamente mais lento e o processo de germinação foi retardado durante quase 10 dias, sendo o dia 8th o dia ideal para os rebentos totalmente desenvolvidos. Curiosamente, a 22^0 C, o processo de germinação para criar rebentos totalmente crescidos em todas as amostras de sementes recolhidas foi concluído mais ou menos em apenas quatro dias. No entanto, quando a temperatura foi aumentada acima de 22^0 C, o processo de germinação das sementes aumentou ligeiramente, mas os rebentos resultantes produzidos eram comparativamente mais finos, indicando que, a temperaturas mais elevadas, ocorre um aumento mais lento da biomassa, muito provavelmente devido a actividades metabólicas prejudicadas. Assim, o nosso estudo sugere que 22^0 C é a temperatura ideal para produzir rebentos de feno-grego totalmente crescidos no prazo de quatro dias.

As plantas, incluindo o feno-grego, contêm normalmente misturas de diferentes metabolitos secundários sob a forma de esteróides, alcalóides, flavonóides, ácidos fenólicos, etc., que podem atuar individualmente, de forma aditiva ou em sinergia para melhorar a saúde (Mahomoodally, 2013). Entre estes metabolitos secundários, os compostos fenólicos são os mais amplamente distribuídos e incluem fenóis simples, ácidos hidroxibenzóicos, ácidos hidroxicinâmicos, flavonóides (flavanóis, flavonas, flavanonas, isoflavonas e antocianinas), chalconas, auronas, hidroxicumarinas, lignanas, hidroxistilbenos e polflavanos (Khodami *et al.*, 2013). Hoje em dia, estes compostos estão a receber cada vez mais atenção como potenciais agentes de prevenção e tratamento de muitas doenças relacionadas com o stress oxidativo devido às suas propriedades redox, que podem desempenhar um papel importante na adsorção e neutralização dos radicais livres (Kahkonen *et al.*, 2001; Robards *et al.*, 1999, Gan *et al.*, São conhecidos por contrariar a geração excessiva de radicais livres, espécies reactivas de oxigénio (ROS); e anular os seus efeitos patológicos e, assim, atuar como excelentes anti-oxidantes naturais, prevenindo danos oxidativos em biomoléculas valiosas como o ADN, lípidos e proteínas, o que está associado a um risco acrescido de várias doenças degenerativas, incluindo diabetes, doenças cardiovasculares, cancro, etc. (Kasote, 2013).(Entre estas doenças relacionadas com o stress oxidativo, a ocorrência de diabetes mellitus está a aumentar tremendamente a um ritmo alarmante em todo o mundo e contribui para o desenvolvimento e a progressão de várias complicações microvasculares e macrovasculares (Hu, 2011). A inibição de vários processos oxidativos que conduzem ao stress oxidativo, especialmente com a ajuda de fenólicos alimentares como antioxidantes naturais, poderia assim atrasar ou prevenir o aparecimento e o desenvolvimento de complicações diabéticas a longo prazo (Evans *et al.*, 2002; Goycheva e Gadjeva, 2006; Perez-Matute *et al.*, 2009; Bahadoran *et al.*, 2013).

Nas sementes, os antioxidantes fenólicos aumentam durante as fases iniciais da germinação, o que se deve à maior procura de oxigénio durante a germinação, exigindo níveis mais elevados de antioxidantes para proteger as células de potenciais danos oxidativos (Randhir e shetty, 2003; Tarzi *et al., 2012*), 2012). Neste contexto, vários relatórios foram publicados anteriormente para comparar o conteúdo de fenólicos e actividades de enzimas antioxidantes de sementes e rebentos de várias leguminosas, incluindo soja, ervilhas, feijão mungo ou lentilhas (Shetty *et al.*, 2002; Shetty, 2004; Randhir e Shetty, 2003; Ghavidel e Prakash, 2007; Randhir *et al.*, 2004,Talukdar *et al.*, 2013). Este tipo de relatórios sugere que a germinação melhora as qualidades medicinais gerais no que diz respeito às actividades antioxidantes, anticancerígenas, antidiabéticas e antimicrobianas das leguminosas (El-Adawy, 2003; Ghavidel e Prakash, 2007; Swieca *et al.*, 2013a; Amarowicz *et al.*, 2009; Swieca *et al.*, 2012; Gawlik-Dziki *et al.*, 2012). Entre essas leguminosas, embora as sementes de feno-grego tenham sido amplamente utilizadas como medicina popular, mas, tanto quanto sabemos, as alterações nas qualidades medicinais dos rebentos de feno-grego em germinação foram apenas escassamente documentadas. Por conseguinte, um dos principais objectivos do presente estudo foi explorar essas actividades de promoção da saúde dos rebentos de feno-grego.

Atualmente, os compostos fenólicos são vistos como fortes antioxidantes e, no que diz respeito à sua extração no feno-grego, foi relatado que o teor máximo de fenólicos está presente no extrato aquoso, seguido dos extractos de metanol e acetato de etilo (Saxena *et al.*, 2011; Saxena *et al.*, 2012). Por conseguinte, no presente estudo, também foi feita uma tentativa de avaliar os extractos aquosos de todas as dez amostras de sementes de feno-grego (IL1 a IL10) para detetar qualquer alteração no teor total de fenóis durante as diferentes fases de germinação. Relatórios anteriores sugerem que a produção de compostos fenólicos numa determinada cultivar de uma planta depende do genótipo específico (Dicko *et al.*, 2006; Polumahanthi e Nallamilli, 2014). Neste contexto, o nosso estudo também demonstrou uma grande variação no teor de fenóis totais entre as diferentes amostras de sementes investigadas. Tem sido relatado que, no caso das leguminosas, o processo de germinação aumenta a qualidade e a quantidade dos componentes fenólicos, bem como a atividade antioxidante total global dos rebentos e tais alterações dependem particularmente da própria leguminosa e das condições de germinação (Lopez-Amoros, 2006). Também no nosso estudo, como se pode ver na Figura 23 (a-f), torna-se claro que, no que respeita à produção de fenóis, existe uma grande variação entre as dez amostras diferentes, apesar de germinadas em condições ambientais idênticas. Verificou-se um aumento significativo do teor de fenóis totais durante o processo de germinação em todas as dez amostras de sementes, que atingiu o seu limite máximo no quarto dia. O teor de fenóis totais durante as diferentes fases de germinação de sementes de feno-grego (720 mg/100g a 2680 mg/100g) foi considerado bem de acordo com relatórios anteriores realizados sobre a germinação de sementes de feijão-mungo, feijão-frade e grão-de-bico (Chon *et al.*, 2013; Tarzi *et al.*, 2012). Entre as diferentes amostras de sementes de feno-grego, os rebentos obtidos a partir de sementes IL8 continham um teor fenólico muito mais elevado no 4th dia de germinação do que as outras amostras e, assim, sugerem claramente que, nesta amostra de sementes em particular, a via dos propanóides fenólicos responsável pela biossíntese de uma vasta gama de fenilpropanóides e seus derivados, incluindo ésteres de ácido hidroxicinâmico, flavonóides, etc., é comparativamente mais ativa, tal como relatado anteriormente (Lanot *et al., 2008*), 2008). Os nossos resultados são também apoiados por um dos relatórios anteriores que sugere que o aumento do conteúdo de fenólicos totais no milho doce é atribuído à estimulação da via dos fenilpropanóides durante a germinação no escuro das sementes de milho (Randhir e Shetty, 2005).

É um facto bem estabelecido que as complicações diabéticas ocorrem devido ao stress oxidativo, que resulta do aumento da geração de radicais livres associados a esta doença, e em tal condição, os compostos fenólicos dietéticos podem desempenhar um papel muito forte como antioxidantes naturais (Kumar *et al.*, 2013b). Um relatório recente de Guo *et al* (2012) sugere que a germinação de sementes aumenta notavelmente o teor de fenólicos totais e simultaneamente aumenta a atividade antioxidante nos rebentos de feijão mungo, até 4,5 vezes e 6 vezes mais do que a concentração original de sementes de feijão mungo. No que diz respeito à germinação de sementes, Liu *et al* (2011b) relataram que a atividade de eliminação do radical DPPH e o poder redutor dos rebentos de sésamo aumentaram à medida que os dias de plântula avançavam, e esse aumento foi positivamente relacionado com o teor de fenólicos totais. Fernadez-Orozco *et al* (2008) estabeleceram que a germinação de feijão-mungo e soja é uma boa tecnologia para produzir alimentos ricos em fenólicos com uma maior capacidade antioxidante. Do mesmo modo, a poderosa natureza antioxidante das sementes de feno-grego foi atribuída à presença de flavonóides e polifenóis (Dixit *et al.*, 2005; Rathore *et al.*, 2013; Dua *et al.*, 2013). Assim, uma série de relatórios anteriores indicou uma forte correlação entre os compostos fenólicos totais e a atividade antioxidante total nas plantas. Como se mostra na Figura 33 (a-f), no nosso estudo, é evidente que, durante o processo de germinação, há um aumento gradual da atividade antioxidante total em todos os rebentos de feno-grego em comparação com as respectivas sementes não germinadas. Curiosamente, entre todas as amostras de sementes recolhidas, os rebentos obtidos a partir de sementes IL8 com o teor fenólico mais elevado, também demonstraram a maior atividade antioxidante (1903,79µM/100g) no 4th dia de germinação, com um aumento líquido de 62,10% em comparação com as suas sementes. O nosso resultado sugere claramente a existência de uma forte correlação entre o aumento do teor de fenóis totais e o aumento da atividade antioxidante total. Este tipo de rebentos pode, assim, ser recomendado como uma excelente fonte alimentar de antioxidantes naturais contra várias doenças degenerativas.

A diabetes é um problema mundial e, a fim de desenvolver medicamentos alternativos para esta doença, tem havido um enorme interesse na seleção de compostos bioactivos que tenham a capacidade de retardar ou impedir a absorção de glicose. A pesquisa bibliográfica sugere que as propriedades farmacológicas das sementes de feno-grego são atribuídas principalmente à presença de compostos bioactivos específicos como a diosgenina, a trigonelina, a quercetina, o galactomanano e um aminoácido invulgar, a 4-hidroxi-isoleucina (Toppo *et al.*, 2009; Adedapo *et al.*, 2014). Entre esses compostos bioactivos, a diosgenina, a trigonelina e a quercetina têm sido consideradas de extrema importância e produzem efeitos desejáveis nos consumidores. A quercetina, um bioflavonoide presente nesta erva, para além de ter propriedades anti-inflamatórias, anticancerígenas e outras propriedades promotoras da saúde, tem sido relatada como possuindo uma forte atividade antidiabética (Jan *et al.*, 2010; Phani *et al.*, 2010). Do mesmo modo, a trigonelina (um alcaloide) foi extraída do feno-grego e contribui para o seu odor caraterístico. É útil no fabrico de imitação de xarope de ácer e de aromatizantes artificiais para alcaçuz, baunilha, rum e caramelo e sugere-se que exerce efeitos hipoglicémicos em doentes saudáveis sem diabetes (Aswar *et al.*, 2009; Slinkard *et al.*, 2006). Além disso, existe atualmente um interesse comercial considerável no cultivo de feno-grego devido ao seu elevado teor de sapogenina (Randhir *et al.*, 2004; Mehrafarin *et al.*, 2011), principalmente diosgenina

[(25R)-espirostina-5-en-3 β-ol)] que possui propriedades anti-reumáticas, antivirais, anti-inflamatórias e anti-proliferativas. Também induz a apoptose numa variedade de células tumorais (Nagore *et al.,* 2012). Na produção de uma variedade de medicamentos e hormonas esteróides, como a testosterona, os glucocorticóides e a progesterona, a diosgenina é frequentemente utilizada como precursor bruto (Mehrafarin *et al.,* 2010). Por conseguinte, tendo em conta a utilização generalizada de sementes de feno-grego pela população em geral e o aumento esperado da sua utilização terapêutica para uma série de doenças, o presente estudo foi realizado para avaliar qualquer alteração no teor de trigonelina, quercetina e diosgenina durante as diferentes fases de germinação das sementes de feno-grego utilizando HPTLC. Até à data, foram comunicados vários métodos analíticos, incluindo colorimetria, espetrofotometria, HPLC, HPTLC e TLC, para a análise individual de trigonelina, diosgenina ou quercetina em sementes de feno-grego (Swaroop *et al.,* 2005; Kshirsagar, *et al.,* 2008; Yang *et al.,* 2013). No entanto, a pesquisa bibliográfica mostra que não existe um único método disponível para a estimativa simultânea do teor de diosgenina, trigonelina e quercetina nas sementes de feno-grego ou em qualquer outra planta. Tal como referido nos resultados, neste estudo, conseguimos desenvolver um novo método cromatográfico de camada fina de alto desempenho, sensível, rápido e reprodutível, para a análise simultânea da diosgenina e da quercetina do feno-grego (Laila *et al.,* 2013). O presente método é relatado pela primeira vez e pode ser utilizado para o controlo de qualidade de rotina e a quantificação destes compostos marcadores em várias amostras de plantas, extractos e formulações de mercado. Ao utilizar este método, verificou-se que as amostras de sementes de feno-grego secas continham diosgenina na gama de 0,0935 % a 0,135 % (p/p) e quercetina na gama de 0,00 a 0,01155 % (p/p). Estes resultados estão quase de acordo com relatórios anteriores que mostram que as sementes de feno-grego contêm diosgenina na gama de 0,10 a 0,90% (Snehlata e Payal, 2012) e quercetina na gama de 0,00% a 0,021% (Jahan *et al.,* 2013; Dua *et al.,* 2013;Sharma *et al.,* 2014). Verificou-se que as amostras de sementes de feno-grego utilizadas no presente estudo continham trigonelina no intervalo de 0,286% a 0,386% (w/w) e, como tal, estão de acordo com resultados anteriores que sugerem que as sementes de feno-grego contêm trigonelina no intervalo de 0,103% a 0,288% (Hassanzadah *et al.,* 2011). Curiosamente, o nosso estudo demonstrou uma tendência ligeiramente decrescente nas concentrações de diosgenina e trigonelina durante o processo de germinação, pelo que a concentração mais elevada destes dois fitoquímicos ocorre nas sementes e não nos rebentos. Além disso, não foi possível encontrar qualquer correlação entre o teor de diosgenina e trigonelina com o teor de fenóis totais e a atividade antioxidante. Relatórios anteriores sugerem que estes dois compostos estão envolvidos na atribuição de amargor ao feno-grego e, como tal, a diminuição do seu teor durante a germinação de uma forma dependente do tempo torna os rebentos de feno-grego mais aceitáveis para consumo como alimento rico em antioxidantes. De um modo geral, os nossos resultados corroboram bem a literatura previamente documentada que indica uma diminuição do teor de trigonelina nos feijões, lentilhas e ervilhas em germinação, bem como nos cotilédones das sementes de feijão-mungo (Phaseolus aureus) em germinação (Kuo *et al.*, 2004; Zheng *et al.*, 2005). Kamal *et al* (2014) também registaram uma diminuição dependente do tempo do teor de alcalóides em *Nigella Sativa* durante a germinação. Estes resultados, no entanto, opõem-se fortemente aos relatórios anteriores que sugerem que as plântulas de feno-grego possuem o teor mais elevado de diosgenina (e outras sapogeninas esteróides) em comparação com todas as outras fases de crescimento (Kor e Moraldi, 2013). Foi interessante notar que, no nosso estudo, em contraste com a diminuição do conteúdo de diosgenina e trigonelina, os níveis de quercetina (flavonoide fenólico) aumentaram drasticamente durante o processo de germinação de uma forma dependente do tempo [Figura 32 (a-e)] e seguiram a mesma tendência relatada por Lin *et al* (2008) em rebentos germinados de lentilha. Este aumento dependente do tempo no conteúdo de quercetina em rebentos de feno-grego foi encontrado para se correlacionar bem com o aumento do conteúdo fenólico total e aumento da atividade antioxidante total. Como esperado, o teor mais elevado de quercetina (0,0417 %) foi encontrado nos rebentos IL8 germinados ao 4º dia, que também possuem o teor mais elevado de fenóis totais entre todas as dez amostras selecionadas. Os nossos resultados estão em forte concordância com os relatórios anteriores que sugerem que a quercetina atingiu os seus níveis máximos nos rebentos de lentilhas no 3rd ou 4th dia de germinação (Swieca *et al.*, 2013b). O estudo dá uma pista de que os rebentos de IL8 possuem uma atividade antioxidante máxima devido à presença de compostos fenólicos específicos como a quercetina, enquanto a diosgenina e a trigonelina não têm um efeito significativo na transmissão dessa propriedade aos rebentos de feno-grego.

Atualmente, existe um interesse renovado em medicamentos à base de plantas ricas em fenólicos, modulando os efeitos fisiológicos na prevenção da diabetes e da obesidade (Tundis *et al.*, 2010). Foi relatado que esses compostos fenólicos actuam numa variedade de alvos através de vários modos e mecanismos, entre os quais um dos mecanismos importantes envolve a inibição de enzimas hidrolisadoras de hidratos de carbono (Olaokun *et al.*, 2013). Foi relatado que estes compostos se ligam aos locais reactivos de tais enzimas, alteram a sua atividade catalítica e, assim, actuam como fortes inibidores destas enzimas (Ghosh *et al.*, 2012; Iwai, 2008; Nwosu *et al.*, 2011.). Entre estas enzimas, a α-amilase e a α-glicosidase são enzimas-chave bem conhecidas, desempenhando um papel vital na gestão da hiperglicemia associada à diabetes tipo 2 (Kajaria *et al.*, 2013). Considerando o desafio da diabetes tipo 2 associado à dieta, o consumo de alimentos hipoglicémicos, ricos em inibidores da α-amilase e da α-glucosidase, está a receber mais atenção e a ser amplamente investigado (Vadivel e Biesalski, 2012).O controlo da hiperglicemia pós-prandial por agentes antidiabéticos dietéticos pode ser conseguido através da modulação das actividades da α-amilase pancreática, da sacarose/invertase ou da α-glicosidase intestinal, a fim de prevenir o aparecimento da diabetes e as complicações a longo prazo que lhe estão associadas (Nagmoti e Juvekar, 2013). Por conseguinte, a inibição das enzimas α-glucosidase, invertase e α-amilase por inibidores naturais da dieta como alvos terapêuticos atractivos para a gestão da diabetes é da maior importância. Atualmente, embora uma variedade de fármacos terapêuticos, como a acarbose, o miglitol e a voglibose, que inibem competitiva e reversivelmente as enzimas α-glucosidase do intestino e do pâncreas, estejam disponíveis para o tratamento da diabetes tipo 2. No entanto, estes medicamentos estão associados a perturbações gastrointestinais frequentes, como dores abdominais, flatulência e diarreia nos doentes diabéticos (Ranilla *et al.*, 2008). Por conseguinte, os inibidores de enzimas naturais de origem vegetal e alimentar oferecem uma abordagem terapêutica atractiva para o tratamento/gestão da hiperglicemia pós-prandial, devido aos efeitos secundários abdominais mais reduzidos em comparação com a inibição excessiva da α-amilase pancreática por medicamentos antidiabéticos, que resulta na fermentação bacteriana anormal de hidratos de carbono não digeridos no cólon pela flora colónica (Kwon *et al*, 2006; Shetty *et al.*, 2008; Suzuki *et al.*, 2009; Pinto e Shetty, 2010, Bhat *et al.*, 2011).

Uma vez que o principal objetivo da presente investigação está relacionado com a avaliação do efeito hipoglicémico dos rebentos de feno-grego, neste estudo, as enzimas-chave acima mencionadas, ou seja, a α-amilase, a α-glucosidase e a invertase, envolvidas no metabolismo da glucose, foram visadas utilizando extractos de rebentos ricos em fenólicos como inibidores. A inibição dessas enzimas pode diminuir significativamente o aumento pós-prandial da glicose no sangue após uma dieta mista de carboidratos e é, portanto, uma estratégia importante para gerenciar o nível de glicose no sangue pós-prandial em pacientes diabéticos tipo 2 e pacientes limítrofes (Ali *et al.*, 2006; Gomathi *et al.*, 2012). O presente estudo foi realizado com o objetivo de desenvolver uma boa estratégia para uma melhor gestão da hiperglicemia pós-prandial com menos efeitos secundários. Conforme apresentado na secção de resultados, em condições *in vitro*, neste estudo, os extractos aquosos de rebentos de feno-grego demonstraram actividades inibidoras moderadas da α-amilase, muito fortes da α-glucosidase e altamente significativas da sacarase. Os resultados obtidos foram encorajadores e bastante comparáveis aos controlos de medicamentos padrão, acarbose e voglibiose (Anexo 1).

No que diz respeito à α-amilase pancreática, esta catalisa a hidrólise das ligações glicosídicas do amido (polissacárido) em dissacáridos e oligossacáridos, que constituem o primeiro passo na degradação enzimática deste polímero, antes de a α-glicosidase intestinal catalisar a decomposição dos dissacáridos para libertar glucose, que é posteriormente absorvida do intestino delgado para a circulação sanguínea. Assim, os inibidores da α-amilase são bloqueadores do amido, que podem ligar-se aos locais reactivos da enzima α-amilase e alterar a sua atividade catalítica que, por sua vez, abrandaria a decomposição do amido no trato gastrointestinal, retardando assim a digestão e a absorção dos hidratos de carbono, o que resulta na modulação do aumento dos níveis de açúcar no sangue (Kwon *et al.*, 2007; Barrett e Udani, 2011; Vadivel e Biesalski., 2012). Entre as várias estratégias, os fenólicos de qualidade alimentar provenientes de extractos de plantas dietéticas que inibem a atividade da α-amilase são potencialmente mais seguros e, por conseguinte, podem ser uma alternativa preferida para a modulação da digestão dos hidratos de carbono e o controlo do índice glicémico dos produtos alimentares. (Thalapaneni *et al.*, 2008; Maiti e Majumdar *et al.*, 2012). Anteriormente, foi relatado que o extrato metanólico de sementes cruas de *A. nilotica* mostra 72,91% de inibição da α-amilase em condições de ensaio *in vitro*, e é comparável ao do feijão mungo (65%) e superior aos grãos de cereais como o trigo, trigo sarraceno, milho e aveia (38 - 55%), painço Foxtail (32%), painço Proso (55%) e painço de dedo (55%) (Randhir *et al*, 2008; Shobana *et al.*, 2009; Kim *et al.*, 2011a). No nosso estudo, a percentagem de inibição da α-amilase demonstrada pelos extractos de sementes de feno-grego variou entre 28,015% e 76,67% e a germinação das sementes, conforme ilustrado na Figura 34 (a-f), resultou numa ligeira diminuição do potencial inibitório da α-amilase que variou entre 25,91% e 74,23%. Assim, no nosso estudo, verificou-se que os rebentos de feno-grego demonstraram uma atividade inibidora moderada da α-amilase em comparação com as respectivas sementes não germinadas. Isto está de acordo com relatórios anteriores sobre sementes *de Mucuna pruriens*, em que foi relatada uma diminuição significativa da % de atividade inibidora da α-amilase após a germinação (Randhir *et al.*, 2009). Como é evidente na Figura 35 (a) e na Figura 35 (b), verificou-se que a propriedade inibidora da α-amilase era dependente da dose (0,1 mg/ml, 1 mg/ml, 10 mg/ml), com as sementes a mostrarem o maior poder inibidor em concentrações muito mais baixas em comparação com os respectivos rebentos. Foi encontrada uma correlação não significativa entre a inibição da α-amilase e os fenóis totais (r = 0,45) e a atividade antioxidante total (r = -0,022). Assim, os nossos resultados demonstram claramente que, em comparação com os seus homólogos germinados, as sementes possuem um maior potencial inibitório contra a atividade da α-amilase. É interessante notar que a inibição elevada da amilase resulta em muitos efeitos secundários nocivos nos seres humanos, ao passo que os baixos níveis de inibidores da α-amilase de frutos naturais, legumes e grãos de leguminosas oferecem uma boa estratégia para controlar a hiperglicemia pós-prandial (McDougall *et al.*, 2005; Kwon *et al.*, 2006; Sudha *et al.*, 2011; Kasote *et al.*, 2011, Ahmed *et al.*, 2014). Assim, de acordo com o nosso estudo, a menor atividade de inibição da α-amilase observada nos rebentos de feno-grego em comparação com as suas sementes parece ser muito mais adequada para os implementar na prática dietética dos diabéticos, com efeitos secundários mínimos.

No que diz respeito à α-glicosidase, as células que revestem o intestino delgado libertam esta enzima, resultando na clivagem de di- e oligossacáridos em monómeros de glicose e na sua subsequente absorção no intestino delgado. Assim, a absorção retardada de glicose pode ter um efeito benéfico no controlo dos níveis de açúcar no sangue pós-prandiais. Os inibidores da α-glicosidase representam uma classe específica de agentes hipoglicemiantes orais, que podem retardar a taxa de absorção de glicose no intestino através da inibição competitiva e reversível da enzima α-glicosidase intestinal, resultando na diminuição da digestão do amido, reduzindo assim a absorção de glicose após uma refeição (Adisakwattana *et al,* 2012; Barrett e Udani, 2011; Vadivel e Biesalski, 2012). Vários estudos *in vitro* relatam potenciais inibidores da α-glucosidase a partir de vários componentes alimentares e plantas como arando, *Cuscuta reflexa*, pimenta, extractos de soja e extrato de folha de goiaba (Deguchi e Miyazaki, 2010; Apostolidis *et al.*, 2006; Anis *et al.*, 2002; Pullela *et al.*, 2006; Mccue *et al,* 2005; Georgetti *et al.*, 2006). O extrato de semente de *A. nilotica* também possui um nível moderado de atividade inibidora da α-glucosidase (65,13%), que é muito superior ao fármaco antidiabético padrão acarbose e aos grãos de cereais como trigo, trigo sarraceno, milho e aveia (18 - 31%) (Randhir *et al.*, 2008). No nosso estudo, a percentagem de inibição da α-glucosidase demonstrada pelos extractos de sementes de feno-grego variou entre 20,76% e 76,92%. Em contraste com a α-amilase, o processo de germinação aumentou significativamente o potencial inibidor da α-glucosidase dos rebentos de uma forma dependente do tempo, em comparação com as respectivas sementes [Figura 37(a-f)]. Isso está de acordo com relatórios anteriores sobre sementes de milho (Zea mays), onde foi relatado um aumento significativo na atividade inibitória da α-glicosidase durante a germinação (Hiran *et al.*, 2013). Como é evidente na Figura 36 (a) e na Figura 36 (b), verificou-se que a inibição da α-glicosidase é dependente da dose, com extractos de rebentos de 4th dias a mostrarem a maior inibição a uma concentração muito mais baixa em comparação com as suas sementes. Ficou claro que, no caso das sementes de feno-grego, o 4th dia de germinação provou ser o dia ideal para possuir a atividade inibidora máxima da α-glucosidase. Entre as amostras, os rebentos obtidos a partir de sementes IL8 possuíam a maior atividade inibidora da a-glucosidase (91,28%). Como se pode ver na Tabela 11, os resultados obtidos neste estudo demonstraram uma forte correlação positiva entre os fenóis totais e *a* inibição da a-glicosidase (r=0,664), bem como entre a atividade antioxidante e a inibição da a-glicosidase (r = 0,624). Estes resultados indicam claramente que os rebentos germinados ao longo de 4th dias têm potencial para uma forte atividade antidiabética que pode revelar-se eficaz como agentes clínicos, quando consumidos em pequenas doses numa base consistente através da dieta. Estes alimentos com elevada inibição da α-glucosidase e baixa/média inibição da α-amilase podem ser considerados como um componente ideal de uma conceção de alimentos integrais, que podem fazer parte da nossa dieta para ajudar na gestão da diabetes associada à hiperglicemia nas suas fases iniciais (Pinto *et al.*, 2009).

Outra enzima quimioterapêutica importante na diabetes é a invertases (também designada por beta-frutofuranosidase) que cliva os resíduos terminais não redutores de β-frutofuranosídeo e catalisa a hidrólise (decomposição) da sacarose (açúcar de mesa) no intestino e a sua inibição pode atrasar a digestão e absorção de hidratos de carbono, inibindo assim a hiperglicemia pós-prandial (D'Britto *et al.*, 2012). Os inibidores da invertase foram previamente relatados a partir de sementes de feno-grego e balanites, sementes *de Pithecellobium dulce* (Roxb.) Benth, extrato de folha de goiaba e *Cymbopogon martinii* (Ghadyale *et al.,* 2012; Gad *et al.*, 2006; Nagmoti e Juvekar, 2013; Deguchi e Miyazaki, 2010). No nosso estudo, a percentagem de inibição da invertase demonstrada pelos extractos de sementes de feno-grego variou entre 5,58% e 34,44% e, paralelamente ao aumento do potencial inibidor da α-glicosidase, o poder inibidor da invertase dos rebentos também aumentou com o processo de germinação de uma forma dependente do tempo, em comparação com as respectivas sementes. Estes resultados corroboram bem com relatórios anteriores sobre extractos de trigo e cevada germinados que demonstram uma inibição significativa *in vitro* da atividade da sacarase intestinal (Jang *et al.*, 2012). Foi interessante notar que o potencial inibitório da invertase de todos os dez extractos de rebentos variou entre 5,72% e 41,86%, sugerindo assim uma grande escala de variação nesta propriedade específica entre eles. Como é evidente na Figura 39 (a-f), todos os extractos de rebentos demonstraram a propriedade inibidora da invertase de uma forma dependente da dose (0,1 mg/ml, 1 mg/ml, 10 mg/ml), com 4th dias de rebentos germinados a mostrarem a inibição mais elevada em concentrações mais baixas em comparação com as respectivas sementes. Os rebentos obtidos a partir de sementes de IL8 com 4th dias de germinação, para além de possuírem um teor máximo de fenóis, atividade antioxidante e potencial inibidor da α-glucosidase, também demonstraram a maior atividade inibidora (41,86%) contra a invertase. O nosso estudo mostra claramente que existe uma forte correlação positiva entre a atividade inibidora da invertase e os fenóis totais (r=0,541) e a atividade antioxidante total (r = 0,487). Estes resultados são bastante encorajadores e sugerem que os rebentos de feno-grego germinados durante 4th dias possuem uma forte propriedade antidiabética ao inibir as actividades intestinais das enzimas α-glucosidase e sacarose/invertase e, por conseguinte, podem ser utilizados no desenvolvimento de alimentos nutracêuticos para controlar os níveis de glicose no sangue de doentes diabéticos com efeitos secundários reduzidos.

Relatórios anteriores sugerem que os compostos polifenólicos, especialmente os flavonóides, estão entre as classes de compostos que têm recebido especial atenção no que respeita às suas propriedades antidiabéticas (Hanhineva *et al.*, 2010; Coman *et al.*, 2012; Asgar, 2013). Também no nosso estudo, foi encontrada uma forte correlação entre o aumento dos compostos fenólicos totais, com especial referência ao teor de quercetina (composto polifenólico), e a atividade hipoglicémica, fornecendo assim fortes indícios de que os rebentos de feno-grego ricos em fenólicos possuem a maior atividade antidiabética. Assim, o nosso estudo *in vitro* sugere que os rebentos de feno-grego ricos em fenólicos, especialmente os obtidos da amostra IL8, representam uma excelente fonte natural de remédio antidiabético. Assim, a germinação pode ser considerada como um tratamento favorável para explorar as sementes de feno-grego e utilizá-las como um alimento funcional antidiabético potente. No entanto, uma vez que estes resultados se baseiam apenas em testes bioquímicos *in vitro* e são indicativos de efeitos anti-hiperglicémicos na prevenção/gestão da diabetes, têm implicações limitadas para o que acontece realmente em condições *in vivo*.

Por conseguinte, a fim de revalidar os nossos resultados *in vitro*, os rebentos de IL8 germinados ao longo de 4th dias que apresentaram a atividade antioxidante mais elevada, bem como a atividade hipoglicémica mais elevada devido à presença do teor máximo de fenóis totais, foram selecionados para uma análise *in vivo* posterior. Para realizar estudos *in vivo*, no presente estudo, preferimos a estreptozotina para induzir diabetes química em animais experimentais (ratos albinos wistar) em comparação com outros agentes diabetogénicos. A STZ é um composto citotóxico de glucosamina-nitrosoureia de ocorrência natural obtido do micróbio do solo, *Streptomyces achromogenes*. Nos mamíferos, este composto é tóxico para as células β produtoras de insulina do pâncreas, para onde é transportado através do transportador de proteínas da glucose (GLUT-2) e danifica o ADN por reacções de alquilação. Estes danos no ADN induzem a ADP-ribosilação, levando à depleção de NAD^+ e ATP celulares. Estes eventos resultam, em última análise, na formação de radicais superóxidos e, consequentemente, também são gerados $H\ O_{22}$ e radicais hidroxilo, levando ao stress oxidativo. Como resultado, as células β são destruídas por necrose, levando à diabetes (Goyary e Sharma, 2010). Este facto é evidenciado por sintomas clínicos de hiperglicemia e hipoinsulinemia. Foi relatado que os ratos diabéticos induzidos por STZ apresentam níveis regularmente elevados de glicose no sangue e, para diminuir esses níveis de glicose, estão a ser testados vários regimes à base de plantas devido aos seus menores efeitos secundários e baixo custo (Khan *et al.*, 2012) .

Na diabetes induzida por estreptozotocina, a hiperglicemia e a destruição das células β têm sido principalmente implicadas na etiologia e patologia desta doença (Lei *et al.,* 2012). Os ratos diabéticos induzidos por estreptozotocina imitam ambos os tipos de diabetes presentes na população humana e podem, assim, ser utilizados como um bom modelo experimental de diabetes. Relatórios anteriores mostraram o envolvimento de vários mecanismos para explicar a ação hipoglicémica do feno-grego, que inclui a modulação da secreção de insulina, os efeitos insulino-miméticos e a inibição da atividade da glucosidase intestinal (Basch *et al.*, 2003; Mitra e Bhattacharya, 2006; Gad *et al.*, 2006; Neelakantan *et al.,* 2014; Marzouk *et al.,* 2013; Abd El-Rahman *et al.*, 2014). Alguns resultados de investigação sugerem também que a suplementação da dieta com folhas e sementes de feno-grego em ratos hiperglicémicos previne o aumento dos níveis de glicose, estimulando o processo de glicólise, inibindo a gluconeogénese e aumentando subsequentemente a secreção de insulina (Raju *et al.*, 2001; Devi *et al.*, 2003; Kaur *et al.*, 2011). Por conseguinte, a fim de gerar uma forte fundamentação bioquímica para a utilização de extractos de rebentos de feno-grego IL8 ricos em fenólicos como um potente agente antidiabético, no nosso estudo, os resultados *in vitro* foram seguidos de um estudo *in vivo* confirmatório em ratos diabéticos induzidos por estreptozotocina. No presente estudo, ao utilizar 45 animais experimentais injectados com uma única injeção intraperitoneal de STZ (60 mg/kg.bw), a diabetes foi induzida com êxito em 38 (95%) ratos que demonstraram níveis de glicose no sangue em jejum > 300mg/dl, que é reconhecido como o nível mínimo de glicose no sangue aceite para a hiperglicemia experimental (June *et al.*, 2012).

Antes de recomendar qualquer agente à base de plantas para fins de saúde, deve ser cuidadosamente avaliada a sua toxicidade, porque algumas plantas/produtos vegetais com propriedades farmacológicas são considerados tóxicos mesmo em doses mais baixas (Jahnke *et al.*, 2006; Li *et al.*, 2010; Choudary *et al.*, 2013; Devi *et al.*, 2012; Silva *et al.*, 2012). A fim de avaliar qualquer toxicidade dos extractos de rebentos de feno-grego IL8, foram realizados testes de toxicidade em ratos wistar normais, utilizando a administração oral de diferentes concentrações de extrato de rebentos IL8, até à dose mais elevada de 3000 mg/k.bw. Os resultados revelaram a natureza não tóxica do extrato de rebentos de feno-grego, uma vez que não se verificou qualquer letalidade ou reação tóxica com estas doses selecionadas até ao final do período experimental (21 dias). Por conseguinte, torna-se claro que os rebentos de feno-grego ricos em antioxidantes obtidos através do processo de germinação não são tóxicos, mesmo quando utilizados em doses muito mais elevadas, e podem ser utilizados como um potencial alimento rico em antioxidantes contra várias doenças degenerativas relacionadas com o stress oxidativo, incluindo a diabetes.

Vários relatórios experimentais *in vivo* demonstraram os efeitos anti-hiperglicémicos de diferentes extractos naturais de plantas, que actuam através de diferentes mecanismos bioquímicos e moleculares, entre os quais a inibição da α-amilase pancreática e da α-glicosidase intestinal pode ser o mecanismo mais promissor para o efeito antidiabético observado (Gad *et al.*, 2006; Patel *et al.*, 2012b). Foi relatado que a fração semi-purificada do extrato aquoso de sementes de feno-grego (*Trigonella foenugraecum* Linn.) possui um efeito anti-hiperglicémico a uma dose de 50 mg/k.bw em comparação com o medicamento padrão, a tolbutamida (sulfonilureias). As sementes de feno-grego também exercem efeitos hipoglicémicos, estimulando a secreção de insulina dependente da glicose das células β pancreáticas, bem como inibindo a α-amilase e a sacarase (Sauvaire *et al.*, 1998; Neelakantan *et al.*, 2014; Abd-El Rahman *et al.*, 2014). O composto fenólico, Pinitol (IX), isolado das folhas de *Bougainvillea spectabilis* Comm. Ex Juss., demonstrou ter atividade antidiabética ao estimular a secreção de insulina dependente da glucose das células β pancreáticas, bem como ao inibir a atividade da α-amilase (Narayanan *et al.*, 1987; Purohit e Sharma, 2006). Do mesmo modo, o ácido 2-hidroxi-4-metoxibenzóico (X) isolado das raízes de *Hemidemus indicus* (Linn. R.Br.), mostrou atividade antidiabética em ratos diabéticos induzidos por STZ através do aumento da secreção de insulina e da reativação da glicogénio sintase (Gayathri e Kannabrian, 2009). Do mesmo modo, o ácido 4-hidroxibenzóico (XII) isolado do extrato aquoso de *Pandanus odorus* (Robx.) apresentou um aumento da insulina sérica, do glicogénio hepático e efeitos hipoglicémicos em ratos normais, resultando num aumento do consumo periférico de glicose (Peungvicha *et al.,* 1998a; Peungvicha *et al.,* 1998b; Arif *et al.*, 2014). Além disso, foi relatado que os fenóis Piceatannol e scirpusin B (XVI), isolados da casca do caule de *Callistemon rigidus* R. Br.inibem a atividade da α-amilase no plasma do rato e controlam os níveis elevados de glicose no sangue pós-prandial (Kobayashi *et al.*, 2006). Paralelamente, sabe-se que a quercetina ajuda na regeneração das ilhotas pancreáticas e aumenta a libertação de insulina em ratos diabéticos induzidos por STZ (Hii e Howell, 1985; Youl *et al.*, 2010). Quando utilizado nas doses de 10-50 mg/kg de massa corporal, foi capaz de normalizar o nível elevado de glicose no sangue, aumenta o conteúdo de glicogénio hepático e reduz significativamente o colesterol sérico e a concentração de LDL em ratos diabéticos induzidos por aloxano (Vessal *et al.*, 2003; Abdelmoaty *et al.*, 2010). Também colocámos a hipótese de estas razões estarem por detrás do potencial antidiabético dos rebentos de feno-grego e, por isso, realizámos vários testes bioquímicos.

Para avaliar o modo de ação antidiabético de extractos de plantas específicos, alguns dos estudos em animais centraram-se na análise da redução dos níveis de glicose no sangue após um teste oral de tolerância ao amido (OSTT), no qual se esperava um declínio na digestão e absorção do amido imediatamente após a ingestão do extrato. O OGTT, uma análise de sangue de rotina normal, para além do OSTT, é utilizado para avaliar o metabolismo do açúcar em indivíduos testados. Os indivíduos são obrigados a jejuar antes de consumirem uma quantidade fixa de glucose. A sua amostra de sangue é posteriormente analisada em intervalos de tempo designados, a fim de determinar se serão atingidos níveis anormalmente elevados de glucose no sangue (American Diabetes Association, 2008). Recentemente, foi relatado que os extractos de rebentos de rabanete diminuem os níveis de açúcar no sangue em 120 minutos após a ingestão do extrato, durante a realização do teste OGTT em ratos diabéticos (Survay *et al.*, 2010). Com base nestes resultados, no presente estudo também foi realizado o teste de tolerância oral ao amido para identificar a alteração do metabolismo dos hidratos de carbono devido ao tratamento com o extrato de IL8 durante a administração pós-glicose. As diferentes doses de extrato de rebentos de feno-grego IL8 (100mg/kg.bw, 250mg/kg.bw e 500mg/kg.bw) reduziram significativamente os níveis de glicose no sangue, tanto em função da dose como do tempo, em comparação com o grupo de controlo não tratado. Entre as diferentes doses utilizadas, verificou-se que 500mg/kg.bw de extrato de rebentos de IL8 apresentava a maior atividade hipoglicémica e os resultados obtidos eram bastante comparáveis ao medicamento antidiabético padrão, a voglibiose (1mg/kg.bw). A voglibose é um medicamento antidiabético de origem bacteriana que inibe as actividades da isomaltase, da sacarase e da maltase. É sintetizada a partir da valilamina, que é obtida a partir da fermentação do caldo de cultura de *Streptomyces*. Possui um forte efeito inibidor da α-glucosidase, com pouco efeito sobre a α-amilase (Coman *et al.*, 2012). É um facto bem conhecido que as moléculas de insulina possuem a maior atividade enzimática durante 30 a 60 minutos após a sua secreção a partir das células β das ilhotas de langerhans (Yamazaki *et al.*, 2007; Survay *et al.*, 2010). No nosso estudo, observou-se que todas as três doses diferentes de extractos de rebentos de IL8 (100mg/kg.bw., 250mg/kg.bw. e 500mg/kg.bw) reduziram eficazmente os níveis de glicose no sangue no intervalo de tempo de 60 minutos. Estes resultados estão de acordo com os relatórios anteriores que sugerem que os efeitos hipoglicémicos dos extractos naturais de plantas podem dever-se à sua natureza de indução da secreção de insulina a partir de células β pancreáticas devido à presença de compostos fenólicos específicos (como a quercetina) no extrato, que podem eles próprios atuar como moléculas semelhantes à insulina ou secretagogos de insulina (Mari *et al.*, 2001; Stumvoll *et al.*, 2000; Jayaprakasam *et al.*, 2005,Survay *et al.*, 2010). O controlo eficaz da elevação da glicose no sangue pelo extrato de rebentos ricos em fenólicos IL8 após a carga de amido sugere que melhora a utilização da glicose de forma mais eficiente e é, portanto, um agente candidato para aliviar a hiperglicemia pós-prandial. Propõe-se que o possível mecanismo anti-hiperglicémico envolvido pelo extrato de rebentos de feno-grego rico em fenólicos possa ser devido à inibição das principais enzimas hidrolisadoras de hidratos de carbono (enzimas a-amilase, α-glicosidase e invertase), como observado nos nossos resultados *in vitro*, ou possivelmente devido à emissão de insulina das células β, ou devido a um melhor transporte ou consumo de glicose (Ceriello, 2005: Santiagu *et al.*, 2012; Kumar *et al.*, 2013b).

Em um dos estudos recentes, foi relatado que as sementes de feno-grego aumentam significativamente os níveis reduzidos de insulina sérica de ratos diabéticos induzidos por STZ, por meio da estimulação da secreção de insulina e regeneração das células β do pâncreas (Rajarajeshwari *et al.*, 2012; Kumar *et al.*, 2014). Também no presente estudo, os ratos diabéticos induzidos por STZ, que apresentam níveis elevados de glucose no sangue e níveis reduzidos de insulina plasmática, demonstraram uma melhoria dos níveis de insulina plasmática com uma diminuição significativa dos níveis de glucose no sangue com a administração oral diária de extractos de rebentos de IL8 durante os 21 dias do período experimental (Figura 41 e Figura 43). Foi referido anteriormente que os compostos fenólicos como a quercetina provocam a regeneração das ilhotas pancreáticas e provavelmente aumentam a libertação de insulina em ratos diabéticos induzidos por STZ, exercendo assim os seus efeitos antidiabéticos potencialmente benéficos (Kobori *et al.*, 2009; Arif *et al.*, 2014). Além disso, foi demonstrado que a quercetina inibe a α-glucosidase intestinal do rato com um IC50 de 0,48-0,71 mM (Ishikawa *et al.*, 2007; Jo *et al.*, 2009). No nosso estudo, o extrato de broto de feno-grego IL8 rico em quercetina, quando administrado numa dose de 100 mg/kg.bw, reduziu a AUC da resposta à glicose pós-prandial em 51,6% em comparação com o grupo de controlo, um efeito comparável ao de 40 mg/kg.bw. de acarbose (redução de 64,5%) (Kim *et al.*, 2011b). Por conseguinte, é evidente que, na nossa investigação, o mecanismo de ação antidiabético mais possível do extrato de rebentos de IL8 rico em fenólicos (quercetina) pode ser através da inibição de enzimas de hidrólise de hidratos de carbono essenciais, da estimulação da secreção de insulina e da regeneração das células β do pâncreas, bem como através da regeneração dos grânulos nas células β e do aumento da celularidade da Ilhota de Langerhans, tal como referido por Kumar *et al* (2014). Os nossos resultados são ainda reforçados por relatórios anteriores que demonstram que os rebentos de brócolos melhoram significativamente a resistência à insulina entre indivíduos humanos diabéticos de tipo 2 (Bahadoran *et al.*, 2012a).

Os investigadores demonstraram que a hiperglicemia está intimamente associada à diminuição do peso corporal dos animais diabéticos e, na diabetes induzida por STZ, a perda caraterística de peso corporal ocorre devido à gluconeogénese ou ao catabolismo de proteínas e gorduras (Zaffar e Naqvi, 2010). Este tipo de perda de peso corporal está diretamente associado ao aumento da destruição muscular ou à degradação de proteínas estruturais (Paulsen, 1973; Shirwaikar *et al.*, 2004; Shirwaikar *et al.*, 2006; Swanston-Flatt *et al.*, 1990; Cheng *et al.*, 2013). Tal como esperado no nosso estudo, também o peso corporal dos ratos do grupo de controlo diabético induzido por STZ diminuiu progressivamente ao longo dos 21 dias do período experimental, em comparação com o grupo de controlo normal. No entanto, como se mostra na Figura 42, o grupo diabético induzido por STZ tratado com diferentes doses de extrato de rebentos de IL8 demonstrou um aumento significativo na redução do peso corporal em comparação com o grupo de controlo diabético não tratado. O potencial mecanismo de ação do extrato de rebentos de feno-grego pode dever-se, muito provavelmente, aos seus efeitos protectores contra a perda de massa muscular, ou seja, à reversão da gluconeogénese (Kumar *et al.*, 2013b).

Na diabetes, a hipercolesterolemia e a hiper-trigliceridemia são as anomalias lipídicas mais comuns que, por sua vez, contribuem para o desenvolvimento de doenças das artérias coronárias (Arvind *et al.*, 2002; Shepherd, 2005; Shirwaikar, 2006; Munshi *et al.*, 2014). De facto, as anomalias lipídicas que acompanham a aterosclerose são a principal causa de doença cardiovascular na diabetes. No metabolismo normal, a insulina ativa a enzima lipoproteína lipase e hidrolisa os triglicéridos. No entanto, a deficiência de insulina na diabetes resulta na inativação destas enzimas-chave e, por conseguinte, provoca hipertrigliceridemia (Shirwaikar *et al.*, 2005, Kumar *et al.*, 2012b). Os relatórios de investigação sugerem que o tratamento ideal da diabetes, para além do controlo glicémico, deve ter um efeito favorável nos perfis lipídicos (Chung *et al.*, 2011, Rai *et al.*, 2013). Existem muitos relatórios que sugerem que a suplementação de folhas e sementes de feno-grego tem efeitos benéficos no perfil lipídico de ratos diabéticos induzidos por estreptozotocina (Anidda e Mainzen, 2004; Marzouk *et al*, 2013) No presente estudo, o tratamento de ratos diabéticos com diferentes doses de extractos de rebentos de feno-grego IL8 controlou significativamente e reduziu os níveis aumentados de lípidos séricos (triglicéridos e colesterol) de uma forma dependente da dose, em comparação com o grupo de controlo diabético não tratado (Figura 44 e Figura 45). Os nossos resultados corroboram bem os relatórios anteriores que sugerem que esses extractos de plantas inibem a via da biossíntese do colesterol (Rand *et al.*, 1999; Kaur *et al.*, 2011; Kumar *et al.*, 2011). O possível mecanismo do efeito de redução dos lípidos com rebentos de feno-grego será devido à ativação da lipase lipoproteica mediada pela insulina ou devido à inibição da via biossintética do colesterol. Os nossos resultados são paralelos a descobertas anteriores que mostram que a suplementação de rebentos de feno-grego resultou numa diminuição significativa da glicose no sangue e do perfil lipídico (colesterol total, triglicéridos, colesterol de lipoproteínas de baixa densidade e colesterol de lipoproteínas de densidade muito baixa) de homens diabéticos não dependentes de insulina (Soni *et al.,* 2009).

O fígado (a glândula mestra) é um dos principais locais de produção endógena de glicose, quer por gluconeogénese quer por glicogenólise, e desempenha um papel importante na gestão da hiperglicemia pós-prandial. O aumento da produção endógena de glicose, devido a uma função pancreática deficiente e/ou a uma depuração reduzida da glicose, está associado à diabetes e contribui para a hiperglicemia (Rao *et al.,* 2013). Um dos principais sintomas da diabetes, para além da captação defeituosa de glicose pelas células, é o comprometimento da capacidade de armazenamento de glicose atribuído à falta de atividade da glicogénio sintase, a enzima limitadora da taxa de glicogénese (Cline *et al.,* 2002; June *et al.,* 2012). À luz destes relatórios, no presente estudo, a capacidade diminuída do fígado para sintetizar glicogénio em ratos diabéticos induzidos por STZ é reflectida pelo conteúdo reduzido de glicogénio no fígado em comparação com o grupo normal. No entanto, a administração oral diária do extrato de rebentos de IL8 durante 21 dias aumentou significativamente o teor de glicogénio hepático em ratos diabéticos, com o nível mais elevado encontrado no fígado de ratos administrados com 300 mg/k.bw do extrato de rebentos. Como demonstrado nos resultados, o tratamento oral com extrato de rebentos restaurou as reservas de glicogénio de uma forma dependente da dose e do tempo, tendo-se verificado que o teor de glicogénio hepático aumentou para um nível semelhante ao observado em ratos normais e foi muito melhor do que o dos ratos diabéticos tratados com voglibiose. Os resultados sugerem claramente que o armazenamento deficiente de glicogénio do grupo diabético parcialmente corrigido pelo fármaco padrão (voglibiose) foi comparativamente muito mais eficazmente normalizado pelo tratamento com 300mg/kg.bw de extrato de broto de IL8.

Na via de sinalização da insulina, o papel da insulina na homeostase da glicose é exclusivamente mediado pelo recetor de insulina (IR), que propaga a sua atividade através de três vias diferentes: a via da fosfatidilinositol-3-quinase (PI3K), a via da proteína quinase activada por mitogénio (MAPK) e a via da proteína associada a Cbl (CAP) (Galadari *et al.,* 2013). Na transdução do sinal de insulina mediada pela PI3K, a insulina ativa sequencialmente primeiro o recetor de insulina, seguido da fosfatidilinositol 3-quinase (PI3k) e, finalmente, da Akt através da fosforilação em resíduos de treonina e serina. Após a ativação da Akt, o influxo de glicose é estimulado pela ativação da síntese de glicogénio através da desfosforilação da glicogénio sintase (Osawa *et al.,* 2010). A glicogénio sintase (GS) catalisa o passo limitante da glicogénese e é, portanto, responsável pelo armazenamento de glicose como glicogénio, tanto no fígado como no músculo esquelético. Esta enzima é regulada por vários factores de transcrição e cinases, sendo a mais importante a glicogénio sintase cinase-3 (GSK-3). A GSK-3 é uma serina/treonina quinase implicada em muitas doenças, como a diabetes, o cancro, a inflamação e a doença de Alzheimer. A GSK-3 β fosforila e inibe a GS, diminuindo assim a síntese de glicogénio no fígado e nos músculos (Nachar *et al.*, 2013). Os inibidores da GSK-3β têm, por conseguinte, implicações terapêuticas e exibem propriedades antidiabéticas, uma vez que melhoram a sensibilidade à insulina, a síntese de glicogénio e o metabolismo da glicose nos músculos esqueléticos de doentes diabéticos (Akhtar e Bharatam, 2012; Johnson *et al.*, 2011; Khanfar *et al.*, 2010). A própria atividade da GSK-3β é regulada por componentes a montante da via da insulina, incluindo a PI3-quinase e a PKB/Akt , os possíveis alvos candidatos na terapia da diabetes. Akt , uma proteína quinase serina/treonina, é fundamental para a transdução de insulina. Os mamíferos possuem três isoformas de Akt (Akt1, Akt2 e Akt3), entre as quais a Akt2 é a principal isoforma hepática envolvida na ação da insulina no fígado (Cho *et al.,* 2001; Leavens *et al.*, 2009). O defeito da atividade da Akt foi detectado nas biopsias musculares de doentes com diabetes mellitus tipo 2 (Xie *et al.*, 2011). Além disso, o knock-out da Akt2 no fígado prejudica a ação da insulina na homeostase da glicose e dos lípidos e, nos seres humanos, a perda de mutações funcionais na Akt2 conduz à diabetes mellitus resistente à insulina. Por outro lado, a expressão de Akt constitutivamente ativa no fígado simula uma ação reforçada da insulina, incluindo a diminuição da produção de glicose hepática e a estimulação da lipogénese hepática, e outras mutações activadoras na Akt2 humana produzem hipoglicemia (Hussain *et al.*, 2012; Yuan *et al.,* 2012). Todos estes resultados indicam que a depressão da via da Akt contribui para a progressão patológica da diabetes e das suas complicações. A Akt, por sua vez, fosforila e inibe a GSK-3β em resposta à insulina, o que leva à ativação da glicogénio sintase (GS) (Osawa *et al.,* 2010). Por conseguinte, no presente estudo, tentou-se determinar a ação antidiabética putativa dos rebentos de feno-grego na expressão de Akt2, GSK-3β e GS e na homeostase hepática da glicose.

Como se mostra na Figura 47, os tratamentos com IL8 modulam a ativação de vários alvos quimioterapêuticos da via de sinalização da insulina. Verificou-se que o tratamento com extrato de rebentos de IL8 provocava um aumento razoável dos níveis fosforilados de Akt2 no fígado de ratos diabéticos e conduzia finalmente à ativação da glicogénio sintase (GS) através da sua desfosporilação por inativação da GSK-3β. A glicogénio sintase activada promove então a síntese de glicogénio e, por conseguinte, constitui um importante mecanismo de controlo glicémico. Kobayashi *et al* (2012), ao utilizarem a ingestão de café em camundongos KK-A(y), demonstraram melhora da resistência à insulina e da hiperglicemia nos mesmos através da ativação da Akt no tecido hepático e muscular esquelético. No nosso estudo, as amostras de fígado obtidas de ratos diabéticos alimentados oralmente com 300mg/kg.bw. de extrato de rebentos de IL8 diariamente durante 21 dias (Figura 47) demonstraram os níveis mais elevados de GSK-3β fosforilada (forma inativa), em contraste com a GSK-3β hepática não fosforilada predominante encontrada em ratos diabéticos não tratados. Verificou-se que esta enzima permanece sobretudo ativa no estado diabético e inativa a glicogénio sintase através da sua fosforilação, justificando assim os níveis reduzidos de conteúdo de glicogénio hepático observados no grupo de controlo diabético não tratado. De acordo com relatórios anteriores, muito provavelmente o extrato de rebentos de IL8 rico em fenólicos actua através da fosforilação de Ser-9/21 de GSK-3β, levando assim à inibição da sua atividade de quinase (Yin *et al.*, 2009; June *et al.*, 2012). Um relatório recente de Shen *et al* (2013) sugere que o tratamento com extrato de maçã de cera causou um aumento da expressão da forma ativa da glicogénio sintase (GS) em células de hepatócitos de rato resistentes à insulina (tratadas com TNF-α), levando a um aumento da síntese de glicogénio hepático. Também no presente estudo, as amostras de fígado obtidas de ratos diabéticos tratados oralmente com extrato de rebentos de IL8 (300mg/kg.bw), diariamente durante 21 dias (Figura 47) demonstraram os níveis predominantes de glicogénio sintase activada (forma não fosforilada), em contraste com os níveis máximos de GS fosforilada encontrados no tecido hepático de ratos diabéticos não tratados. Assim, é bastante claro que o tratamento com brotos de IL8 mantém níveis mais elevados da forma não fosforilada da glicogénio sintase, um elemento-chave necessário para a síntese de glicogénio. De um modo geral, a inibição da GSK-3β hepática e a ativação da Akt, bem como da glicogénio sintase nos ratos diabéticos tratados com extrato de IL8 pode provavelmente dever-se à potenciação da produção de insulina no pâncreas ou ao seu modo de ação (extrato de rebentos) que imita os efeitos semelhantes aos da insulina. Os resultados indicam claramente que o tratamento com extrato de rebentos de IL8 é capaz de melhorar o metabolismo da glicose, promovendo a síntese de glicogénio e a glicólise em ratos diabéticos.

De um modo geral, as actuais observações *in vitro* e *in vivo* revelam que o extrato de rebentos de IL8 germinados ao longo de 4th dias tem um controlo glicémico significativo e benéfico, elimina os radicais livres e modula as actividades das enzimas α-amilase, α-glucosidase e invertase, possui propriedades insulinotrópicas, normaliza o teor de glicogénio hepático, normaliza o metabolismo lipídico e pode, por conseguinte, ter um papel principal no tratamento da diabetes, bem como melhorar os danos hepáticos e pancreáticos a nível celular causados pela diabetes.

Resumo e conclusão

As sementes de feno-grego têm uma longa história de utilização como medicamento à base de plantas em todo o mundo. Apesar de serem mais utilizadas do que qualquer outra parte da planta para o tratamento de uma vasta gama de doenças, as actividades antidiabéticas e antioxidantes dos seus rebentos durante as diferentes fases de germinação não foram avaliadas. Do mesmo modo, durante as diferentes fases do seu processo de germinação, não foram investigadas quaisquer alteraçõcs nos seus metabolitos secundários promotores de saúde, incluindo compostos fenólicos, alcalóides e esteróides, nem foi estabelecida a sua correlação com o potencial antidiabético dos rebentos. Por conseguinte, o principal objetivo do presente estudo foi explorar esses agentes promotores da saúde, bem como o potencial antidiabético dos rebentos de feno-grego durante as diferentes fases do seu processo de germinação. No presente estudo, foram investigadas dez amostras de sementes de feno-grego (IL1, IL2, IL3, IL4, IL5, IL6, IL7, IL8, IL9 e IL10), seis genótipos (IL1-IL6) colhidos na Universidade de Ciências e Tecnologias Agrícolas de Shere-e-Kashmir (SKUAST-K) e quatro amostras de sementes (IL7-IL10) provenientes de Kerala, Punjab, Deli e Bhopal. A fim de evitar quaisquer diferenças causadas pelas condições ambientais entre as várias amostras de sementes, estas foram cultivadas em condições ambientais idênticas (estufa) na SKUAST-K, Campus de Shalimar, Caxemira. Observou-se que, quando estas amostras de sementes recolhidas foram cultivadas em condições ambientais idênticas (estufa), a maior parte das plantas, especialmente os seis genótipos recolhidos na SKUAST-K, demonstraram caraterísticas variáveis em termos de crescimento e rendimento entre si. É evidente que este tipo de observações pode funcionar como um forte indicador para obter uma seleção muito elevada destas plantas em termos destas caraterísticas. Curiosamente, no nosso estudo, as sementes resultantes colhidas das plantas cultivadas em condições idênticas, também mostraram algumas diferenças morfológicas como variação na forma, tamanho e cor entre elas. As sementes, quando sujeitas ao processo de germinação numa gama específica de temperaturas (16-25^0 C), demonstraram um padrão de germinação mais ou menos idêntico, mas a duração da germinação variou consideravelmente. Numa gama de temperaturas mais baixa (16^0 C -19^0 C), comparativamente, o processo de germinação das sementes de feno-grego prosseguiu lentamente e prolongou-se até ao 10.o dia, com 8th dias a produzir o máximo de rebentos totalmente desenvolvidos. No entanto, foi interessante notar que quando o processo de germinação foi efectuado a 22^0 C, os rebentos totalmente crescidos foram obtidos mais ou menos em apenas quatro dias. No entanto, foi interessante observar que a 22^0 C, o processo de germinação de rebentos totalmente crescidos em todas as amostras de sementes recolhidas foi concluído mais ou menos em apenas quatro dias. Quando a temperatura foi aumentada acima de 22^0 C, embora a taxa do processo de germinação tenha aumentado ligeiramente, os rebentos resultantes produzidos eram comparativamente mais finos. Assim, a partir deste estudo, é claro que, no caso do feno-grego, 22^0 C é a temperatura mais óptima para produzir rebentos totalmente crescidos no período mais curto de quatro dias. Além disso, a germinação de sementes de feno-grego aumentou significativamente o teor de fenol total dos rebentos resultantes, de uma forma dependente do tempo. No presente estudo, entre todas as dez amostras de sementes germinadas, os extractos aquosos de rebentos IL8 germinados durante 4th dias demonstraram o teor fenólico mais elevado (2680 mg/100g), que foi quase 3,19 vezes superior ao das sementes não germinadas. Paralelamente ao aumento do teor de fenólicos totais, também se observou um aumento gradual significativo da atividade antioxidante total em todas as amostras de sementes germinadas. Entre as dez amostras de sementes germinadas, os rebentos IL8 germinados ao quarto dia, para além de possuírem o teor de fenóis mais elevado, também apresentaram a atividade antioxidante mais elevada. Existiu uma forte correlação positiva entre o aumento do teor de fenóis totais e o aumento da atividade antioxidante total (r = 0,776).

Tendo em conta a utilização generalizada de sementes de feno-grego pela população em geral e o aumento esperado da sua utilização terapêutica para uma série de doenças, o presente estudo foi levado mais longe para avaliar qualquer alteração no teor de trigonelina, quercetina e diosgenina durante as diferentes fases de germinação das sementes, utilizando cromatografia de camada fina de alto desempenho (HPTLC). Curiosamente, neste estudo, conseguimos conceber um novo método baseado em HPTLC para a estimativa e quantificação simultâneas da diosgenina e da quercetina num sistema de solventes (tolueno: acetato de etilo: ácido fórmico). O presente método é apresentado pela primeira vez e pode ser utilizado para o controlo de qualidade de rotina e a quantificação destes dois compostos marcadores em várias amostras de plantas, extractos e formulações comerciais. Ao utilizar este método, as amostras de sementes de feno-grego demonstraram diosgenina na gama de 0,0935 % a 0,135 % (w/w) e quercetina na gama de 0,00 a 0,01155 % (w/w). O conteúdo de trigonelina foi encontrado na faixa de 0,286% a 0,386% (w/w). A nossa investigação demonstrou que, com o processo de germinação das sementes de feno-grego, ocorre uma ligeira diminuição dos teores de diosgenina e trigonelina e a maior concentração destes dois fitoquímicos foi encontrada nas sementes e não nos seus rebentos. Além disso, não existe uma correlação positiva entre a diosgenina ou a trigonelina com o teor total de fenóis e a atividade antioxidante total, respetivamente. Como relatórios anteriores mostraram que estes dois compostos estão envolvidos na atribuição de amargor à semente de feno-grego e, por conseguinte, a sua diminuição dependente do tempo durante o processo de germinação, sugere claramente que, em comparação com as sementes, os rebentos de feno-grego são mais aceitáveis para consumo como alimento rico em antioxidantes. Foi interessante observar que, em contraste com a diminuição do teor de diosgenina e trigonelina nos rebentos de feno-grego, os níveis de quercetina (flavonoide fenólico) mostraram um aumento drástico durante o processo de germinação de uma forma dependente do tempo. Verificou-se que o aumento dependente do tempo do teor de quercetina nos rebentos de feno-grego se correlaciona significativamente com o aumento do teor fenólico total, bem como com o aumento da atividade antioxidante total. O teor mais elevado de quercetina (0,0417 %), como esperado, foi encontrado nos rebentos IL8 germinados ao quarto dia, com o teor mais elevado de fenóis totais, bem como a atividade antioxidante total. Na diabetes, foi relatado que estes compostos fenólicos dietéticos actuam sobre uma variedade de alvos através de vários modos e mecanismos. Foi relatado que estes compostos se ligam aos locais reactivos das enzimas de hidrólise de hidratos de carbono (α-amilase, α-glicosidase e invertase), alteram a sua atividade catalítica e, assim, desempenham um papel vital na gestão da hiperglicemia pós-prandial. Neste contexto, os nossos resultados demonstraram que os rebentos apresentam um nível moderado de atividade inibidora da α-amilase e que, comparativamente, os seus homólogos não germinados possuem uma atividade inibidora mais elevada. Existiu uma correlação não significativa entre o poder inibidor da α-amilase e os fenóis totais (r = 0,45) ou a atividade antioxidante total (r = -0,022). De acordo com relatórios anteriores, a inibição elevada da amilase pode resultar em muitos efeitos secundários nocivos nos seres humanos. Por conseguinte, tal como observado no nosso estudo, em comparação com as suas sementes, a menor atividade inibidora da α-amilase demonstrada pelo rebento de feno-grego parece ser muito mais adequada para a sua implementação na prática dietética dos diabéticos, com o mínimo de efeitos secundários.

Do mesmo modo, foi também referido que os inibidores da α-glucosidase retardam a taxa de absorção de glucose no intestino através da inibição competitiva e reversível da enzima α-glucosidase intestinal, o que resulta numa diminuição da digestão do amido e, por conseguinte, na redução da taxa de absorção de glucose após uma refeição. No nosso estudo, em contraste com a α-amilase, a germinação das sementes de feno-grego aumentou significativamente o potencial inibidor da α-glucosidase dos rebentos de feno-grego resultantes de uma forma dependente do tempo, em comparação com as sementes não germinadas. A inibição da α-glucosidase, demonstrada pelos extractos de rebentos, foi considerada dependente da dose e 4th dias de rebentos germinados mostraram o maior potencial de inibição a uma concentração muito mais baixa em comparação com as suas sementes. Ficou claro que, no caso das sementes de feno-grego, o 4th dia de germinação provou ser o dia ideal para possuir a atividade inibidora máxima da α-glucosidase. Foi estabelecida uma correlação positiva muito forte entre o aumento do teor de fenóis totais e a inibição da α-glucosidase (r=0,664). Da mesma forma, existiu uma forte correlação entre a atividade antioxidante e a inibição da α-glicosidase (r = 0,624). Entre as dez amostras de sementes germinadas, o extrato de germinação de IL8 com 4th dias de germinação, com um teor máximo de fenóis e atividade antioxidante, também demonstrou a maior atividade inibidora da α-glucosidase (91,28 %). Tal como a α-glucosidase, outra enzima-alvo quimioterapêutica importante envolvida na diabetes é a invertase. Paralelamente ao maior potencial inibitório da α-glucosidase demonstrado pelos extractos de rebentos em comparação com as suas sementes, o poder inibitório da invertase das sementes também aumentou com o processo de germinação de uma forma dependente do tempo. A inibição da invertase, demonstrada pelos extractos de rebentos, também se revelou dependente da dose e os rebentos germinados durante 4th dias mostraram a maior inibição a uma concentração muito mais baixa em comparação com as suas sementes. Entre todas as dez amostras selecionadas, os rebentos IL8 germinados 4th dias, para além de possuírem o teor máximo de fenol, a atividade antioxidante máxima e o potencial inibidor máximo da α-glucosidase, também demonstraram a atividade inibidora da invertase mais elevada (41,86%). Também neste caso, existiu uma forte correlação positiva entre o potencial inibidor da invertase e os fenóis totais (r = 0,541) ou a atividade antioxidante total (r = 0,487). Em geral, estes resultados são bastante encorajadores e sugerem que os rebentos de feno-grego germinados ao longo de 4th dias, com actividades moderadas de α-amilase, fortes de α-glucosidase intestinal e significativas de inibição da sacarase, podem ser utilizados para controlar os níveis elevados de glicose no sangue de doentes diabéticos com efeitos secundários reduzidos.

Assim, a partir dos nossos resultados *in vitro*, é claro que, no caso dos rebentos de feno-grego em germinação, existe uma forte correlação entre o aumento dos compostos fenólicos totais, especialmente a quercetina (composto polifenólico), a atividade antioxidante total e a atividade hipoglicémica. Este estudo fornece uma forte evidência *in vitro* para a confirmação de rebentos ricos em fenólicos como um excelente remédio antidiabético, uma vez que podem suprimir a hiperglicemia muito melhor do que as suas respectivas sementes de feno-grego. Este é o primeiro relatório do género que fornece uma forte base bioquímica para a gestão da hiperglicemia, utilizando rebentos de feno-grego germinados ricos em fenólicos como alimento funcional antidiabético. Embora, a partir deste estudo, seja claro que os rebentos IL8 ricos em fenólicos germinados ao 4° dia são os melhores agentes hipoglicémicos entre as dez amostras selecionadas. No entanto, antes de os recomendar como medicamento antidiabético, têm de ser explorados em condições *in vivo*. Por conseguinte, neste estudo, os rebentos de feno-grego IL8 germinados ao quarto dia foram investigados quanto ao seu potencial antidiabético em ratos diabéticos induzidos por estreptozotocina (wistar albino). A fim de avaliar qualquer possível toxicidade dos rebentos de feno-grego, a administração oral de diferentes doses (100 mg/k.bw, 500 mg/k.bw, 1000 mg/k.bw, 2000 mg/k.bw e 3000 mg/k.bw) de extrato de rebentos IL8 a ratos albinos wistar normais foi considerada não tóxica, uma vez que não se verificou qualquer letalidade imediata ou a longo prazo ou qualquer reação tóxica nas 24 horas de observação ou até ao final do período experimental (21 dias).O efeito de diferentes doses de extrato aquoso (100mg/k.bw, 200mg/k.bw e 300mg/k.bw) em vários parâmetros bioquímicos, incluindo a glicemia, o peso corporal, o glicogénio hepático e os níveis de insulina sérica, também mostrou resultados encorajadores em todos os ratos diabéticos induzidos por STZ. Entre as diferentes doses utilizadas, verificou-se que 300 mg / k.bw. de extrato de rebentos mostrava uma atividade hipoglicémica significativa em ratos diabéticos e estes resultados eram bastante comparáveis ao tratamento com voglibiose (1 mg/k.bw.), um medicamento antidiabético padrão. Na dosagem de 300mg/k.bw, o extrato de broto IL8 foi capaz de quase normalizar em ratos diabéticos os parâmetros bioquímicos desregulados selecionados, incluindo a glicose no sangue, o peso corporal, o glicogénio hepático e a insulina sérica no prazo de 21 dias do período experimental.

A nível molecular, o extrato de rebentos de IL8 foi capaz de modular a expressão de vários alvos quimioterapêuticos desregulados da via de sinalização da insulina. Observou-se que os ratos diabéticos alimentados por via oral com 300mg/k.bw de extrato de rebentos de IL8 diariamente durante 21 dias apresentaram níveis mais elevados de formas fosforiladas de Akt2 hepática e GSK-3β, em contraste com os ratos diabéticos não tratados, possuindo predominantemente a forma não fosforilada de Akt2 e GSK-3β. Além disso, em comparação com o grupo de controlo diabético não tratado, o tratamento com extrato aumentou significativamente a forma ativa não fosforilada da glicogénio sintase (GS) e, assim, aumentou o armazenamento de glicogénio no fígado. O nosso estudo mostra claramente que o extrato de rebentos de IL8 rico em fenólicos foi capaz de induzir a fosforilação de *GSK-3β através de p-Akt2, o que, por sua vez, leva* à inibição da sua atividade de cinase e é incapaz de provocar a inativação da glicogénio sintase. Assim, é bastante claro que o tratamento com brotos de IL8 aumenta e mantém os níveis dominantes da forma não fosforilada da glicogénio sintase (um elemento-chave necessário na síntese de glicogénio) em ratos diabéticos.

Globalmente, neste estudo conclui-se que, em condições *in vitro* e *in vivo*, o extrato de rebentos de IL8 germinados durante 4th dias demonstra um controlo glicémico significativo e benéfico, elimina os radicais livres, inibe as actividades das enzimas α-amilase, α-glicosidase e invertase, possui propriedades insulinotrópicas, normaliza o teor de glicogénio hepático, normaliza o metabolismo lipídico e pode desempenhar um papel vital no tratamento da diabetes, bem como melhorar os danos no fígado e no pâncreas a nível celular causados pela diabetes. Embora, através desta investigação, seja claro que o extrato de rebentos de feno-grego IL8 parece ser promissor no tratamento da diabetes. No entanto, ainda é cedo para recomendar a sua utilização em seres humanos. Antes de poder ser considerado como uma adição importante ao arsenal terapêutico para o tratamento da diabetes, só estudos clínicos completos e exaustivos poderão racionalizar a sua utilização no ser humano.

Referências

Abbasi, A., Bakker, S.J., Corpeleijn, E., van der, A.D.L., Gansevoort, R.T., Gans, R.O., Peelen, L.M., van der Schouw, Y.T., Stolk, R.P., Navis, G., Spijkerman, A.M., Beulens, J.W., 2012. Testes de função hepática e previsão de risco de diabetes tipo 2 incidente: Avaliação em duas coortes independentes. PLoS ONE 7 (12), e51496.

Abd-El Rahman, A.M.M., 2014. Efeito hipoglicémico e hipolipidémico do feno-grego em diferentes formas em ratos experimentais. World Appl. Sci. J. 29 (7), 835-841.

Abdelatif, A.M., Ibrahim, M.Y., e Mahmoud, A.S., 2012. Efeitos antidiabéticos das sementes de feno-grego (*Trigonella foenum-graecum*) no coelho doméstico (*Oryctolagus cuniculus*). Res. J. Med. Plant 6(6), 449-455.

Abdelmoaty, M.A., Ibrahim, M.A., Ahmed, N.S., e Abdelaziz, M.A., 2010. Estudos confirmatórios sobre o efeito antioxidante e antidiabético da quercetina em ratos. Indian J. Clin. Biochem. 25 (2), 188-192.

Abdulah, R., Faried, A., Kobayashi, K., Yamazaki, C., Suradji, E.W., Ito, K., Suzuki, K., Murakami, M., Kuwano, H., e Koyama, H., 2009. O enriquecimento com selénio do extrato de rebentos de brócolos aumenta a quimiossensibilidade e a apoptose das células de cancro da próstata LNCaP. BMC Cancer 30(9), 414.

Acharya, S. N., Basu, S. K., e Thomas, J. E., 2007. Propriedades medicinais do feno-grego (*Trigonella foenum-graecum* L.): A review of the evidence based information, em: Acharya, S. N., e Thomas, J. E. (Eds.), Advances in Medical Plant Research, Research Signpost, Kerala, Índia, pp. 81-122.

Adedapo, A.A., Ofuegbe, S.O., e Soetan, K.O., 2014. Propriedades farmacológicas e medicinais do feno-grego (*Trigonella foenum-graecum* L.). Am. J. Soc. Issues Humanities 13-20.

Adhikary, S., Haldar, P.K., Kandar, C.C., Malakar, P., e Deb, A.R., 2013. Potenciais propriedades antimicrobianas, antioxidantes e de cicatrização de feridas do extrato diferente de *pedilanthus tithymaloides* (l.) poit. Leaves. Int. J. Phytopharmacol. 4(3), 204-211.

Adisakwattana, S., Ruengsamran, T., Kampa, P., e Sompong, W., 2012. Efeitos inibitórios *in vitro* de alimentos à base de plantas e suas combinações na α-glucosidase intestinal e na α-amilase pancreática. *BMC Compl. Altern. Med.* 12, 110.

Afolayan, A.J., e Sunmonu, T.O., 2010. Estudos *in vivo* sobre plantas antidiabéticas utilizadas na medicina herbal sul-africana. J. Clin. Biochem. Nutr. 47(2), 98-106.

Agrawal, R.P., Budania, S., Sharma, P., Gupta, R., Kochar, D.K., Panwar, R.B., e Sahani, M.S., 2007. Zero prevalence of diabetes in camel milk consuming Raica community of north Acharya, S. N., and Thomas, J. E. (Eds.), west Rajasthan, India. Diabetes Res. Clin. Pract.76 (2), 290-296.

Agrawal, R.P., Singh, G., Nayak, K.C., Kochar, D.K., Sharma, R.C., Beniwal, R., Rastogi, P., Gupta, R., 2004. Prevalence of diabetes in camel-milk consuming 'RAICA' rural community of North-West Rajasthan. Int. J. Diab. Dev.Countries. 24, 109-114.

Aguirre, L., Arias, N., Macarulla, M.T., Gracia, A., e Portillo, M.P., 2011. Efeitos benéficos da quercetina na obesidade e diabetes. The Open Nutra. J. 4, 189-198.

Ahmad, J., Masood, M.A., Ashraf, M., Rashid, R., Ahmad, R., Ahmad A., e Dawood, S., 2011. Prevalência de diabetes mellitus e seus factores de risco associados no grupo etário de 20 anos ou mais em Caxemira, Índia. Al Ameen J. Med. Sci. 4 (1), 38-44.

Ahmed, D., Younas, S., e Anwer-Mughal, Q.M., 2014. Estudo das actividades inibidoras da alfa-amilase e da urease de *Melilotus indicus* (Linn.) All. Pak. J. Pharm. Sci. 27 (1), 57-61.

Ajay, V.S., Prabhakaran, D., Jeemon, P., Thankappan, K.R., Mohan V, Ramakrishnan, L., Joshi, P., Ahmed, F.U., Mohan, B.V., Chaturvedi, V., Mukherjee, R., e Reddy, K.S., 2008. Prevalence and determinants of diabetes mellitus in the Indian industrial population (Prevalência e factores determinantes da diabetes mellitus na população industrial indiana). Diabetes Med. 25(10), 1187-94.

Akanksha, Srivastava, A.K., e Maurya, R., 2010. Atividade anti-hiperglicémica de compostos isolados de plantas medicinais indianas. Indian J. Exp. Biol. 48(3), 294-298.

Akhtar, M., e Bharatam, P.V., 2012. 3D-QSAR e estudos de docagem molecular em derivados de 3-anilino-4-arilmaleimida como inibidores da glicogénio sintase quinase-3β. Chem Biol. Drug Design. 79(4), 560571.

Akhtar, M.S., Irshad, N., Malik, A., e Kamal, Y., 2013.Need for new hypoglycemic agents: An overview. Int. J. Pharm. Sci.4 (1), 77-82.

Akinrinde, E.A., e Olanite, J.A., 2014. Feno-grego (*Trigonella foenum- graecum* L.): Um recurso forrageiro potencial, para todas as estações, para melhorar a nutrição de ruminantes na Nigéria. Am. J. Open Access Soc. Issues Humanities. 68-85.

Ali, H., Houghton, P.J., Soumyanath, A., 2006. Atividade inibidora da α-amilase de algumas plantas da Malásia utilizadas no tratamento da diabetes, com especial referência a *Phyllanthus amarus*. J. Ethnopharmacol. 107(3), 449-455.

Ali, N.M., Zamzami, M.A., e Khoja, S.M., 2013. Regulação da atividade hepática e mucosa da 6-fosfofruto-1-quinase por *Trigonella foenum-graecum* linn. (feno-grego) sementes de ratos diabéticos induzidos por estreptozotocina. J. Diabet. Res. Clin. Metab. 2(18), 1-6.

Ali, Z.H., 2011.Evolução da saúde e dos conhecimentos dos doentes diabéticos após a implementação de um programa de cuidados de enfermagem baseado no seu perfil. J. Diabetes Metab. 2, 121.

Al-Matubsi, H.Y., Nasrat, N.A., Oriquat, G.A., Abu-Samak, M., Al- Mzain, K.A., e Salim, M., 2011. O efeito hipocolesterolémico e antioxidante da suplementação dietética com diosgenina e cloreto de crómio em codornizes japonesas alimentadas com colesterol elevado. Pak. J. of Biol. Sci.14 (7), 425-432.

Alok, P., Malay, P., e Divyeshkumar, V., 2012. Prevalência de excesso de peso e obesidade em adolescentes da zona urbana e rural de Surat, Gujarat. Natl. J. Med. Res. 2 (3), 325-329.

Alvarez-Jubetea, L., Wijngaarda, H., Arendt, E.K., Gallagher, E., 2010. Composição de polifenóis e atividade antioxidante in vitro do amaranto, quinoa, trigo sarraceno e trigo, afectados pela germinação e cozedura. Food Chem. 119 (2), 770-778.

Amarowicz, R., Estrella, I., Hernandez, T., Robredo, S., Troszynska, A., Kosinska, A., Pegg, R.B., 2010. Capacidade de eliminação de radicais livres, atividade antioxidante e composição fenólica da lentilha verde (Lens culinaris). Food Chem. 121(3), 705-711.

Associação Americana de Diabetes, 2008. Declaração de posição da Associação Americana de Diabetes sobre o diagnóstico e a classificação da diabetes mellitus. Diabetes Care. 31 (1), S55-S60.

Associação Americana de Diabetes, 2010. Diagnóstico e classificação da diabetes mellitus. Diabetes Care. 33 (1), S62-S69.

Associação Americana de Diabetes, 2011. Padrões de cuidados médicos em diabetes-2011. Diabetes Care. 34(1), S11-S61.

Associação Americana de Diabetes, 2012. Diagnóstico e classificação da diabetes mellitus. Diabetes Care. 35(1), 64-71.

Anis, E., Anis, I., Ahmed, S., Mustafa, G., Malik, A., Afza, N., Hai, S.M., Shahzad-ul-hussan, S., Choudhary, M.I., 2002. α-glucosidase inhibitory constituents from *Cuscuta reflexa*. Chem. Pharm. Bull. 50 (1), 112-114.

Annida, P., e Prince, P.S.M., 2004. A suplementação de folhas de feno-grego reduz o perfil lipídico em ratos diabéticos induzidos por estreptozotocina. J. Med. Food. 7(2), 153-156.

Apostolidis, E., Kwon, Y.I., Shetty, K., 2006. Potencial das sinergias de ervas à base de arando para a gestão da diabetes e da hipertensão. Asian Pac. J. Clin., Nutr. 15(3), 433-441.

Arif, T., Sharma, B., Gahlaut, A., Kumar, V., Dabur, R., 2014. Agentes antidiabéticos de plantas medicinais: Uma revisão. Chem. Biol. Lett. 1 (1), 1-13.

Arivalagan, M., Gangopadhyay, K.K., e Kumar, G., 2013.

Determinação de saponinas esteroidais e teor de óleo fixo em genótipos de feno-grego (*Trigonella foenum-graecum*). Indian J. Pharm. Sci. 75(1), 110-113.

Arvind, K., Pradeep, R., Deepa, R., e Mohan, V., 2002. Diabetes and coronary artery diseases. Indian J. Med. Res. 116, 163-176.

Asgar, M.A., 2013. Potencial anti-diabético dos compostos fenólicos: Uma revisão. Int. J. Food Properties. 16(1), 91-103.

AshaBai, P.V., Murthy, B.N., Chellamariappan , M., Gupte, M.D., e Krishnaswami, C.V., 2000. Prevalência de diabetes conhecida na cidade de Chennai. J. Assoc. Physicians India. 49, 974-81.

Aswar, U., Mohan, V., Bodhankar, S.L., 2009. Efeito da trigonelina na fertilidade em ratos fêmeas. Int. J. Green Pharm. 3(3), 220-223.

Bagherzadea, G., Dourandishana, M., e Malekanehb, M., 2014. Efeitos antidiabéticos da raiz de otostegia persica em ratos diabéticos induzidos por aloxana. Pure Appl. Chem. Sci. 2(1), 1 - 9.

Bahadoran, Z., Mirmiran, P., e Azizi, F., 2013. Polifenóis dietéticos como potenciais nutracêuticos no tratamento da diabetes: Uma revisão. J. Diabetes Metab. Disorders. 12 (43), 1-9.

Bahadoran, Z., Mirmiran, P., Hosseinpanah, F., Rajab, A., Asghari, G., e Azizi, F., 2012b. O pó de rebentos de brócolos pode melhorar os triglicéridos séricos e a relação LDL/LDL-colesterol oxidado em doentes diabéticos do tipo 2: Um ensaio clínico aleatório, duplamente cego e controlado por placebo. Diabetes Res. Clin. Pract. 96, 348-354.

Bahadoran, Z., Tohidi, M., Nazeri, P., Mehran, M., Azizi, F., e Mirmiran, P., 2012a.Effect of broccoli sprouts on insulin resistance in type 2 diabetic patients: a randomized double-blind clinical trial. Int. J. Food Sci. Nutr. 63 (7), 767-771.

Balasubramanyam, A., Nalini, R., Hampe, C.S., Maldonado, M., 2008.Syndromes of ketosis-prone diabetes mellitus. Endocr. Rev. 29(3), 292-302.

Banerjee, A., e Kole, P.C., 2004. Análise da divergência genética no feno-grego (*Trigonella foenum-graecum* L.). J. Spices Aromatic Crops. 13 (1), 49-51.

Baquer, N.Z., Kumar, P., Taha, A., Kale, R.K., Cowsik, S.M., e McLean, P., 2011. Ação metabólica e molecular de *Trigonella foenum-graecum* (feno-grego) e metais vestigiais em tecidos diabéticos experimentais. J. Biosci. 36 (2), 383-396.

Barrett, M.L., e Udani, J.K., 2011.Um inibidor de alfa-amilase patenteado do feijão branco (Phaseolus vulgaris): Uma revisão dos estudos clínicos sobre perda de peso e controlo glicémico. Nutr. J. 10, 24.

Bartosch-Harlid, A., e Andersson, R., 2010. Diabetes mellitus no cancro pancreático e a necessidade de diagnóstico de doença assintomática. Pancreatology. 10 (4), 423-428.

Basch, E., Ulbricght, C., Kuo, G., Szapary, P., e Smith, M., 2003.Therapeutic applications of fenugreek. Alternat. Med. Rev. 8(1), 20-27.

Basha, N.S., Princely, S., Gnanakani, E., e Kirubakaran, J.J., 2011. Rastreio fitoquímico preliminar e avaliação do potencial antimicrobiano das partes aéreas de *Memecylon Umbellatum-Burn* (Melastomataceae). Pharmacologyonline. 1, 174-184.

Bawadi, H.A., Maghaydah, S.N., Tayyem, R.F., e Tayyem, R.F., 2009.The postprandial hypoglycemic activity of fenugreek seed and seeds extract in type 2 diabetics: Um estudo piloto. Revista Pharmacogn. Magazine. 5(18), 134-138.

Bensellam, M., Laybutt, D.R., Jonas, J.C., 2012. Os mecanismos moleculares da glucotoxicidade das células β pancreáticas: Descobertas recentes e futuras direcções de investigação. Mol. Cell. Endocrinol. 364(1-2), 1-27.

Benzie, I.F., e Strain, J.J., 1996. A capacidade redutora do plasma como medida do poder antioxidante - O ensaio FRAP. Anal. Biochem. 239(1), 70-76.

Berg, J.P., 2013. HbA1c como ferramenta de diagnóstico na diabetes mellitus. Norsk

Epidemiologi. 23 (1), 5-8.

Bharati, D.R., Pal, R., Kar, S., Rekha, R., Yamuna, T.V., Basu, M., 2011. Prevalência e determinantes da diabetes mellitus em Puducherry, Sul. J. Pharm. Bioallied Sci. 4(3), 513-518.

Bhat, M., Zinjarde, S.S., Bhargava, S.Y., Kumar, A.R., e Bimba N. Joshi, B.N., 2011. Plantas indianas antidiabéticas: Uma boa fonte de potentes inibidores da amilase. Evid. Based Compl. Alt. Medicine. 1-6.

Birt, D.F., Hendrich, S., e Wang, W., 2001. Agentes dietéticos na prevenção do cancro: Flavonóides e Isoflavonóides. Pharmacol. Ther. 90(2-3), 157-177.

Bluestone, J.A., Herold, K., Eisenbarth, G., 2010. Genética, patogénese e intervenções clínicas na diabetes tipo 1. Nat. 464 (7293), 12931300.

Boaz, M., Leibovitz, E., Dayan, Y.B., e Wainstein, J., 2011. Alimentos funcionais no tratamento da diabetes tipo 2: extrato de folha de oliveira, curcuma e feno-grego; Uma revisão qualitativa. Func. Foods Health Dis. 1(11), 472-481.

Bodi, E., Fekete, I., Andrasi, D., e Kovacs, B., 2013. O papel dos brotos de alimentos enriquecidos com selênio em relação às nossas necessidades diárias de selênio. Eur. Chem. Bull. 2(1), 46-48.

Bonfili, L., Amici, M., Cecarini, V., Cuccioloni, M., Tacconi, R., Angeletti, M., Fioretti, E., Keller, J.N., e Eleuteri, A.M., 2009. Apoptose induzida por extrato de rebentos de trigo em células cancerígenas humanas por modulação de proteasomas. Biochimie. 91(9), 1131-1144.

Bosenberg e Zyl, 2008. O mecanismo de ação dos medicamentos antidiabéticos orais: Uma revisão da literatura recente. J. Endocrinol. Metab. Diabetes South Africa 13(3), 80-88.

Brahmkshatriya, P.P., Mehta, A.A., S aboo ,B . D , e Goyal, R.K., 2012. Caraterísticas e prevalência de Diabetes Autoimune Latente em Adultos (LADA). ISRN Pharmacol. 1-8.

Brajdes, C., e Vizireanu, C., 2012. Trigo mourisco germinado: Uma importante fonte vegetal de antioxidantes. Os Anais da Universidade Dunarea de Jos de Galati Fascículo VI-Técnica Alimentar. 36(1), 53-60.

Brian, A., Hemmings, B.A., e Restuccia, D.F., 2012. Via PI3K-PKB/Akt. Cold Spring Harb. Perspect. Biol. 4, 1-3.

Broca, C., Manteghetti, M., Gross, R., Baissac, Y., Jacob, M., Petit, P., Sauvaire, Y., e Ribes, G., 2000. 4-Hydroxyisoleucine: effects of synthetic and natural analogues on insulin secretion. Euro. J. Pharmacol. 390, 339-345.

Bukhari, S.B., Bhanger, M.I., e Memon, S., 2008. Atividade antioxidante de extractos de sementes de feno-grego (*Trigonella foenum-graecum*). Pak. J. Anal. Environ. Chem.9(2), 78-83.

Bukonla, A., Benson, O.K., Akinsola, A.R., Aribigbola, C., Adesola, A., e Seyi, A., 2012. Efeito da diabetes tipo 1 nos níveis séricos de electrólitos (sódio e potássio) e na hormona testosterona em indivíduos humanos do sexo masculino. Webmed Central Biochemistry. 3(9), WMC003698.

Burguieres, E., Mccue, P., Kwon, Y-I., Shetty, K., 2008. Funcionalidade relacionada com a saúde dos rebentos de ervilha enriquecidos com fenólicos em relação à gestão da diabetes e da hipertensão. 32 (1), 3-14.

Carroll, N.V., Longley, R.W., e Roe, J.H., 1956. A determinação do glicogénio no fígado e no músculo através da utilização do reagente de antrona. J. Biol. Chem.220 (2), 583-593.

Cerf, M.E., 2013. Disfunção das células beta e resistência à insulina. Front. Endocrinol. 4, 37.

Ceriello, A., 2005. Hiperglicemia pós-prandial e complicações da diabetes: É altura de tratar? Diabetes. 54 (1), 1-7.

Chang, C.L.T., Lin, Y., Bartolome, A.P., Chen, Y-C., Chiu, C-S., e Yang, W-C., 2013. Terapias à base de plantas para diabetes mellitus tipo 2: Química, biologia e potencial aplicação de plantas e compostos selecionados. Evid. Based Compl. *Altern. Med.*, 1-33.

Chavan, J.K., e Kadam, S.S., 1989. Melhoramento nutricional de cereais por germinação. Crit. Rev. Food Sci. Nutr. 28 (5), 401-437.

Chen, P.S., Shih, Y.W., Huang, H.C., e Cheng, H.W., 2011. A diosgenina, uma saponina esteroidal, inibe a migração e a invasão das células PC-3 do cancro da próstata humano, reduzindo a expressão das metaloproteinases da matriz. PLoS One. 6 (5), e20164.

Cheng, D., Liang, B., e Li, Y., 2013. Efeito anti-hiperglicémico do extrato *de Ginkgo biloba* na diabetes induzida por estreptozotocina em ratos. BioMed. Res. Int. 1-7.

Chevassus, H., Gaillard, J.B., Farret, A., Costa, F., Gabillaud, I., Mas, E., Dupuy, A.M,

Michel, F., Cantié, C., Renard, E., Galtier, F., Petit P., 2010. Um extrato de sementes de feno-grego reduz seletivamente a ingestão espontânea de gordura em indivíduos com excesso de peso. Eur. J. Clin. Pharmacol. 66(5), 449455.

Chevassus, H., Molinier, N., Costa, F., Galtier, F., Renard, E., e Petit, P., 2009. Um extrato de sementes de feno-grego reduz seletivamente o consumo espontâneo de gordura em voluntários saudáveis. Eur. J. Clin. Pharmacol. 65, 1175-1180.

Chilomer, K., Zaleska, K., Ciesiolka, D., Gulewicz, P., Andrzej, Frankewicz, A., e Gulewicz, K., 2010. Alterações no teor de alcalóides, galactosídeos e fracções proteicas durante a germinação de diferentes espécies de tremoço. Ata Societatis Botanicorum Poloniae .79 (1), 11-20.

Cho, H., Mu, J., Kim, J.K., Thorvaldsen, J.L., Chu, Q., Crenshaw, E.B., Kaestner , K.H., Bartolomei, M.S., Shulman, G.I., e Birnbaum, M.J., 2001. Resistência à insulina e síndrome semelhante à diabetes mellitus em ratos sem a proteína quinase Akt2 (PKBβ). *Sci.* 292 (5522), *1728-1731.*

Chon, S., 2013. Polifenóis totais e bioatividade de sementes e rebentos em várias leguminosas. Curr. Pharm. Des. 19 (34), 6112-6124.

Choudhury, C., Bawari, M., Sharma, G.D., 2013. Avaliação do efeito nocivo de um extrato de planta medicinal no cérebro de ratos. Indian J. Appl. Res. 3(6), 38-39.

Chow, C.K., Raju, P.K., Raju, R., Reddy, K.S., Cardona, M., Celermajer, D.S., e Neal B.C., 2006. The prevalence and management of diabetes in rural India (A prevalência e a gestão da diabetes na Índia rural). Diabetes Care. 29 (7), 1717-17188.

Christen U., e Von-Herrath, M.G., 2011. As infecções virais protegem ou melhoram a diabetes tipo 1 e como podemos distinguir isso? Cell Mol. Immunol. 8(3), 193-198.

Chung, I-M., Kim, E-H., Yeo, M-A., Kim, S-J., Seo, M.-C., e Moon, H.-I., 2011. Efeitos antidiabéticos de três extractos fenólicos de sorgo coreano em ratos diabéticos normais e induzidos por estreptozotocina.Food Res. Int. 44 (1), 127-132.

Cline, G.W., Johnson, K., Regittnig, W., Perret, P., Tozzo, E., Xiao, L., Damico, C., e Shulman, G.I., 2002. Effects of a novel glycogen synthase kinase - 3 inhibitor on insulin stimulated glucose metabolism in Zucker diabetic fatty (fa/fa) rats. Diabetes. 51(10), 2903-2910.

Colclough, K., Saint-Martin, C., Timsit, J., Ellard, S., e Bellanne-Chantelot, C., 2014.

Cartão de gene de utilidade clínica para: Diabetes de início na maturidade dos jovens. Eur. J. Human Genetics. 22, e1-e6.

Coman, C., Rugina, O.D., e Socaciu, C., 2012. Plantas e compostos naturais com ação antidiabética. Not. Bot. Horti. Agrobo. 40 (1), 314-325.

Coppieters, K.T., Boettler, T., e Herrath, M.V., 2012. Infecções por vírus do tipo 1. Cold Spring Harb Perspect Med.2 (1), a007682.

D'Britto, V., Devi, P. P., Prasad, B. L.V., Dhawan, A., Mantri, V.G., e Prabhune, A., 2012. Os extractos de plantas medicinais utilizados para a terapia do açúcar no sangue e da obesidade mostram uma excelente inibição da atividade da invertase: síntese de nanopartículas utilizando este extrato e os seus efeitos citotóxicos e genotóxicos. Int. J. Life Sci. Pharma. Res. 2 (3), 61-74.

Daivadanam, M., Absetz, P., Sathish, T., Thankappan, K.R., Edwin, B., Fisher, E.B., Philip, N.E., Mathews, E., e Oldenburg, B., 2013.

Mudança do estilo de vida em Kerala, Índia: Avaliação das necessidades e planeamento de um ensaio comunitário de prevenção da diabetes. BMC Public Health.13, 95.

Datta, S., Chatterjee, R., e Mukherjee, S., 2005. Estudos de variabilidade, hereditariedade e análise de caminhos no feno-grego. Indian J. Hort. 62 (1), 96-98.

DeFronzo, R. A., 2004. Patogénese da diabetes mellitus tipo 2. Med. Clin. North Am. 88(4), 787-835.

Deguchi, Y., e Miyazaki, K., 2010. Efeitos anti-hiperglicémicos e anti-hiperlipidémicos do extrato de folha de goiaba. Nutr. Metab. 7(9), 1-10.

Del Guerra, S., Lupi, R., Marselli, L., Masini, M., Bugliani, M., Sbrana, S., Torri, S., Pollerà, M., Boggi, U., Mosca, F., Del Prato, S., Marchetti, P., 2005. Functional and molecular defects of pancreatic islets in human type 2 diabetes. Diabetes 54, 727-735.

Deng, Y.X., Chen, Y.S., Zhang, W.R., Chen, B., Qiu, X.M., He, L.H., Mu, L.L., Yang, C.H., Chen, R., 2011. O polissacárido de *Gynura Divaricata* modula as actividades das dissacaridases intestinais em ratos diabéticos induzidos por estreptozotocina. Br. J. Nutr.106 (9), 1323-1329.

Deo, S.S., Zantye, A., Mokal, R., Misthbawkar, S., Rane, S., Thakur, K., 2006. Identificar os factores de risco para a elevada prevalência de diabetes e tolerância à glicose diminuída na população rural indiana. Int. J. Diabetes Dev. Ctries. 26 (1), 19-23.

Deore, A.B., Chavan, P.N., Sapakal, V.D., e Naikwade, N.S., 2012. Actividades antidiabéticas e anti-hiperlipidémicas de *Malvastrum coromandelianum* Linn. folhas em ratos diabéticos induzidos por aloxana. Int. J. PharmTech. Res, 4(1), 351-357.

Devi, B.A., Kamalakkannan, N., Prince, P.S., 2003. Suplementação de folhas de feno-grego em ratos diabéticos. Efeito sobre as enzimas metabólicas dos hidratos de carbono no fígado e nos rins dos diabéticos. Phytother. Res. 17(10), 12311233.

Devi, M.R., Bawaril, M., Paul, S.B., e Sharma, G.D., 2012. Caracterização dos efeitos tóxicos induzidos pelas folhas de *Datura Stramonium* L. em ratos: Uma abordagem comportamental, bioquímica e ultra-estrutural. Asian J. Pharm. Clin. Res. 5(3), 143-146.

Diamond, J., 2011. Medicina: Diabetes in India. Nat. 469, 478-479.

Dib, S.A., e Gomes, M.B., 2009. Etiopatogénese da diabetes mellitus tipo 1: Fatores prognósticos para a evolução da função residual das células β. *Diabetol. Metab. Syndr.* 1, 25.

Dicko, M.H. Gruppen, H., Traoré, A.S., Voragen, A.G.J., e Van Berkel, W.J.H., 2006. Phenolic compounds and related enzymes as determinants of sorghum for food use. Biotechnol. Mol. Bio. Rev. 1 (1), 21-38.

Dinakaran, V., Narayanan, S.P., e Rani, S.S., 2012. Efeitos antioxidantes *in vitro* do extrato de sementes de feno-grego *Trigonella foenum -graecum* (L.) em glóbulos vermelhos de ovelha. J. Med. Plants Res. 6(38), 5119-5127.

Dinkova-Kostova, A.T., Fahey, J.W., Benedict, A.L., Jenkins, S.N., Ye, L., Wehage, S.L., e Talalay, P., 2010. Os extractos de rebentos de brócolos ricos em glucorafanina na dieta protegem contra a carcinogénese cutânea induzida pela radiação UV em ratos sem pelo SKH-1. Photochem. Photochem. Photobiol. Sci. 9(4), 597-600.

Dinkova-Kostova, A.T., Fahey, J.W., Wade, K.L., Jenkins, S.N., Shapiro, T.A., Fuchs, E.J., Kerns, M.L., e Talalay, P., 2007. Indução da resposta de fase 2 na pele de ratos e humanos por extractos de brotos de brócolos contendo sulforafano. Cancer Epidemiol.Biomarkers Prev. 16(4), 847-851.

Dionísio, M., e Grenha, A., 2012. Goma de alfarroba: Explorando o seu potencial para aplicações biofarmacêuticas. J. Pharm. Bioallied Sci. 4(3), 175-185.

Dixit, P., Ghaskadbi, S., Mohan, H., Devasagayam, T.P., 2005. Propriedades antioxidantes de sementes de feno-grego germinadas. Phytother. Res. 19(11), 977-983.

Du, Y., e Wei, T., 2014. Entradas e saídas da proteína recetora de insulina. Célula de Proteína. 5 (3), 203-213.

Dua, A., Vats, S., Singh, V., e Mahajan, R., 2013. Proteção de biomoléculas contra danos oxidativos *in vitro* pelos antioxidantes do extrato metanólico de sementes *de Trigonella foenum- graecum*. Int. J. Pharm. Sci. Res. 4(8), 3080-3086.

El-Adawy, T.A., Rehma, E.H., El-Badawey, A.A, El-Beltagey, A.E., 2003. Potencial nutricional e propriedades funcionais de sementes germinadas de feijão-mungo, ervilha e lentilha. Plants Foods Hum. Nutr. 58, 1-13.

El-Dakak, A.M.N.H., Abd-El-Rahman, Hanaa S.M., e El-Nahal, D.M.M., 2013. Estudos comparativos entre sementes aquosas *de Lepidium sativum* L., *Lupinus albus e Trigonella foenum-gracum*, e os seus extractos de mistura em ratos diabéticos induzidos por estreptozotocina. J. Appl. Sci. Res. 9 (4), 2965-2982.

Enkhmaa, B., Ozturk, Z., Anuurad, E., e Berglund, L., 2010. Lipoproteínas pós-prandiais e risco de doença cardiovascular na diabetes mellitus. Curr. Diabetes Rep.10, 61-69.

Evans, J.L., Goldfine, I.D., Maddux, B.A., e Grodsky, G.M., 2002. Stress oxidativo e vias de sinalização activadas pelo stress: uma hipótese unificadora da diabetes tipo 2. Endocr. Rev. 23 (5), 599-622.

Fernandez-Mejia, C., 2006. Molecular basis of type-2 diabetes. Mol. Endocrinol. 87-108.

Fernandez-Orozco, R., Frias, J., Zielinski, H., Piskula, M.K., Kozlowska, H., e Vi dal-Valverde, C., 2008. Estudo cinético dos compostos antioxidantes e da capacidade antioxidante durante a germinação de *Vigna radiata* cv. emmerald, Glycine max cv. Jutro e Glycine max cv.Merit. Food Chem. 111(3), 622-630.

Fikreselassie, M., 2012. Desempenho de algumas colecções de germoplasma de feno-grego da Etiópia (*Trigonella foenum-graecum* L.) em comparação com a variedade comercial challa. Pak. J. Biol. Sci.15 (9), 426-436.

Frohnert, B.I., Ode, K.L., Moran, A., Nathan, B.M., Laguna, T., Holme, B., Thomas, W., 2010. Glicemia de jejum prejudicada na fibrose cística. Diabetes Care. 33, 2660-2664.

Frojdo, S., Vidal, H., e Pirola, L., 2009. Alterações da sinalização da insulina na diabetes tipo 2: A review of the current evidence from humans. Biochimi. Biophys. Ata.1792 (2), 83-92.

Furushima, K., Tone, A., Katayama, A., Iseda, I., Higuchi, C., Tsukamoto, K., Tomohiko

Mannami, T., Yamashita, H., Ohta, T., Nomura, S., Yamadori, I., Wada, J., Shikata, K. e Hida, K., 2010. Um caso de insulinoma maligno secretor de pró-insulina num doente idoso com enfarte cerebral. J. Diabetes Metab. 1, 103.

Gad, M.Z., El-Sawalhi, M.M., Ismail, M.F., El-Tanbouly, N.D., 2006. Estudo bioquímico da ação antidiabética das plantas egípcias: Feno-grego e Balanites. Mol. Cell Biochem. 281(1-2), 173-183.

Gaikwad, A., Kanitkar, S., Kalyan, M., Tamakuwala, K., Agarwal, R., e Bhimavarapu, B., 2014. Prevalência de diabetes mellitus tipo 2 em candidatos que disputam as eleições para a corporação municipal em uma cidade urbana industrializada. Indian J. Basic Appl. Med. Res. 3(2), 412-418.

Galadari, S., Rahman, A., Pallichankandy, S., Galadari, A., e Thayyullathil, F., 2013. Papel da ceramida no diabetes mellitus: evidências e mecanismos. *Lipids Health Dis*. 12, 98.

Gan, R-Y., Xu, X-R., Song, F-L., Kuang, L., e Li, H-B., 2010.Antioxidant activity and total phenolic content of medicinal plants associated with prevention and treatment of cardiovascular and cerebrovascular diseases. J. Med. Plants Res.4 (22), 2438-2444.

Ganeshpurkar, A., Diwedi, V., e Bhardwaj, Y., 2013. Potencial inibitório *in vitro* da α-amilase e da α-glicosidase do extrato de folhas de *Trigonella foenum-graecum*. Ayu. 34(1), 109-112.

Gawlik-Dziki U., Swieca, M., Sugier D., 2012. Aumento das capacidades antioxidantes e da atividade inibidora da lipoxigenase e da xantina oxidase dos rebentos de brócolos por elicitores bióticos. Ata Sci. Pol., Hortorum Cultus. 11(1), 13-25.

Gawlik-Dziki, U., Swieca, M., Dziki, D., e Sugier, D., 2013. Melhoria do valor nutracêutico dos rebentos de brócolos através de elicitores naturais. Ata Sci. Pol., Hortorum Cultus. 12(1), 129-140.

Gayathri, M., e Kannabrian, K., 2009. Atividade antidiabética do ácido 2-hidroxi-4-metoxi-benzoico isolado das raízes de *Hemidesmus indicus* em ratos diabéticos induzidos por estreptozotocina. Int. J. Diabetes Metab. 17, 53- 57.

Geetha, B., Shivananda, N., e Majula, S., 2011. Mecanismo de diabetes tipo 2 recentemente diagnosticado por *Trigonella foenum graecum*. Int. J. Res.Ayurveda Pharm. 2(4), 1231-1234.

Geethalakshmi, R., e Sarada, D.V.L., 2010. Atividade inibidora da α-amilase de *Trianthema decandra* L. Int. J. Biotechnol. Biochem 6 (3), 369-376.

Georgetti, S.R., Casagrande, R., Vicentini, F.T.M., Verri Jr., W.A., Fonseca, M.J.V., 2006. Avaliação da atividade antioxidante do extrato de soja por diferentes métodos *in vitro* e investigação desta atividade após sua incorporação em formulações tópicas. Eur. J. Pharm. Biopharm. 64 (1), 99-106.

Ghadyale, V., Takalikar, S., Haldavnekar, V., e Arvindekar, A., 2012. Controlo eficaz do nível de glicose pós-prandial através da inibição da alfa-glicosidase intestinal por *Cymbopogon martinii* (Roxb.). Evid. Based Compl. Alternat. Med. 1-6.

Ghavidel, R.A., e Prakash, J., 2007. O impacto da germinação e do descasque nos nutrientes, antinutrientes, biodisponibilidade *in vitro* de ferro e cálcio e digestibilidade *in vitro* de amido e proteína de algumas sementes de leguminosas. LWT - Food Sci. Tech. 40 (7), 1292-1299.

Ghazanfari, Z., Niknami, S., Ghofranipour, F., Larijani, B., Agha-Alinejad, H., Montazeri, A., 2010. Determinantes do controlo glicémico em doentes diabéticos do sexo feminino: um estudo do Irão. Lipids Health Dis. 9, 83.

Ghigo, E., Guaraldi, F., e Porta, M., 2014. Diabetes secundária: Considerações clínicas, em: Ghigo, E., and Porta, M., (Eds.), Diabetes secondary to endocrine and pancreatic disorders. Front Diabetes, Basileia, Karger, pp. 167-177.

Ghosh, S., Ahire, M., Patil, S., Jabgunde, A., Dusane, M.B., Joshi, B.N., Pardesi, K., Jachak, S., Dhavale, D.D., Chopade, B.A., 2012. Atividade antidiabética de *Gnidia glauca* e *Dioscorea bulbifera*: Potentes inibidores de amilase e glucosidase. Evid. baseado Compl. Alternat. Med. 1-10.

Giada, M.L.R., 2013. Compostos Fenólicos Alimentares: Principais Classes, Fontes e seu Poder Antioxidante, em: Jose Morales-Gonzalez, J.A., (Eds.), Oxidative Stress and Chronic Degenerative Diseases - A Role for Antioxidants, Intech, pp. 87-112.

Gokhale, K.M., e Tilak, B.P., 2013. Papel da Glicogénio Sintase Quinase (GSK-3) na Diabetes tipo 2 e inibidores da GSK-3 como potenciais antidiabéticos. Int. J. Pharm. Phytopharmacol. Res.3 (3), 196-199.

Gomathi, D., Kalaiselvi, M., e Uma, C., 2012. Efeitos inibitórios *in vitro* da α-amilase e da α-glucosidase de extractos etanólicos de *Evolvulus Alsinoids* L. Int. Res. J. Pharm.3(3), 226-229.

Gopu, C.L., Gilda, S.S., Paradkar, A.R., e Mahadik, K.R., 2008. Desenvolvimento e validação de um método TLC densitométrico para análise de trigonelina e 4-hidroxi-isoleucina em sementes de feno-grego. Ata Chromatographia. 4, 709-719.

Goyary, D., e Sharma, R., 2010. A restrição alimentar previne o efeito diabetogénico da estreptozotocina em ratos. Indian J. Biochem. Biophys.47, 254-256.

Goycheva, P., e Gadjeva, V., Popov, B., 2006. Stress oxidativo e suas complicações na diabetes mellitus. Trakia. J. Sci. 4(1), 1-8.

Griffeth, R.J., Carretero, J., e Burks, D.J., 2013. O substrato 2 do recetor de insulina é necessário para o desenvolvimento testicular. PLoS One. 8 (5), e62103.

Guo, X., Li , T., Tang, K., e Liu, R.H., 2012. Efeito da germinação nos perfis fitoquímicos e na atividade antioxidante dos rebentos de feijão-mungo (*Vigna radiata*). *J. Agric. Food Chem.*60 (44), 11050-11055.

Gupta, A., Gupta, R., Sarna, M., Rastogi, S., Gupta, V.P., e Kothari, K., 2003. Prevalence of diabetes, impaired fasting glucose and insulin resistance syndrome in an urban Indian population. Diabetes Res. Clin. Pract. 61(1), 69-76.

Gupta, R., Kaul, V., Bhagat, N., Agrawal, M., Gupta, V.P., Misra, A., Vikram, N.K., 2007. Trends in prevalence of coronary risk factors in an urban Indian population (Tendências na prevalência de factores de risco coronário numa população urbana indiana): Jaipur Heart Watch-4. Indian Heart J. 59 (4), 346-353.

Gupta, R., Sarna, M., Thanvi, J., Rastogi, P., Kaul, V., e Gupta, V.P., 2004. High prevalence of multiple coronary risk factors in Punjabi Bhatia community: Jaipur Heart Watch-3. Indian Heart J. 56, 646652.

Gupta, S.K., Singh, Z., Purty, A.J., Kar, M., Vedapriya, D.R., Mahajan, P., e Cherian, J., 2010. Prevalência da diabetes e respectivos factores de risco na zona rural de Tamil Nadu. Indian J. Community Med. 35 (3), 396399.

Hajimehdipoor, H., Sadat-Ebrahimi, S.E., Amanzadeh, Y., Izaddoost, M., e Givi, E., 2010. Identificação e determinação quantitativa de 4-hidroxi-isoleucina em *Trigonella foenum-graecum* L. do Irão. J. Med. Plants. 9(6), 29-34.

Hamden, K., Jaouadi, B., Zara, N., Rebai, T., Carreau, S., e Elfeki, A., 2011. Efeitos inibitórios dos estrogénios nas enzimas digestivas, deficiência de insulina e toxicidade do pâncreas em ratos diabéticos. J. Physiol. Biochem. 67(1), 121-128.

Hamden, K., Mnafgui, K., Amri, Z., Aloulou, A., e Elfeki, A., 2013. Inibição de enzimas digestivas chave relacionadas com diabetes e hiperlipidemia e proteção das funções fígado-rim por trigonelina em ratos diabéticos. Sci. Pharm. 81 (1), 233-246.

Hamden, K., Jaouadi, B., Carreau, S., Bejar, S., Elfeki, A., 2010. Efeito inibitório do galactomanano de feno-grego nas enzimas digestivas relacionadas com a diabetes, a hiperlipidemia e as disfunções hepato-renais. Biotechnol. Bioprocess Eng. 15(3), 407-413.

Hammarstedt, A., Graham, T.E., e Kahn, B.B., 2012. Desregulação do tecido adiposo e redução da sensibilidade à insulina em indivíduos não obesos com células adiposas abdominais aumentadas. *Diabetol. Metab. Syndr.* 4(1), 42.

Han, C.C., Yuan, J., Wang, Y., Li, L., 2006. Atividade hipoglicémica do cogumelo fermentado de Coprinus comatus rico em vanádio. J. Trace Elem. Med. Biol. 20(3), 191-196.

Hanhineva, K., Torronen, R., Bondia-Pons, I., Pekkinen, J., Kolehmainen, M., Mykkanen, H., e PoutaNen, K., 2010. Impacto dos polifenóis alimentares no metabolismo dos hidratos de carbono. Int. J. Mol. Sci. 11(4), 1365-1402.

Hannan, J.M., Ali, L., Rokeya, B., Khaleque, J., Akhter, M., Flatt, P.R., e Abdel-Wahab, Y.H., 2007. A fração de fibra alimentar solúvel da semente *de Trigonella foenum-graecum* (feno-grego) melhora a homeostase da glicose em modelos animais de diabetes tipo 1 e tipo 2, retardando a digestão e absorção de hidratos de carbono e melhorando a ação da insulina. Br. J. Nutr. 97(3), 514-521.

Haque, N., Salma, U., Nurunnabi, T.R., Uddin, M.J., Jahangir, M.F., Islam, S.M., e Kamruzzaman, M., 2011. Gestão da diabetes mellitus tipo 2 por estilo de vida, dieta e plantas medicinais. Pak. J. Biol. Sci.14 (1), 13-24.

Hardt, P.D., e Ewald, N., 2011. Insuficiência pancreática exócrina na diabetes mellitus: Uma complicação da neuropatia diabética ou um tipo diferente de diabetes? Exp. Diabetes Res. 1-7.

Hassanzadeh, E., Chaichi, M.R., Mazaheri, D., Rezazadeh, S., e Naghdi-Badi, H.A., 2011. Variabilidades físicas e químicas entre sementes domésticas de feno-grego iraniano (*Trigonella foenum-graceum*). Asian J. Plant Sci. 10 (6), 323-330.

Hegab, Z., Gibbons, S., Neyses, L., e Mamas, M.A., 2012. Papel dos produtos finais de glicação avançada nas doenças cardiovasculares. World J. Cardiol. 4(4), 90-102.

Helmy, H.M., 2011. Estudar o efeito das sementes de feno-grego na úlcera gástrica em ratos experimentais. World J. Dairy Food Sci. 6 (2), 152-158.

Helou, C., Marier, D., Jacolot, P., Abdennebi-Najar, L., Niquet-Leridon, C., Tessier, F.J., e Gadonna-Widehem, P., 2014. Microorganismos e produtos da reação de maillard: Uma revisão. Aminoácidos. 46 (2), 267277.

Hii, C.S., e Howell, S.L., 1985. Effects of flavonoids on insulin secretion and Ca^{2+} handling in rat islets of langerhans. J. Endocrinol. 107(1), 1-8.

Hiran, P., Kerdchoechuen, O., Laohakunjit, N., e Sukrong, S., 2013. A inibição da α-glucosidase para diabetes tipo 2 do milho (Zea mays). Agric. Sci. J. 44(2), 449-452.

Hong, Y-H., Chao, W-W., Chen, M-L., Lin, B-F., 2009. Extractos de acetato de etilo de rebentos de alfafa (*Medicago sativa* L.) inibem a inflamação induzida por lipopolissacáridos *in vitro* e *in vivo*. J. Biomed Sci. 16(64), 1-12.

Hu, F.B., 2011. Globalização do diabetes: o papel da dieta, do estilo de vida e dos genes. Diabetes Care, 34 (6), 1249-1257.

Huang, W.Y., Cai, Y.Z., e Zhang, Y., 2010. Compostos fenólicos naturais de ervas medicinais e plantas dietéticas: Potencial utilização na prevenção do cancro. Nutr. Cancer. 62(1), 1-20.

Hui, H., Tang, G., Go, L.W.V., 2011. Ervas hipoglicémicas e seus mecanismos de ação. Chinese Med. 4, 1-11.

Hussain, S.A., Ahmed, Z.A., Mahvi, T.O., e Aziz, T.A., 2012. Efeito da quercetina na excursão pós-prandial de glicose após desafio de mono e dissacarídeos em ratos normais e diabéticos. J. Diabetes Mellitus. 2(1), 82-87.

Atlas da Diabetes da IDF, 2013. Federação Internacional de Diabetes, 6ª ed., Bruxelas, Bélgica (www.idf.org/diabetesatlas).

Painel de Consenso dos Grupos de Estudo da Associação Internacional de Diabetes e Gravidez, 2010. Recomendações dos grupos de estudo da associação internacional de diabetes e gravidez sobre o diagnóstico e a classificação da hiperglicemia na gravidez. Diabetes Care. 33, 676-682.

Inzucchi, S.E., 2012. Diagonose da diabetes. N. Engl. J. Med. 367, 542550.

Ishikawa, A., Yamashita, H., Hiemori, M., Inagaki, E., Kimoto, M., Okamato, M., Tsuji,

H., Memon, A.N., Mohammadio, A., Natori, Y., 2007. Caracterização dos inibidores da hiperglicemia pós-prandial das folhas de *Nerium indicum*.J. Nutr. Sci. Vitaminol. 53(2), 166-173.

Iwai, K., 2008. Efeitos antidiabéticos e antioxidantes dos polifenóis da alga castanha *Ecklonia Stolonifera* em ratos KK-Ay geneticamente diabéticos. Plant Food Hum. Nutr. 63(4), 163-169.

Iyer, S.R., Iyer, R.R., Upasani, S.V., e Baitule, M.N., 2001. Diabetes mellitus in Dombivlian urban population study. J. Assoc. Physicians India. 49, 713-716.

Jacobson, J.D., Midyett, L.K., Garg, U., Sherman, A.K., e Patel, C., 2011. Provas bioquímicas da redução da atividade da carnitina palmitoil transferase 1 (CPT-1) na diabetes mellitus tipo 1. J. Diabetes Metab. 2, 144.

Jadhav, R., e Puchchakayala, G., 2012. Atividade hipoglicêmica e antidiabética de flavonóides: ácido boswélico, ácido elágico, quercetina, rutina em ratos diabéticos tipo 2 induzidos por estreptozotocina-nicotinamida. Int. J. Pharm. Pharm. Sci. 4 (2), 251-256.

Jahan, N., Khalil-ur-Rahman, Ali, S., e Asi, M.R., 2013. Ácido fenólico e conteúdo de flavonol de extractos gemmo-modificados e nativos de algumas plantas medicinais indígenas. Pak. J. Bot. 45(5), 1515-1519.

Jahnke, G.D., Price, C.J., Marr, M.C., Myers, C.B., e George, J.D., 2006. Avaliação da toxicidade para o desenvolvimento da berberina em ratos e ratinhos, investigação de defeitos congénitos. Birth Defects Research Part B: Developmental and Reproductive Toxicology, (Parte B). 77, 195-206.

Jain, S., e Saraf, S., 2010. Type II diabetes mellitus- Its global prevalence and therapeutic strategies. Diabetes Metab. Syndr. Clin. Res. Rev. 4(1): 48-56.

Jan, A.T., Kamli, M.R., Murtaza, I., Singh, J.B., Ali, A. e Haq, Q.M.R., 2010. Dietary flavonoid quercetin and associated health benefits-an overview. Food Rev. Int. 26(3), 302-317.

Jang, H-D., Zhou, B., e Kwon, Y-I., 2012. Extractos de trigo germinado e cevada reduzem a hiperglicemia pós-prandial através da inibição da α-glucosidase em ratinhos diabéticos db/db. *The FASEB J.* 26 (1025).

Jani, R., Udipi, S.A., Ghugre, P.S., 2009. Conteúdo mineral dos alimentos complementares. Indian J.Pediatr. 76 (1), 37-44.

Jarald, E., Joshi, S.B., Jain, D.C., 2008. Diabetes e medicamentos à base de plantas. Jornal Iraniano de Farmacologia. Ther. 7(1):97-106.

Jayaprakasam, B., Vareed, S.K., Olson, L.K., e Nair, M.G., 2005. Insulin secretion by bioactive anthocyanins and anthocyanidins present in fruits. J. Agric. Food Chem. 53(1), 28-31.

Jeong, S-M., Kang, M-J., Choi, H-N., Kim, J-H., e Kim, J-I., 2012. A quercetina melhora a hiperglicemia e a dislipidemia e melhora o estado antioxidante em ratos diabéticos tipo 2 db / db. Nutr. Res. Pract. 6(3), 201-207.

Jo, S.H., Ka, E.H., Lee, H.S., Apostolidis, E., Jang, H.D., e Kwon, Y.I., 2009. Comparação do potencial antioxidante e das actividades inibidoras da α-glucosidase intestinal do rato da quercetina, rutina e isoquercetina. Int. J. Appl. Res. Nat. Prod, 2 (4), 52-60.

Johnson, J.L., Rupasinghe, S.G., Stefani, F., Schuler, M.A., Gonzalez deMejia, E, 2011. Os flavonóides cítricos luteolina, apigenina e quercetina inibem a atividade enzimática da glicogênio sintase quinase-3β, diminuindo a energia de interação dentro da cavidade de ligação. J. Med. Food. 14(4), 325-333.

Joseph, A., Kutty, V.R., e Soman, C.R., 2000. High risk for coronary heart disease in Thiruvananthapuram city: A study of serum lipids and other risk factors. Indian Heart J. 52 (1), 29-35.

Joseph, B., e Jini, D., 2011. Insight sobre o efeito hipoglicémico das ervas tradicionais indianas utilizadas no tratamento da diabetes. Res. J. Med. Plant 5(4), 352-376.

Joshi, S.R., Saboo, B., Vadivale, M., Dani, S.I., Mithal, A., Kaul, U., Badgandi, M., Iyengar, S.S., Viswanathan, V., Sivakadaksham, N., Chattopadhyaya, P.S., Biswas, A.D., Jindal, S., Khan, I.A., Sethi, B.K., Rao, V.D., e Dalal, J.J., 2012. Prevalência de diabetes e hipertensão diagnosticadas e não diagnosticadas na Índia - resultados do estudo Screening India's Twin Epidemic (SITE). Diabetes Technol. Ther.14 (1), 8-15.

June, C.C., Wen, L.H., Sani, H.A., Latip, J., Gansau, J.A., Chin, L.P., Embi, N., e Sidek, H.M., 2012. Os efeitos hipoglicémicos das fracções *de Gynura procumbens* em ratos diabéticos induzidos por estreptozotocina envolveram a fosforilação de GSK-3β (Ser-9) no fígado. Sains Malaysiana. 41(8), 969-975.

Jung, H.W., Jung, J.K., Ramalingam, M., Yoon, C-H., Bae, H.S., Park, Y-K., 2012. Efeito anti-diabético do extrato de Wen-pi-tang-Hab-Wu-ling-san em ratos diabéticos induzidos por estreptozotocina. Indian J. Pharmacol. 44 (1), 97-102.

Jyothi, T. C., Kanya, T. C. S., e Rao, A. G. A., 2007. Influência da germinação nas saponinas da soja e recuperação do sapogenol de soja I. J. Food Biochem. 31(1), 1-13.

Kahkonen, M.P., Hopia, A.I., Heinonen, M., 2001. Fenólicos de bagas e sua atividade antioxidante. J. Agric. Food Chem. 49, 4076-4082.

Kajaria, D., Ranjana, Tripathi, J., Tripathi, Y.B. e Tiwari, S., 2013. Efeito inibidor *in vitro* da α amilase e glicosidase do extrato etanólico da droga anti-asmática - Shirishadi. Adv. Pharm. Technol. Res. 4(4), 206-209.

Kamal, A., e Ahmad, I.Z., 2014. Estudos fitoquímicos de diferentes fases de germinação de *nigella sativa* linn - uma planta medicinalmente importante. Int. J. Pharm. Pharm. Sci. 6(4), 318-323.

Kar, A., Choudhary, B.K., e Bandyopadhyay, N.G., 2003. Avaliação comparativa da atividade hipoglicemiante de algumas plantas medicinais indianas em ratos diabéticos aloxânicos. J. Ethnopharmacol. 84(1), 105-108.

Karpe, F., Dickmann, J.R., e Frayn, K.N., 2011. Ácidos gordos, obesidade e resistência à insulina: Time for a re-evaluation.Diabetes. 60 (10), 24412449.

Kasote, D.M., 2013. Fenólicos de sementes de linhaça como antioxidantes naturais. Int. Food Res. J.20 (1), 27-34.

Kasote, D.M., Bhalerao, B.M., Jagtap, S.D., Khyade, M.S., e Deshmukh, K.K., 2011. Atividade antioxidante e inibidora da alfa-amilase do extrato de metanol do milho colocasia esculenta. Pharmacologyonline. 2, 715-721.

Kassaian, N., Azadbakht, L., Forghani, B., Amini, M., 2009. Efeito das sementes de feno-grego nos perfis de glicose no sangue e de lípidos em doentes diabéticos de tipo 2. Int. J. Vitam. Nutr. Res. 79(1), 34-39.

Kaur, J., Singh, H., e Khan, M.U., 2011. Potencial terapêutico multifacetado do feno-grego: A comprehensive review.Int. J. Res. Pharm. Biomed. Sci. 2(3), 863-871.

Kazeem, M.I., Adamson, J.O., e Ogunwande, I.A., 2013. Modos de inibição de *α-amilase* e *α-glucosidase* por extrato aquoso de *Morinda lucida* Benth Leaf. Biomed. Res. Int. 1-6.

Khan, N., Bakshi, K.S., Jaggi, A.S., e Singh, N., 2009. Potencial de melhoria da espironolactona na hiperalgesia induzida pela diabetes em ratos.Yakugaku Zasshi. 129 (5),

593-599.

Khan, V., Najmi, A.K., Akthar, M., Aqil, M., Mujeeb, M., e Pillai, K.K., 2012. Uma avaliação farmacológica de plantas medicinais com potencial antidiabético. J. Pharm. Bioallied Sci. 4 (1), 27-42.

Khanfar, M.A., Hill, R.A., Kaddoumi, A, El-Sayed, K.A., 2010. Descoberta de novos inibidores da GSK-3β com potentes actividades *in vitro* e *in vivo* e excelente permeabilidade cerebral utilizando o rastreio virtual combinado baseado em ligandos e estruturas. J. Med. Chemi. 53 (24), 8534-8545.

Khoddami, A., Wilkes, M.A., e Roberts, T.H., 2013. Técnicas para análise de compostos fenólicos de plantas. Mol. 18, 2328-2375.

Kim, J.H., Kang, M.J., Choi, H.N., Jeong S.M., Lee, Y.M., e Kim, J.I., 2011b. A quercetina atenua a hiperglicemia em jejum e pós-prandial em modelos animais de diabetes mellitus. Nutr. Res. Pract. 5 (2), 107111.

Kim, J.S., Hyun, T.K., e Kim, M. J., 2011a. Os efeitos inibitórios dos extractos de etanol de sorgo, painço de rabo de raposa e painço proso nas actividades de α-glucosidase e α-amilase. Food Chem. 124, 1647 - 1651.

Kitabchi, A.E., Umpierrez, G.E., Miles, J.M., Fisher, J.N., 2009. Crises hiperglicémicas em doentes adultos com diabetes. Diabetes Care. 32 (7), 1335-1343.

Knip, M., e Siljander, H., 2008. Mecanismos auto-imunes na diabetes tipo 1. Autoimmun. Rev. 7(7), 550-557.

Knip, M., e Simell, O., 2012. Desencadeadores ambientais da diabetes tipo 1. Cold Spring Harb. Perspect. Med. 2 (7), a007690.

Kobayashi, K., Ishihara, T., Khono, E., Miyase, T., Yoshizaki, F., 2006.Constituintes da casca do caule de *Callistemon rigidus* com efeitos inibitórios na atividade da alfa-amilase do rato. Biol. Pharm. Bull. 29(6), 1275-1277.

Kobayashi, M., Matsuda, Y., Iwai, H., Hiramitsu, M., Inoue, T., Katagiri, T., Yamashita, Y., Ashida, H., Murai, A., e Horoi, F., 2012. O café melhora a fosforilação de Akt estimulada pela insulina no fígado e no músculo esquelético em camundongos diabéticos kk -Ay.J. Nutr. Sci. Vitaminol. 58, 408-414.

Kobori, M., Masumoto, S., Akimoto, Y., e Takahashi, Y., 2009. A quercetina dietética alivia os sintomas diabéticos e reduz a perturbação da expressão genética hepática induzida pela estreptozotocina em ratos. Mol. Nutr. Food Res. 53(7), 859-868.

Koenig, R.J., Peterson, C.M., Jones, R.L., Saudek, C., Lehrman, M., e Cerami, A., 1976. Correlação entre a regulação da glucose e a hemoglobina AIc na diabetes mellitus. New Eng. J. Med. 295(8), 417-420.

Kokiwar, P.R., Gupta S., e Durge, P.M., 2010. Prevalência de diabetes numa zona rural da Índia central. Int. J. Diabetes Dev.Ctries. 27 (1), 8-10.

Kommoju, U.J., e Reddy, B.M., 2011. Genetic etiology of type 2 diabetes mellitus: A review. Int. J. Diabetes Dev. Ctries. 31(2), 51-64.

Kor, N.M., e Moradi, K., 2013. Efeitos fisiológicos e farmacêuticos do feno-grego (*Trigonella foenum-graecum* L.) como uma planta medicinal multiuso e valiosa. Global J. Med. Plant Res. 1(2), 199-206.

Koria, B., Kumar, R., Nayak, A., e Kedia, G., 2013. Prevalência de diabetes mellitus na população urbana da cidade de Ahmadabad, Gujarat. Natl. J. Community Med. 4(3), 398-401.

Kshirsagar, V.B., Deokate, U.A., Bharkad, V.B., e Khadabadi, S.S., 2008. Desenvolvimento e validação do método HPTLC para a estimativa simultânea de diosgenina e levodopa em formulações comercializadas. Asian J. Res. Chem. 1(1), 36-39.

Kulkarni, C.P., Bodhankar, S.L., Ghule, A.E., Mohan, V., Prasad, A., Thakurdesai, P.A., 2012.Antidiabético atividade do extrato de sementes de *Trigonella foenum graecum* L. (IND01) em ratos diabéticos neonatais induzidos por estreptozotocina. Diabetologia Croatica. 41(1), 29-40.

Kumar, M., Parsad, M., e Arya, R.K., 2013a. Rendimento de grãos e melhoria da qualidade do feno-grego: A review. Forage Res. 39 (1), 1-9.

Kumar, P., Kale, R.K., McLean, P., e Baquer, N.Z., 2012a. Efeitos antidiabéticos e neuroprotectores do pó de sementes de *Trigonella foenum-graecum* no cérebro de ratos diabéticos. Praga Med. Report. 113 (1), 33-43.

Kumar, S., Kumar, V., e Prakash, O.M., 2012b. Actividades antidiabéticas e hipolipidémicas do extrato de flores de *Kigelia pinnata* em ratos diabéticos induzidos por estreptozotocina. Asian Pac. J. Trop. Biomed. 2(7), 543-546.

Kumar, S., Kumar, V., Prakash, O., 2011. Efeitos antidiabéticos e anti-hiperlipidémicos do extrato de folhas de Dillenia indica (L.). Br. J. Pharm. Sci. 47(2), 373-378.

Kumar, S., Mukherjee, S., Mukhopadhyay, P., Pandit, K., Raychaudhuri, M., Sengupta, N., Ghosh, S., Sarkar, S., Mukherjee, S., Chowdhury, S., 2008. Prevalence of diabetes and impaired fasting glucose in a selected population with special reference to influence of family history and anthropometric measurements-the Kolkata policeman study. J. Assoc. Physicians India. 56, 841-844.

Kumar, V., Ahmed, D., Anwar, F., Ali, M. e Mujeeb, M., 2013b. Controle glicêmico aprimorado, efeitos protetores do pâncreas, antioxidantes e hepatoprotetores por umbelliferon-α-D-glucopiranosil- (2I → 1II) -α-Dglucopiranosídeo em ratos diabéticos induzidos por estreptozotocina. Springer plus. 2 (639), 1-20.

Kumar, V., Anwar, F., Ahmed, D., Verma, A., Ahmed, A., Damanhouri, Z.A., Mishra, V., Ramteke, P.W., Bhatt, P.C., e Mujeeb, M., 2014. *Paederia foetida* Linn. extrato de folha: Uma atividade anti-hiperlipidémica, anti-hiperglicémica e antioxidante. *BMC Compl. Alternat. Med.* 14, 76.

Kunyanga, C.N., Imungi, J.K., Okoth, M., Momanyi, C., Biesalski, H.K., e Vadivel, V., 2011. Propriedades antioxidantes e antidiabéticas dos taninos condensados no extrato acetónico de ingredientes alimentares indígenas crus e processados selecionados do Quénia. J. Food Sci. 76(4), C560- 567.

Kuo, Y-H., Rozan, P., Lambein, F., Frias, J., e Vidal-Valverde, C., 2004. Effects of different germination conditions on the contents of free protein and non-protein amino acids of commercial legumes. Food Chem. 86 (4), 537-545.

Kutty, V.R., Soman, C.R., Joseph, A., Pisharody, R., Vijayakumar, K., 2000. Type 2 diabetes in southern Kerala: variation in prevalence among geographic divisions within a region. Natl. Med. J. India. 13(6), 287-292.

Kwon, Y.I., Apostolidis, E., Kim, Y.C., Shetty, K., 2007. Benefícios para a saúde do milho, feijão e abóbora tradicionais: Estudos *in vitro* para o controlo da hiperglicemia e da hipertensão. J. Med. Food. 10(2), 266-275.

Kwon, Y.I., Vattem, D.A., e Shetty, K., 2006. Avaliação de ervas clonais de espécies de Lamiaceae para o tratamento de diabetes e hipertensão. Asia Pac. J. Clin. Nutr. 15(1), 107 - 118.

Laila, O., Murtaza, I., Abdin, M.Z., Ahmad, S. Ganai, N.A. e Jehangir, M., 2013. Desenvolvimento e validação do método HPTLC para a estimativa simultânea de diosgenina e quercetina em sementes de feno-grego (*Trigonella foenum-graceum*). ISRN Chromatogr. 1-8.

Lanot, A., Hodge, D., Lim, E.K., Vaistij, F.E., e Bowles, D.J., 2008. Redireccionamento do fluxo através da via dos fenilpropanóides através do aumento da glucosilação de intermediários solúveis. Planta 228(4), 609616.

Leavens, K.F., Easton, R.M., Shulman, G.I., Previs, S.F., e Birnbaum, M.J., 2009. Akt2 é necessário para a acumulação de lípidos hepáticos em modelos de resistência à insulina. *Cell. Metab.* 10(5), *405-418.*

Lee, A.J., Hiscock, R.J., Wein, P., Walker, S.P., e Permezel, M., 2007. Diabetes mellitus gestacional: Preditores clínicos e risco a longo prazo de desenvolver diabetes tipo 2 - um estudo de coorte retrospetivo usando análise de sobrevivência. Diabetes Care 30(4), 878-883.

Lee, S.H., Lim, S.W., Lee, Y.M., Lee, H.S., Kim, D.K., 2012. O polissacárido isolado de *Triticum aestivum* estimula a libertação de insulina das células pancreáticas através do canal K^+ sensível ao ATP. Int. J. Mol. Med. 29(5), 913-919.

Leela, N.K., e Shafeekh, K.M., 2008. Fenugreek, em: Parthasarathy, V.A., Chempakam, B. e Zachariah, T.J. (Eds.), Chemistry of Spices. Biddles Ltd, King's Lynn, Reino Unido, CAB International, pp. 24259.

Lei, H., Han, J., Wang, Q., Guo, S., Sun, H., e Zhang, X., 2012. Efeitos da sesamina nos danos às células β pancreáticas NIT-1 induzidos por estreptozotocina (STZ). Int. J. Mol. Sci. 13(12), 16961-16970.

Leng, S., Zhang, W., Zheng, Y., Liberman, Z., Rhodes, C.J., Eldar-Finkelman, H., e Sun, X.J., 2010. A glicogénio sintase quinase-3β medeia a ubiquitinação induzida pela glicose elevada e a degradação do proteassoma do substrato do recetor de insulina. J. Endocrinol. 206 (2), 171181.

Lepiniec, L., Debeaujon, I., Routaboul, J.M., Baudry, A., Pourcel, L., Nesi, N., Caboche, M., 2006. Genetics and biochemistry of seed flavonoids. Ann. Rev. Plant Biol. 57, 405-430.

Li, C.Y., Devappa, R.K., Liu, J-X., Lv, J.M., Makkar, H.P.S., e Becker, K., 2010. Toxicidade dos ésteres de forbol de Jatropha curcas em ratos. Food Chem.Toxicol. 48 (2), 620- 625.

Lim, L.S., Tai, E., S., Mitchell, P., Wang, J.J., Tay, W.T., Lamoureux, E., e Wong, T.Y.,

2010. C-reactive protein, body mass index, and diabetic retinopathy (Proteína C-reactiva, índice de massa corporal e retinopatia diabética). Invest. Ophthalmol. Vis. Sci . 51(9), 4458-4463.

Lin, L.Y., Peng, C.C., Yang, Y.L., e Peng, R.Y., 2008. Otimização de compostos bioactivos em rebentos de trigo sarraceno e o seu efeito no colesterol sanguíneo em hamsters. J. Agric.Food Chem. 56(4), 1216-1223.

Litwak, L., Goh, S-Y, Hussein, Z., Malek, R., Prusty, V., e Khamseh, M.E., 2013. Prevalência de complicações da diabetes em pessoas com diabetes mellitus tipo 2 e sua associação com caraterísticas de base no estudo multinacional de alcance. Diabetol. Metab. Syndr. 5, 57.

Liu, B., Guo, X., Zhu, K., e Liu, Y., 2011b. Avaliação nutricional e atividade antioxidante de rebentos de sésamo. Food Chem. 129 (3), 799-803.

Liu, H.Y., Qiu, N.X., Ding, H.H., e Yao, R.Q., 2008. Conteúdo de polifenóis e capacidade antioxidante de 68 ervas chinesas adequadas para uso médico ou alimentar. Food Res.Int.41(4), 363-370.

Liu, J., Li, J., Li, W-J., e Wang, C-M., 2013b. O papel das proteínas desacopladoras no diabetes mellitus. J. Diabetes Res. 1-7.

Liu, L., Yu, Y., Liu, C., Wang, X.T, Liu, X.D., e Xie, L., 2011a. A deficiência de insulina induz um aumento anormal das actividades e da expressão da dissacaridase intestinal em estados diabéticos, evidências de estudos *in vivo* e *in vitro*. Biochem. Pharmacol. 82 (12), 1963-1970.

Liu, P., Cheng, H., Roberts, T.M., e Jean, J., Zhao, J.J., 2009. Targeting the phosphoinositide 3-kinase pathway in cancer (Visando a via da fosfoinositídeo 3-quinase no cancro). Nat. Rev. drug discov. 8 (8), 627-644.

Liu, X., Li, C., Gong, H., Cui, Z., Fan, L., Yu, W., Zhang, C., e Ma, J., 2013a. Uma avaliação económica para a prevenção da diabetes mellitus num país em desenvolvimento: Um estudo de modelação. BMC Saúde Pública. 13, 729.

Lopez-Amoros, M.L., Hernandez, T., e Estrella, I., 2006. Efeito da germinação nos compostos fenólicos das leguminosas e na sua atividade antioxidante. J. Food Composition Analysis.19(4), 277-283.

Lorenzati, B., Zucco, C., Miglietta, S., Lamberti, F., Bruno, G., 2010. Medicamentos hipoglicémicos orais: Pathophysiological basis of their mechanism of action. *Pharmaceuticals. 3,* 3005-3020.

Losso, J.N., Holliday, D.L., Fintey, J.W.,Martin, R.J., Rood, J.C., Yu, Y., Greenway, F.L., 2009. Pão de feno-grego: um tratamento para a diabetes mellitus. J. Med. Food. 12(5), 1046-1049.

Mahmoud, M.F., Hassan, N.A., El-Bassossy, H.M., e Fahmy, A., 2013. A quercetina protcgc contra a vasoconstrição cxagcrada induzida por diabetes em ratos: Efeito na inflamação de baixo grau. PLOS ONE. 8 (5), e63784.

Mahomoodally, M.F., 2013. Medicamentos tradicionais em África: Uma avaliação de dez potentes plantas medicinais africanas. Evid. Based Compl. Alternat. Med. 1-14.

Maiti, B., Nagori, B.P., Singh, R., Kumar, P., e Upadhyay, N., 2011. Tendências recentes em medicamentos à base de plantas: A review. Int. J. Drug Res. Tech. 1(1), 17-25.

Maiti, D., e Majumdar, M., 2012. Impacto do bioprocessamento no conteúdo fenólico e na atividade antioxidante das sementes de soja para melhorar a funcionalidade hipoglicémica. Asian J. Plant Sci. Res. 2 (2), 102-109.

Majgi, S.M., Soudarssanane, S.M., Roy, G., e Das, A.K., 2012. Factores de risco da diabetes mellitus na zona rural de Puducherry. Online J. Health Allied Scs.11(1), 4.

Makwana, K., Kalasava, K., e Ghori, V., 2012. Avaliar o fator de risco cardiovascular em indivíduos indianos sensíveis e resistentes à insulina utilizando o perfil lipídico e a medição da gordura visceral. Int. J. Diabetes Res.1 (5), 8791.

Malick, C.P., e Singh, M.B., 1980. Plant enzymology and histoenzymology: A Text Manual, Kalyani publishers, New Delhi, pp. 286.

Malini, P., Kanchana, G., e Rajadurai, M., 2011. Eficácia antibiótica do ácido elágico na diabetes mellitus induzida por estreptozotocina em ratos albinos wistar. Asian J. Pharm. Clin. Res. 4 (3), 124128.

Mandal, P., e Gupta, S.K., 2014. Melhoria da atividade antioxidante e compostos relacionados em brotos de feno-grego através da preparação de óxido nítrico. Int. J. Pharm. Sci. Rev. Res. 26(1), 249-257.

Manivannan, J., Arunagiri, P., Sivasubramanium, J., e Balamurugan, E., 2013. A diogenina previne o stress oxidativo hepático, a peroxidação lipídica e as alterações moleculares na insuficiência renal crónica em ratos. Int. J. Nutr. Pharmacol. Neurol. Dis. 3, (3), 289-293.

Manschadi, A.M., Sauerborn, J., Stutzel, H., Gobel, W., Saxena, M.C., 1998. Simulação do desenvolvimento do sistema radicular da fava (*Vicia faba* L.) em condições mediterrânicas. Eur. J. Agron. 9, 259272.

Mao, X., Zhang, L., Xia, Q., Sun, Z., Zhao, X., Cai, H., Yang, X., Xia, Z., e Tang, Y., 2008. O broto de grão-de-bico enriquecido com vanádio melhorou a hiperglicemia e a memória prejudicada em ratos com diabetes induzida por estreptozotocina. Biometals. 21(5), 563-70.

Maraschin, J.F., 2012. Classificação do diabetes. Adv. Exp. Med. Biol. 771, 12-19.

Mari, A., Pacini, G., Murphy, E., Ludvik, B., e Nolan, J.J., 2001. Um método baseado em modelos para avaliar a sensibilidade à insulina a partir do teste oral de tolerância à glucose. Diabetes Care. 24(3), 539-548.

Martins, A.R., Nachbar, R.T., Gorjao, R., Marco, A., Vinolo, M.A., Festuccia, W.T., Lambertucci, R.H., Cury-Boaventura, M.F., Silveira, L.R., Curi, R., e Hirabara, S.M., 2012. Mecanismos subjacentes à resistência à insulina do músculo esquelético induzida por ácidos gordos: importância da função mitocondrial. *Lipids Health Dis*. 11, 30.

Marton, M., Mandoki, Zs., Csapo-Kiss, Zs., Csapo, J., 2010. O papel dos rebentos na nutrição humana: Uma revisão. Ata Univ. Sapientiae, Alimentaria. 3, 81-117.

Marzouk, M., Soliman, A.M., e Omar T.Y., 2013. Efeitos hipoglicémicos e antioxidantes das sementes de feno-grego e termis poeder em ratos diabéticos com estreptozotocina. Eur. Rev. Med. Pharmacol. Sci. 17(4), 559-565.

Mccue, P., Kwon, Y.I.I., Shetty, K., 2005. Potencial anti-diabético e anti-hipertensivo da soja germinada e bioprocessada em estado sólido. Asia Pac. J. Clin. Nutr. 14(2), 145-152.

McDougall, G.J., Shapiro, F., Dobson, P., Smith, P., Black, A., e Stewart, D., 2005. Diferentes compostos polifenólicos de frutos de baga inibem a α-amilase e a α-glucosidase. J. Agric. Food Chem. 53(7), 2760 - 2766.

Meghwal, M., e Goswami, T.K., 2012. Uma revisão sobre as propriedades funcionais, o conteúdo nutricional, a utilização medicinal e a potencial aplicação do feno-grego. J. Food Process Technol, 3, 181-202.

Mehrafarin, A., Qaderi, A., Rezazadeh, Sh., Naghdi-Badi, H., Noormohammadi, Gh., e Zand, E., 2010. Bioengenharia de metabolitos secundários importantes e vias metabólicas no feno-grego (*Trigonella foenumgraecum* L.). J. Med. Plants, 9(35), 1 - 18.

Mehrafarin, A., Rezazadeh, Sh., Naghdi-Badi, H., Noormohammadi, Gh., Zand, E., Qaderi, A., 2011. Uma revisão sobre biologia, cultivo e biotecnologia do feno-grego (*Trigonella foenum-graecum* L.) como uma planta medicinal valiosa e polivalente. J. Med. Plants.10(37).

Meier, J.J., e Bonadonna, R.C., 2013. Papel da massa reduzida de células β versus função prejudicada de células β na patogênese do diabetes tipo 2. Diabetes Care. 36(2), S113-S119.

Menon , V.U., Kumar, K.V., Gilchrist, A., Sugathan, T.N., Sundaram, K.R., Nair , V., e Kumar, H., 2006. Prevalência de diabetes conhecida e não detectada e factores de risco associados no centro de Kerala - ADEPS. Diabetes Res. Clin. Pract. 74 (3), 289-94.

Miller, M., Stone, N.J., Ballantyne, C., Bittner, V., Criqui, M.H., Ginsberg, H.N., Goldberg, A.C., Howard, W.J., Jacobson, M.S., Kris-Etherton, P.M., Lennie, T.A., Levi, M., Mazzone, T., e Pennathur, S., 2011. Triglicéridos e doenças cardiovasculares: Uma declaração científica da American Heart Association. Circulation. 123, 2292-2333.

Misra, A., Pandey, R.M., Devi, J.R., Sharma, R., Vikram, N.K., e Khanna, N., 2001. High prevalence of diabetes, obesity and dyslipidaemia in urban slum population in northern India. Int. J. Obes. Relat. Metab. Disord. 25(11): 1722-9.

Mitra, A., e Bhattacharya, D.P., 2006. Effects of fenugreek in type 2 diabetes and dyslipidaemia. Indian J. Practising Doctor. 3, 14-18.

Mohan, V., Deepa, M., Deepa, R., Shanthirani, C.S., Farooq, S., Ganesan, A., e Datta, M., 2006. Secular trends in the prevalence of diabetes and glucose tolerance in urban South India-the Chennai Urban Rural Epidemiology Study (CURES-17). Diabetologia. 49 (6), 1175-1178.

Mohan, V., Sandeep, S., Deepa, R., Shah, B., e Varghese, C., 2007. Epidemiology of diabetes in different regions of India (Epidemiologia da diabetes em diferentes regiões da Índia). Indian J. Med. Res. 125, 217-230.

Mohan, V., Shanthirani, S., Deepa, R., Premalatha, G., Sastry, N.G., e Saroja, R., 2001. Intra-urban differences in the prevalence of the metabolic syndrome in southern India - the Chennai Urban Population Study (CUPS No. 4). Diabet. Med. 18(4), 280-287.

Monago, C.C., e Nwodo, O.F.C., 2010. Efeito antidiabético da trigonelina bruta da semente de *Abrus precatorius* Linn. em coelhos diabéticos aloxânicos. J. Pharm. Res, 3(8), 1916-

1919.

Moosa, A.S.M., Rashid, M.U., Asadi, A.Z.S., Ara, N., Mojibuddin, M., e Ferdaus, A., 2006. Efeitos hipolipidémicos do pó de sementes de feno-grego. Bangladesh J. Pharmacol. 1, 64-67.

Moraldi-Afrapoli, Fahimeh, Asghari, B., Sacidnia, S., Anjani, Y., Mirjani, M., Malmir, M., Bazaz, R.D., Hadjiakhoondi, A., Salehi, P., Hamburger, M., e Yassa, N., 2012. Atividade inibidora de α-glicosidase *in vitro* de constituintes fenólicos de partes aéreas de polygonum hyrcanicum. Daru J. Pharm. Sci. 20 (37), 1-6.

Mugabo, Y., Li, L., e Renier, G., 2010. A ligação entre a proteína C-reativa (CRP) e a vasculopatia diabética: Foco nos resultados pré-clínicos. Curr.Diabetes Rev.6 (1), 27-34.

Mukherjee, A., e Sengupta, S., 2013. As plantas medicinais indianas conhecidas por conterem inibidores da glucosidase também inibem a atividade da lipase pancreática - Uma situação ideal para o controlo da obesidade dos medicamentos à base de plantas. Indian J. Biotechnol. 12(1), 32-39.

Mukherjee, P.K., Maiti, K., Mukherjee, K., Houghton, P.J., 2006. Leads de plantas medicinais indianas com potencial hipoglicémico. J. Ethnopharmacol. 106 (1), 1-28.

Mukund, H., Rao, C.M., Srinivasan, K.K., Mamathadevi, D.S., e Satish, H. 2008. Efeito hipoglicémico e hipolipidémico de Strobilanthes heyneanus em ratos diabéticos induzidos por aloxana. Pharmacogn. Magazine.15, 819-824.

Mullaicharam, A.R., Deori, G., e Uma-Maheswari, R., 2013. Valores medicinais do feno-grego - Uma revisão. Res. J. Pharm. Biol. Chem. Sci. 4 (1), 1304-1312.

Munday, R., Mhawech-Fauceglia, P., Munday, C.M., Paonessa, J.D., Tang, L., Munday, J.S., Lister, C.,Wilson, P., Fahey, J.W., Davis, W., e Zhang, Y.,2008. Inibição da carcinogénese da bexiga urinária por rebentos de brócolos. Cancer Res. 68(5), 1593-1600.

Munshi, R.P. Joshi, S.G., Rane, B.N., 2014. Desenvolvimento de um modelo de dieta experimental em ratos para estudar hiperlipidemia e resistência à insulina, marcadores de doença cardíaca coronária. Int. J. Pharmcol. 46(3), 270-276.

Muraki, F., Chiba, H., Taketani, K., Hoshino, S., Tsuge, N., Tsunoda, N., e Kasono, K., 2012. O feno-grego com amargor reduzido previne distúrbios metabólicos induzidos pela dieta em ratos. *Lipids Health Dis* .11, 58.

Murphy, R., Carroll, R.W., e Jeremy, D., Krebs, J.D., 2013. Patogênese da síndrome metabólica: percepções de distúrbios monogênicos. Mediators Inflamm. 1-15.

Murtaza, I., Laila O., Abdin, M.Z., Parveen, K., Raja, T., Ali, S.A., e Sharma, G., 2013. A atividade máxima da enzima fenilalanina amónio-liase (PAL) na fase média de crescimento confere ao feno-grego a propriedade hipoglicémica mais elevada. Curr. Trends Biotechnol. Pharm. 7 (4), 708-715.

Mwikya, S.M., Van Camp, J., Rodriguez, R., Huyghebaert, A., 2001. Efeitos da germinação na composição de nutrientes e antinutrientes do feijão-miúdo (*Phaseolus Vulgaris* var. Rose coco). Eur. Food Res. Technol. 212, 188-191.

Nachar, A., Vallerand, D., Musallam, L., Lavoie, L., Badawii, A., Arnason, J., e Haddad, 2013. A ação das plantas antidiabéticas da farmacopeia tradicional canadense James Bay Cree sobre as principais enzimas da homeostase hepática da glicose. Evid. Based Compl. Alternat. Med. 1-9.

Nagmoti, D.M., e Juvekar, A.R., 2013. Efeitos inibitórios *in vitro* das sementes de *Pithecellobium dulce* (Roxb.) Benth.nas α-glucosidase intestinal e α-amilase pancreática. J. Biochem. Tech. 4 (3), 616-621.

Nagore, D.H., Patil, P.S., Kuber, V.V., 2012. Comparação entre a cromatografia líquida de alta eficiência e a determinação por cromatografia em camada fina de alta eficiência da diosgenina de sementes de feno-grego. Int J. Green pharm. 6(4), 315-320.

Naidu, M.M., Shyamala, B.N., Naik, J.P., Sulochanamma, G., Srinivas, P., 2011. Composição química e atividade antioxidante da casca e do endosperma das sementes de feno-grego. LWT - Food Sci.Technol. 44(2) , 451456.

Naik, A., 2012. Caracterização de genótipos de feno-grego (*Trigonella foenum- graecum* L.) através de caracteres morfológicos. Int. J. Agric. Env. Biotechnol. 5 (4), 453-457.

Nakamura, S., Takahira, K., Tanabe, G., Muraoka, O., e Nakanishi, I., 2012. Modelação homológica dos domínios catalíticos da alfa-glucosidase humana e estudo SAR de derivados de salacinol. Open J. Med. Chem. 2 (3), 50-60.

Nanjundan, P.K., Arunachalam, A., e Thakur, R.S., 2009. Propriedade antinociceptiva de *Trigonella foenum graecum* (sementes de feno-grego) na neuropatia diabética induzida por dieta rica em gordura/ baixa dose de estreptozotocina em ratos. Pharmacologyonline. 2, 24-36.

Narayanan, C.R., Joshi, D.D., Mujumdar, A.M., Dhekne, V.V., 1987. Pinitol, um novo composto antidiabético das folhas de *Bougainvillea spectabilis*. Curr. Sci. 56, 139-141.

Narender, T., Puri, A., Shweta, Khaliq, T., Saxena, R., Bhatia, G., e Chandra, R., 2006. 4-Hydroxyisoleucine um aminoácido invulgar como agente antidislipidémico e anti-hiperglicémico. Bioorg. Med. Chem. Lett. 16(2), 293-296.

Naylor, R., e Philipson, L.H., 2011. Quem deve fazer testes genéticos para a diabetes juvenil de início na maturidade? Clin. Endocrinol. 75(4), 422426.

Neelakantan, N., Narayanan, M., deSouza, R.J., e Dam, R.B.V., 2014. Efeito da ingestão de feno-grego (*Trigonella foenum-graecum* L.) na glicemia: Uma meta-análise de ensaios clínicos. *Nutr. J.* 13 (7),1-11.

Negre-Salvayre, A., Salvayre, R., Auge, N., Pamplona, R., e Portero-Otin, M., 2009. Hyperglycemia and glycation in diabetic complications. Antioxid. Redox Signal. 11(12), 3071-3109.

Norouzi, H.A., e Vazin, F., 2011. Modelação da reação de germinação da fava (*Vicia faba* L.) à temperatura em condições de exploração agrícola. Not. Bot. Horti. Agrobo. 39(2), 179-185.

Nuttall, F.Q., Ngo, A., Gannon, M.C., 2008. Regulação da produção de glicose hepática e o papel da gluconeogénese em humanos: A taxa de gluconeogénese é constante? Diabetes Metab. Res. Rev. 24(6), 438458.

Nwosu, F., Morris, J., Lund, V.A., Stewart, D., Ross, H.A., McDougall, G.J., 2011. Efeitos anti-proliferativos e antidiabéticos potenciais de extractos ricos em fenólicos de algas marinhas comestíveis. Food Chem. 126 (3), 1006-1012.

Nyunt, O., Wu, J.Y., McGown, I.N., Harris, M., Huynh, T., Leong, G.M.,Cowley, D.M., e Cotterill, A.M., 2009. Investigando o Diabetes de Início na Maturidade nos Jovens. Clin. Biochem. Rev. 30(2), 67-74.

Olaiya, C.O., e Soetan, K.O., 2014. Uma revisão dos benefícios para a saúde do feno-grego (*Trigonella foenum-graecum* L.): Perspectivas nutricionais, bioquímicas e farmacêuticas. Am. J. Acesso Aberto Soc. Questões Humanas. 1-12.

Olaokun, O.O., McGaw, L.J., Eloff, J.N., e Naidoo, V., 2013. Avaliação da inibição de enzimas de hidrólise de hidratos de carbono, atividade antioxidante e teor polifenólico de extractos de dez espécies de Ficus africanas (Moraceae) utilizadas tradicionalmente para tratar a diabetes. BMC Complem. Altern. Med. 13, 94.

Omar, E.A., Kama, A., Alqahtania, A., Li, K.M., Razmovski-Naumovski, V., Nammi, S., Chan, K., Roufogalis, B.D., Li, G.Q., 2010. Medicamentos à base de plantas e nutracêuticos para complicações vasculares diabéticas: mecanismos de ação e fitoquímicos bioactivos. Curr. Pharm. Des.16 (34), 3776-3807.

Osawa, Y., Seki, E., Kodama, Y., Suetsugu, A., Miura, K., Adachi, M., Ito, H., Shiratori, Y., Banno, Y., Olefsky, J.M., Nagaki, M., Moriwaki, H., Brenner, D.A., e Seishima, M., 2010. A esfingomielinase ácida regula o metabolismo da glicose e dos lípidos nos hepatócitos através da ativação da AKT e da supressão da proteína quinase activada por AMP. FASEB J. 25 (4), 1133-1144.

Ozougwu, J.C., e Soniran, O.T., 2011. Diabetes mellitus: Uma revisão. Pharmacologyonline. 2, 531-543.

Padhi, L., e Panda, S.K., 2013. Plantas medicinais: Potencial para combater doenças de superioridade. Annals Pharma. Res, 1 (1), 8-17.

Pandey, A., Tripathi, P., Pandey, R., Srivatava, R., e Goswami, S., 2011. Terapias alternativas úteis no tratamento da diabetes: A systematic review. J. Pharm Bioallied Sci. 3 (4), 504-512.

Pandey, K.B., e Rizvi, S.I., 2009. Plant polyphenols as dietary antioxidants in human health and disease. Oxid. Med. Cellular Longev. 2(5), 270-278.

Parildar, H., Serter, R., Yesilada, E., 2011. Diabetes mellitus e fitoterapia na Turquia. J. Pak Med. Assoc. 61 (11), 1116-1120.

Pasupathi, P., Manivannan, P., Uma, M., Deepa, M., 2010. Glycated haemoglobin (HbA1c) as a stable indicator of type 2 diabetes. Int J. Pharm. Biomed. Res.1 (2), 53-56.

Patel, D.K., e Dhanabal, S.P., 2013a. Desenvolvimento e otimização de parâmetros bioanalíticos para a normalização de *Trigonella foenum-graecum*. J. Acute Dis. 2(4), 137-139.

Patel, D.K., Prasad, S.K., Kumar, R., e Hemalatha, S., 2012a. Uma visão geral sobre plantas medicinais antidiabéticas com propriedade mimética da insulina. Asian Pacific J. Trop. Biomed. 2(4), 320-330.

Patel, D.K., Kumar, R., Laloo, D., e Hemalatha, S., 2012b. Diabetes mellitus: Uma visão geral sobre seus aspectos farmacológicos e plantas medicinais relatadas com atividade antidiabética. Asian Pac. J. Trop. Biomed. 2(5), 411-420.

Patel, S., Doble, B.W., MacAulay, K., Sinclair, E.M., Drucker, D.J., e Woodgett, J.R., 2008. Papel específico do tecido da glicogénio sintase quinase-3β na homeostase da glicose e na ação da insulina. Mol. Cell Bio. 28(20), 6314-6328.

Patil, R.S., e Gothankar, J.S., 2013b. Prevalência de diabetes mellitus tipo 2 e factores de risco associados num bairro de lata urbano da cidade de Pune, Índia. Natl. J. Med. Res. 3 (4), 346-349.

Patil, S., e Jain, G., 2014. Abordagem holística de *Trigonella foenum- graecum* em fitoquímica e farmacologia - uma revisão. Curr. Tendências Technol. Sci. 3(1), 34-48.

Paulsen, E.P., 1973. Hemoglobina A1c na infância de diabetes.Metab. 22, 269-271.

Penas, E., Gomez, R., Frias, J., Vidal-Valverde, C., 2008. Aplicação de alta pressão em sementes de alfafa (*Medigo sativa*) e feijão-mungo (*Vigna radiata*) para aumentar a segurança microbiológica dos seus rebentos. Controlo Alimentar. 20, 31-39.

Pereira, S.S., e Alvarez-Leite, J., 2014. Adipocinas: Funções biológicas e perfil de obesos metabolicamente saudáveis. J. Recetor Ligand Channel Res. 7, 15-25.

Perez-Balibrea, S., Moreno, D.A., Garcia-Viguera C., 2011. Melhorar a composição fitoquímica dos rebentos de brócolos por elicitação. Food Chem.129(1), 35-44.

Perez-Matute, P., Zulet, M.A., e Martinez, J.A., 2009. Espécies reactivas e diabetes: Counteracting oxidative stress to improve health. Curr. Opin Pharmacol. 9 (6), 771-779.

Peters, K.R., 2011. Intensificação do tratamento da diabetes mellitus tipo 2: Adicionando insulina. Pharmacother. 31(12), 54S-64S.

Petropoulos, G.A., 2002. The genus Trigonella, in: Fenugreek, Petropoulos, G.A. (Eds.), Taylor and Francis, Londres e Nova Iorque.

Peungvicha, P., Temsiririrkkul, R., Prasain, J.K., Tezuka, Y., Kadota, S., Thirawarapan, S.S., Watanabe, H.S., 1998a. 4-hydroxybenzoic acid: Um constituinte hipoglicémico do extrato aquoso da raiz de *Pandanusodorus*. J. Ethnopharmacol. 62 (1), 79-84.

Peungvicha, P., Thirawarapan, S.S, e Watanabe, H., 1998b. Possível mecanismo do efeito hipoglicémico do ácido 4-hidroxibenzóico, um constituinte da raiz de *Pandanusodorus*. Jpn. Jpn. Phramacol. 78(3), 395398.

Phadnis, M., Malhosia, A., Singh, S.M., e Malhosia, A., 2011. Efeito terapêutico da semente de feno-grego nos pacientes que sofrem de diabetes mellitus tipo II. J. Bio. Agric.

Healthcare. 1(1), 50-55.

Phani, Ch.R.S., Vinaykumar, Ch., Umamaheswara-Rao, K.U., e Sindhuja, G., 2010. Análise quantitativa de quercetina em fontes naturais por RP-HPLC. Int. J. Res. Pharm. Biomed. Sci.1(1), 19-22.

Pinto, M.D-S., e Shetty, K., 2010. Benefícios para a saúde das bagas para a gestão potencial da hiperglicemia e hipertensão, em: Qian, M.C., and Rimando, A.M. (Eds.), Flavor and Health Benefits of Small Fruits (Capítulo 8). ACS Publications, Washington, DC, EUA, pp. 121-137.

Pinto, M.D-S., Ranilla, L.G., Apotolidis, E., Lajolo, F.M., Genovese, M.I., e Shetty, K., 2009. Avaliação do potencial anti-hiperglicémico e anti-hipertensivo de frutos nativos do Peru utilizando modelos *in vitro*. J. Med. Food. 12(2), 278-291.

Polumahanthi, S., e Nallamilli, S.M., 2014. Estudos comparativos sobre extractos crus e cozinhados de cultivares de sorgo para os seus constituintes bioactivos. Int. J. Adv. Res. 2(2), 804-813.

Prabhakaran, D., Shah, P., Chaturvedi, V., Ramakrishnan, L., Manhapra, A., e Reddy, K.S., 2005. Cardiovascular risk fator prevalence among men in a large industry of northern India (Prevalência de factores de risco cardiovascular entre homens numa grande indústria do norte da Índia). Natl. Med. J. 18(2), 59-65.

Prasad, R., Acharya, S., Erickson, S., e Thomas, J., 2014. Identificação da resistência à mancha foliar *de Cercospora* entre os acessos de feno-grego e caraterização do patógeno. Aus. J. Crop Sci. 8(6), 822-830.

Price, S., Cole, D., e Alcolado, J.C., 2010. Diabetes devido a doença pancreática exócrina - uma revisão dos pacientes que frequentam uma clínica de diabetes baseada em hospital. Q J Med. 103 (10), 759-763.

Priya, V., Jananie, R.K., e Vijayalakshmi, K., 2011. Determinação por GC/MS de componentes bioactivos de *Trigonella foenum-grecum*. J. Chem. Pharm. Res.3 (5), 35-40.

Pullela, S.V., Tiwari, A.K., Vanka, U.S., Vummenthula, A.,Tatipaka, H.B., Dasari, K.R., Khan, I.A., Janaswamy, M.R., 2006. Padronização quimiobiológica assistida por HPLC de constituintes inibidores da enzima α-glucosidase-I de *Piper longum* Linn - uma planta medicinal indiana. J. Ethnopharmacol.108(3), 445-449.

Purohit e Sharma, A., 2006. Eficácia antidiabética do extrato de casca de *Bougainvillea spectabilis* em ratos diabéticos induzidos por estreptozotocina. J. Cell Tissue Res. 6 (1), 537-540.

Purty, A.J., Vedapriya, D.R., Bazroy, J., Gupta, S., Cherian, J., Vishwanatha, M., 2009. Prevalência de diabetes diagnosticada numa zona urbana de Puducherry, Índia: Time for preventive action. Int. J. Diabetes Dev. Ctries. 29 (1), 6-11.

Quintans-Junior, L.J., de Brito, R.G., de Souza, J., Quintans, S., Nunes, X.P., de Lima, J.T., da Cruz-Araujo, E.C.,e da Silva -Almeida, J.R.G., 2014. Perfil analgésico de *Trigonella foenum-graecum* L. (Feno-grego) - Uma revisão. Am. J. Open Access Soc. Issues Humanities. 37-44.

Raheleh, A., Hasanloo, T., e Khosroshahli, M., 2011. Avaliação da produção de trigonelina em culturas de raízes peludas de *Trigonella foenum- graecum* de duas massas iranianas. Plant Omics J. 4(7), 408-412.

Rai, P.K., Gupta, S.K., Srivastava, A.K., Gupta, R.K., e Watal, G., 2013. Uma validação científica dos atributos anti-hiperglicémicos e anti-hiperlipidémicos de *Trichosanthes Dioica*. ISRN Pharmacol. 1-7.

Rajarajeswari, A., Vijayalakshmi, P., e Sadiq, A.M., 2012. Influência de *Trigonella foenum -graecum* (feno-grego) em ratos diabéticos induzidos por aloxana. O Bioscan. 7(3), 395-400.

Raju, J., Gupta, D., Rao, A.R., Yadava, P.K., Baquer, N.Z., 2001. O pó de sementes de *Trigonella foenum graecum* (feno-grego) melhora a homeostase da glicose em tecidos de ratos diabéticos aloxanos, invertendo as enzimas glicolíticas, gluconeogénicas e lipogénicas alteradas. Mol. Cell. Biochem. 224(1-2), 45-51.

Ramachandran, A., Mary, S., Yamuna, A., Murugesa, N., Snehalatha, C., 2008. Elevada prevalência de diabetes e factores de risco cardiovascular associados à urbanização na Índia. Diabetes Care. 31(5), 893-898.

Ramachandran, S., Asok-kumar, K., Uma-Maheswari, M., Ravi, T.K., Sivashanmugam, A.T., Saravanan, S., Rajasekaran, A., e Dharman, J., 2010. Investigação das propriedades antidiabéticas, anti-hiperlipidémicas e antioxidantes *in vivo* de *Sphaeranthus indicus* Linn.em ratos diabéticos de tipo 1: Uma identificação de possíveis biomarcadores. Complemento Baseado em Evid. Alternat. Med. 1-8.

Ramesh, C.K., Rehman, A., Prabhakar, B.T., Vijay Avin, B.R., e Aditya Rao, S.J., 2011.

Antioxidant potentials in sprouts vs. seeds of *Vigna radiata* and *Macrotyloma uniflorum*. J. Appl. Pharm. Sci. 1(7), 99103.

Rand, M.P., Dale, M.M., e Ritter, J.M., 1999. Text book of pharmacology, Fourth ed., Churchill Livingstone, Edinburgh, London, pp. 301-305.

Randhir, R., e Shetty, K., 2003. Resposta da fava (*Vicia faba*), mediada pela luz, a elicitores fitoquímicos e proteicos e consequências para o melhoramento nutracêutico e o vigor das sementes. Proc. Biochem. 38 (6), 945-952.

Randhir, R., e Shetty, K., 2005. Estimulação do desenvolvimento de fenólicos totais e atividade antioxidante relacionada em milho germinado à luz e no escuro por elicitores naturais. Proc. Biochem. 40 (5), 17211732.

Randhir, R., e Shetty, K., 2007. Inibição melhorada da α-amilase e do Helicobacter pylori por extractos de feno-grego derivados da bioconversão em estado sólido utilizando Rhizopus oligosporus. Asia Pac. J. Clin. Nutr. 16 (3), 382-392.

Randhir, R., Kwon, Y.I., e Shetty, K., 2008. Effect of thermal processing on phenolics, antioxidant activity and health-relevant functionality of select grain sprouts and seedlings. Inovar. Food Sci. Emerging Technol. 9(3), 355 - 364.

Randhir, R., Kwon, Y.I., e Shetty, K., 2009. Melhoria da funcionalidade relevante para a saúde em rebentos *de Mucuna pruriens* germinados no escuro por elicitação com elicitores peptídicos e fitoquímicos. Bioresour. Technol. 100(19), 4507 - 4514.

Randhir, R., Lin, Y-T., e Shetty, K., 2004. Estimulação de fenólicos, actividades antioxidantes e antimicrobianas em rebentos de feijão-mungo germinados no escuro em resposta a elicitores peptídicos e fitoquímicos.Proc. Biochem. 39(5), 637-646.

Ranilla, L.G., Kwon, Y.I., Genovese, M. I., Lajolo, F.M., e Shetty, K., 2008. Antidiabetes e potencial anti-hipertensão de adoçantes de hidratos de carbono comummente consumidos utilizando modelos *in vitro*. J. Med. Foods.11(2), 337 - 348.

Rao, P.V., Madhavi, K., Naidu, M.D., e Gan, S.H., 2013. *Rhinacanthus Nasutus* melhora os níveis de carboidratos hepáticos, proteínas, glicogênio e marcadores hepáticos em ratos diabéticos induzidos por estreptozotocina. Evid. baseado Compl. Alternat. Med.1-7.

Rasool, A.A., Abdulkhaleq, D.A., e Sabir, D.A., 2013. Efeitos da utilização de diferentes percentagens de farinha de feno-grego para melhorar as propriedades sensoriais, reológicas e manter a qualidade da massa de milho para produzir pães sem glúten. J. Agric. Sci. Tech.

3(2013), 380-384.

Rathore, S.S, Saxena, S.N., Kakani, R.K., e Singh, B., 2013. Método de rastreio rápido e em massa para o teor de galactomanano em sementes de feno-grego. Int. J. Seed Spices 3(2), 91-93.

Ravikumar, P., Bhansali, A., Ravikiran, M., Bhansali, S., Walia, R., Shanmugasundar, G., Thakur, J.S., Bhadada, S.K., e Dutta, P., 2011. Prevalência e factores de risco da diabetes num estudo de base comunitária no Norte da Índia: o Chandigarh Urban Diabetes Study (CUDS). Diabetes Metab. 37(3), 216-221.

Rehman, A., Setter, S.M., e Vue, M.H., 2011. Alterações da glicose induzidas por medicamentos, Parte 2: Hiperglicemia induzida por medicamentos. Diabetes Spectrum. 24, 234-238.

Resmini, E., Minuto, F., Colao, A., Ferone, D., 2009. Diabetes secundária associada a endocrinopatias principais: O impacto de novas modalidades de tratamento. Ata Diabetol. 46 (2), 85-95.

Reusens, B., Theys, N., Dumortier, O., Goosse, K., e Claude Remacle, C., 2011. A desnutrição materna programa o pâncreas endócrino na prole. Am. J. Clin. Nutr. 94 (6), 1824S-1829S.

Rice, G.E., Illanes, S.E., e Mitchell, M.D., 2012. Diabetes mellitus gestacional: Um preditor positivo de diabetes tipo 2? Int. J. Endocrinol. 1-10.

Rizvi, S.I., e Mishra, N., 2013.Medicamentos tradicionais indianos utilizados para o controlo da diabetes mellitus. J. Diabetes Res. 1-11.

Robards, K., Prenzler, P.D., Tucker, G., Swatsitang, P., e Glover, W., 1999. Compostos fenólicos e seus papéis no processo oxidativo em frutas. Food Chem. 66 (4), 401-436.

Roopa, K.S., e Rama-Devi, G., 2014. Prevalência de diabetes e hipertensão entre idosos em áreas selecionadas do distrito urbano de Bangalore. Indian Streams Res. J. 3 (12), 1-6.

Saeed, M.K., Zulfiqar, H., Ahmad, I., Liaqat, L., Syed, Q., e Gulzar, A., 2013. Valor nutricional e atividade antioxidante do feno-grego (*Trigonella foenum-graecum*) de duas regiões do Paquistão. Pak. J. Food Sci. 23 (3), 144-147.

Samuel, V.T., e Shulmancell, G.I., 2012. Mecanismos de resistência à insulina: Common threads and missing links. Cell 148(5), 852-871.

Sanders, A.M., 2014. A declaração de Melbourne sobre diabetes. Br. J. Diabetes Vasc. Disc. 14(1), 35-37.

Sandhar, H.K., Kumar, B., Prasher, S., Tiwari, P., Salhan, M., Sharma, P., 2011. A review of phytochemistry and pharmacology of flavonoids. Internationale Pharmaceutica Sciencia. 1 (1), 25-41.

Sangeetha, M.K., ShriShri-Mal, N.S., Atmaja, K., Sali, V.K., Vasanthi, H.R., 2013. PPAR's e diosgenina uma visão químico-biológica em NIDDM. Chemico Biol. Interações. 206(2), 403-410.

Sangronis, E., e Machado, C.J., 2007. Influência da germinação na qualidade nutricional de *Phaseolus vulgaris* e *Cajanus cajan*.LWT- Food Sci Technol. 40 (1), 116-120.

Sankar, P., Subhashree, S., e Sudharani, S., 2012. Efeito do pó de semente de *Trigonella foenum-graecum* nos níveis antioxidantes de dieta rica em gordura e ratos diabéticos de tipo II induzidos por estreptozotocina de baixa dose. Eur. Rev. Med. Pharmacol. Sci.16 (3), 10-17.

Santiagu, S.I., Christudas, S., Veeramuthu, D., e Savarimuthu, I., 2012. Atividades antidiabéticas e antioxidantes de *Toddalia Asiatica* (L.) Lam.

Folhas em ratos diabéticos induzidos por estreptozotocina. J. Ethnopharmacol.143, 515-523.

Santil, S.A., e Lee, H., 2009. As isoformas de Akt estão presentes em localizações subcelulares distintas. Am. J. Physiol. Cell Physiol. 298(3), C580-591.

Sauvaire, Y., Petit, P., e Broca, C., Manteghetti, M., Baissac, Y., Fernandez-Alvarez, J., Gross, R., Roye, M., Leconte, A., Gomis, R., Ribes, G., 1998. 4-Hydroxyisoleucine: um novo aminoácido potenciador da secreção de insulina. Diabetes. 47(2), 206-210.

Saxena, M., Saxena, J., Nema, R., Singh, D., e Gupta, A., 2013. Fitoquímica de Plantas Medicinais.J. Pharmacogn. Phytochem.1(6), 168-182.

Saxena, R., Saxena, S.N., Barnwal, P., Rathore, S.S., Sharma, Y.K., e Soni, A., 2012. Estimativa da atividade antioxidante, do teor de fenólicos e flavonóides das sementes de coentros (*Coriandrum sativum* L.) e de feno-grego (*Trigonella foenum-graecum* L.) moídas de forma crio e convencional. Int. J. Seed Spices. 2(1), 83-86.

Saxena, S.N., Karwa, S., Saxena, R., Sharma, T., Sharma, Y.K., Kakani, R.K., e Anwer, M.M., 2011. Análise da atividade antioxidante, conteúdo fenólico e flavonoide dos extractos de sementes de feno-grego (*Trigonella foenum-graecum* L.). Int. J. Seed Spices. 1: 38-43.

Schultze, S.M., Hemmings, B.A., Niessen, M., e Tshoop, O., 2012. Sinalização PI3K/AKT, MAPK e AMPK; proteínas cinases na homeostase da glicose. Expert Rev. Mol. Med. 14(e1), 1-21.

Shakuntala, S., Naik, J.P., Jeyarani, T., Naidu, M.M., e Srinivas, P., 2011. Caracterização das fracções de sementes de feno-grego germinadas (*Trigonella foenum- graecum* L.).Int. J. Food Sci. Technol.46 (11), 23372343.

Shankaraiah, P., e Reddy, Y.N., 2014. Estudo farmaco-epidemiológico da diabetes mellitus na população do sul da Índia. World J. Pharm. Pharm. Sci. 3(2), 1609-1617.

Sharma, N., Kar, A., e Panda, S., 2014. O extrato de sementes de *Trigonella foenum-graecum* aumenta as actividades antiperoxidativas e antidiabéticas da glibenclamida. Int. J. Pharm. Sci. Rev. Res. 24 (1), 152-156.

Shen, S-C., Chang, W-C., e Chang, C-L., 2013.Um extrato de maçã de cera (*Syzygium samarangense* (Blume) Merrill e Perry) afeta as vias de glicogênese e glicólise em hepatócitos de camundongo FL83B tratados com fator de necrose tumoral-α. Nutr. 5(2), 455-467.

Shepherd, J., 2005. A monoterapia com estatinas aborda as múltiplas anomalias lipídicas na diabetes tipo 2? Atheroscler. Suppl. 6(3), 15-19.

Shetty, K., 2004. Role of proline-linked pentose phosphate pathway in biosynthesis of plant phenolics for functional food and environmental applications: A review. Proc. Biochem. 39 (7), 789-804.

Shetty, K., Adyanthaya, I., Kwon, Y-I., Apostolidis, E., Min, B-J., Dawson, P., 2008. Melhoria pós-colheita de fitoquímicos fenólicos em maçãs para preservação e benefícios para a saúde, em: Paliyath, G., Murr, D., Handa, A.K., Lurie, S., 2008 (Eds.), Postharvest biology and technology of fruits, vegetables and flowers (Capítulo 16). Wiley-Blackwell Publishing, Ames, Iowa, EUA, pp. 341-371.

Shetty, P., Atallah, M.T., e Shetty, K., 2002. Effects of UV treatment on the proline-linked pentose phosphate pathway for phenolics and L- DOPA synthesis in dark germinated *Vicia faba*. Proc. Biochem. 37 (11), 1285-1295.

Shi, Y., Guo, R., Wang, X., Yuan, D., Zhang, S., Wang, J., Yan, X., e Wang, C., 2014. A regulação do extrato de saponina de alfafa em genes-chave envolvidos no metabolismo do colesterol hepático em ratos hiperlipidêmicos. PLoS ONE. 9 (2), e88282.

Shirwaikar, A., Rajendran, K., e Barik, R., 2006. Efeito do extrato aquoso da casca de *Garuga pinnata* Roxb. na diabetes mellitus tipo II induzida por estreptozotocina-nicotinamida. J. Ethnopharmacol. 107(2), 285290.

Shirwaikar, A., Rajendran, K., Dinesh Kumar, C., Bodla, R., 2004. Atividade antidiabética do extrato aquoso de folhas de *Annona squamosa* em ratos diabéticos de estreptozotocina nicotinamida tipo 2. J. Ethnopharmacol. 91(1), 171-175.

Shirwaikar, A., Rajendran, K., Punitha, I.S., 2005. Atividade antidiabética do extrato alcoólico do caule de *Coscinium fenestratum* em ratos diabéticos do tipo 2 induzidos por estreptozotocina e nicotinamida. J. Ethnopharmacol. 97(2), 369-374.

Shobana, S., Sreerama, Y.N., e Malleshi, N. G., 2009. Composição e propriedades inibidoras de enzimas dos fenólicos do revestimento de sementes de milho-miúdo (*Eleusine coracana* L.): Modo de inibição da α-glucosidase e da amilase pancreática. Food Chem. 115, 1268 - 1273.

Silva, G.N., Faroni, L.R.A., Sousa, A.H., e Freitas, R.S., 2012. Bioatividade de *Jatropha curcas* L. a insetos-praga de produtos armazenados. J. Stored Prod. Res. 48, 111-113.

Singh, A., Bhat, T.K., e Sharma, O.P., 2011b. Bioquímica Clínica da Hepatotoxicidade. J. Clinic. Toxicol. 1-19.

Singh, J., Saoji, A.V., Kasturwar, N.B., Pitale, S.P., Deoke, A.R., e Nayse, J.G., 2011a. Estudo epidemiológico da diabetes Produtos finais de glicação avançada e complicações diabéticas na população geriátrica de um bairro de lata urbano, Nagpur. Natl. J. Community Med. 2 (2), 204-208.

Singh, K.P., Nair, B., Jain, P.K., Naidu, A.K., Paroha, S., 2013. Variabilidade nas propriedades nutracêuticas das sementes de feno-grego (*Trigonella foenum- graecum* L.). Revista Colombiana De Ciencias Horticolas. 7 (2), 228-239.

Singh, P.K., Gautam, A.K., Panwar, H., Singh, D.K., Srivastava, N., Bhagyawant, S.S., e Upadhayay, H., 2014b. Efeitos da germinação em factores antioxidantes e anti-nutricionais de leguminosas comummente utilizadas. Int. J. Res. Chem. Environ. 4 (2), 100-104.

Singh, T.P., Singh, A.D., e Singh, T.B., 2001. Prevalence of diabetes mellitus in Manipur, In: Shah, S.K., (Eds.), Diabetes update, Sociedade de Diabetes do Nordeste, Guwahati,

Índia. pp.13-9.

Singh, V.P., Bali, A., Singh, N., e Jaggi, A.S., 2014a. Produtos finais de glicação avançada e complicações diabéticas. Kor. J. Physiol. Pharmacol. 18(1), 1-14.

Slinkard, A.E., McVicar, R., Brenzil, C., Pearse, P., Panchuk, K., Hartley, S., 2006. Fenugreek in saskatchewan, Ministério da Agricultura de Saskatchewan (www.agriculture.gov.sk.ca).

Snehlata, H.S., e Payal, D.R., 2012. Feno-grego (*Trigonella foenum- graecum* L.): Uma visão geral. Int. J. Curr. Pharm. Rev. Res. 2(4), 169187.

Sollu, M., Banji, D., Banji, O.J.F., Vijayalaxmi, C., Srilatha, K., Kumbala, K., 2010. Avaliação das causas e tratamento da diabetes mellitus. Arch. Appl. Sci. Res. 2 (5), 239-260.

Soltani, A., Robertson, M.J., Torabi, B., Yousefi-Daz, M., Sarparast, R., 2006. Modelação da emergência de plântulas de grão-de-bico sob a influência da temperatura e da profundidade de sementeira. Agric. Forest Meteorol. 138 (1-4), 156-167.

Sone, H., Tanaka, S., Tanaka, S., Iimuro, S., Ishibashi, S.,Oikawa, S., Shimano, H., Katayama, S., Ohashi, Y., Akanuma, Y.,Yamada, N., 2012. Comparação de várias variáveis lipídicas como preditoras de doença coronária em homens e mulheres japoneses com diabetes tipo 2. Diabetes Care. 35 (5), 1150-1157.

Soni, B., Paramjit, C., Rajbir, S., 2009. Effect of sprouted fenugreek seeds on non insulin dependent diabetics (Efeito de sementes de feno-grego germinadas em diabéticos não dependentes de insulina). J. Res. 46(1-2), 90-93.

Soucek, J., Skvor, J., Pouckova, P., Matougek, J., Slavik, T., e Matousek, J., 2006. Nuclease de rebentos de feijão mungo (*Phaseolus aureus*) e os seus efeitos biológicos e antitumorais. Neoplasma. 53(5), 402-409.

Sousa, B.A., e Correia, R.T.P., 2012. Teor fenólico, atividade antioxidante e atividade anti-amilolítica de extratos obtidos a partir de resíduos bioprocessados de pinha e goiaba. Braj. J. Chem. Eng.29 (1), 25-30.

Spellman, C.W., 2010. Fisiopatologia da diabetes tipo 2: Visando a disfunção das células das ilhotas. J.Am.Ostheopath. Assoc. 110 (3), S2-7.

Sridevi, P., Raju, M.B., Harikumar, V.V., e Rangarao P., 2014. Síntese de derivados de 4-hidroxi isoleucina de feno-grego e avaliação de sua atividade antidiabética. Int. J.

Phytopharm. 4 (1), 610.

Srinivasan, B.T., Jarvis, J., Khunti, K., Davies, M.J., 2008. Recent advances in the management of type 2 diabetes mellitus: A review. *Postgrad Med. J.* 84 (996), 524-531.

Srinivasan, K., 2006. Feno-grego (*Trigonella foenum-graecum*): Uma revisão dos efeitos fisiológicos benéficos para a saúde. Food Rev. Int. 22, 203-224

Stochmaova, A., Sirotkin, A., Kadasi, A., e Alexa, R., 2013. Efeitos fisiológicos e médicos do flavonoide vegetal quercetina. J. Microbiol. Biotechnol. Food Sci. 2 (1), 1915-1926.

Stumvoll, M., Mitrakou, A., Pimenta, W., Jenssen, T., Yki- Jarviven, H., Van-Haeften, T., Renn, W., e Gerich, J., 2000. Utilização do teste oral de tolerância à glucose para avaliar a libertação de insulina e a sensibilidade à insulina.Diabetes Care. 23(3), 295-301.

Sudha e Mathangi, S.K., 2013. Compostos funcionais de alguns verdes tradicionais e suas propriedades medicinais.Int. J. Univ. Pharm. Bio Sci. 267-292.

Sudha, P., Zinjarde, S.S., Bhargava, S.Y., e Kumar, A.R., 2011. Potente atividade inibidora da α-amilase de plantas medicinais ayurvédicas indianas. BMC Compl. Altern. Med.11, 5.

Sultana, R., 2010. Impacto da duração da diabetes mellitus tipo 2 no perfil lipídico. Gomal J. Med. Sci. 8(1), 57-59.

Sumner, J.B., e Howell, S.F., 1935. Um método para a determinação da atividade da sacarase. J. Biol. Chem.108, 51-54.

Sun, Z., Chen , J., Ma, J., Jiang, Y., Wang, M., Ren, G., e Chen, F., 2012. Os rebentos de girassol ricos em cinarina (*Helianthus annuus*) possuem actividades antiglicativas e antioxidantes. *J. Agric. Food Chem.* 60 (12), 3260-3265.

Survay, N.S., Ko, E-Y., Upadhyay, C.P., Mi, J., Park, S., Lee, D-H., Jung, Y-S., Yoon, D-Y., Hong, S-J, 2010. Hypoglycemic Effects of Fruits and Vegetables in Hyperglycemic Rats for Prevention of Type-2 Diabetes. Kor. J. Hort. Sci. Technol. 28(5), 850-856.

Suzuki,Y., Sano, M., Hayashida, K., Ohsawa, I., Ohta, S., Fukuda, K.,2009. Os efeitos dos inibidores da alfa-glucosidase em eventos cardiovasculares estão relacionados com níveis elevados de gás hidrogénio no trato gastrointestinal? FEBS Lett. 583(13), 2157-2159.

Swanston-Flatt, S.K., Day, C., Bailey, C.J., e Flatt, P.R., 1990. Tratamentos tradicionais com plantas para a diabetes: Estudos em ratos diabéticos normais e Streptozotocin. Diabetologia. 33(8), 462-464.

Swaroop, A., Gupta, A.P., e Sinha, A.K., 2005. Determinação simultânea de quercetina, rutina e ácido cumárico em flores de *Rhododendron arboreum* por HPTLC. Chromatographia. 62(11-12), 649-652.

Swieca, M., Baraniak, B., e Gawlik-Dziki, U., 2013a. Digestibilidade *in vitro* e teor de amido, índice glicémico previsto e potencial efeito antidiabético *in vitro* de rebentos de lentilhas obtidos por diferentes técnicas de germinação.Food Chem. 138(2-3), 1414-1420.

Swieca, M., Gawlik-Dziki, U., e Jakubczyk, A., 2013b. Impacto da densidade de criação no crescimento e em algumas propriedades nutracêuticas de rebentos de lentilhas (*lens culinaris*) prontos a comer. Ata Sci. Pol.Hortorum Cultus. 12(4), 19-29.

· Swieca, M., Gawlik-Dziki, U., Kowalczyk, D., e Zlotek, U., 2012. Impacto do tempo de germinação e do tipo de iluminação nos compostos antioxidantes e na capacidade antioxidante dos rebentos *de Lens culinaris*. Sci. Hortic. 140, 87-95.

Swieca, M., Gawlik-Dziki, U., Kowalczyk, D., Zlotek, U., 2012. Impacto do tempo de germinação e do tipo de iluminação nos compostos antioxidantes e na capacidade antioxidante dos rebentos *de Lens culinaris*. Sci. Hortic. 140, 87-95.

Takao, R., Oguro, H., Yamashita, E., Kuhara, M., Ogawa, Y., Yoshida, Y., e Horibe, S., 2012. Estudo epidemiológico da relação entre a proteína C-reactiva e a diabetes em mulheres japonesas. J. Anal. Biosci. 35(5), 420-425.

Taloubi, L.M., Rhouda, H., Belahcen, A., Smires, N., Thimou, A., e Mdaghri , A.A., 2013. Uma visão geral das plantas que causam teratogenicidade: Feno-grego *(Trigonella foenum graecum)*. Int. J. Pharm. Sci. Res. 4(2), 516-519.

Talukdar, D., 2013. Potencial antioxidante *in vitro* e propriedades de inibição de enzimas relacionadas com a diabetes tipo II de alimentos à base de leguminosas tradicionalmente processados e receitas medicinais nos Himalaias indianos. J. Appl. Pharm. Sci. 3 (01), 026-032.

Taniguchi, H., Kobayashi-Hattori, K., Tenmyo, C., Kamei, T., Uda, Y., Sugita-Konishi, Y., Oishi,Y., e Takita, T., 2006. Efeito dos rebentos de rabanete japonês (*Raphanus sativus*) no metabolismo dos hidratos de carbono e dos lípidos em ratos diabéticos normais e induzidos por estreptozotocina. Phytother. Res. 20 (4), 274-280.

Tanwar, B., e Modgil, R., 2012. Flavonoids: Ocorrência na dieta e benefícios para a saúde. Spatula DD. 2(1), 59-68.

Tarzia, B.G., Gharachorlooa, M., Bahariniab, M., e Mortazavic, S.A., 2012. O efeito da germinação no conteúdo fenólico e na atividade antioxidante do grão-de-bico. Iranian J. Pharm. Res. 11 (4), 1137-1143.

Thalapaneni, N. R., Chidambaram, K.A., Ellappan, T., Sabapathi, M.L., e Mandal, S.C., 2008. Inibição de enzimas digestivas de hidratos de carbono pelo extrato de folhas de *Talinum portulacifolium* (Forssk). J. Comp. Integr. Med.5(1).

Thanabalasingham, G., e Owen, K.R., 2011. Diagnóstico e gestão da diabetes de início na maturidade dos jovens (MODY). Br. Med. J. 343, d6044.

Thomas, J.E., Bandara, M., Lee, E.L., Driedger, D., Acharya, S., 2011. Monitorização bioquímica do feno-grego para desenvolver alimentos funcionais e variantes de plantas medicinais. N Biotechnol. 28(2), 110-117.

Toppo, F.A., Akhand, R., e Pathak, A.K., 2009. Acções farmacológicas e utilizações potenciais de *Trigonella foenum-graecum*: Uma revisão. Asian J. Pharm. and Clin. Res. 2 (4), 29-38.

Traka, M.H., e Mithen, R.F., 2011. Ciência das plantas e nutrição humana: Desafios na avaliação das propriedades promotoras de saúde dos fitoquímicos. The Plant cell. 23, 2483-2497.

Tripathi, S., Ray, S., Mondal, A.K., e N K Verma, N.K., 2013. Plantas etno-medicinais raras do sudoeste de Bengala, Índia, com os seus diferentes usos medicinais: necessidades de conservação. Int. J. Life Sci. Biotech. Pharma Res. 2(2), 114-122.

Tripathy, D., e Chavez, A.O., 2010. Defeitos na secreção e ação da insulina na patogénese da diabetes mellitus tipo 2. Curr. Diabetes Rep.10 (3), 184-191.

Tsou, R.C., e Bence, K.K., 2013. Regulação central do metabolismo por proteínas tirosina fosfatases. Front. Neurosci. 6(1), 1-11.

Tundis, R., Loizzo, M.R., e Menichini, F., 2010. Produtos naturais como inibidores da alfa-amilase e da alfa-glucosidase e o seu potencial hipoglicémico no tratamento da diabetes: Uma atualização. Mini Rev. Med.Chem.10(4), 315-331.

Tyagi, S., Singh, G., Sharma, A., Aggarwal, G., 2010. Phytochemicals as candidate therapeutics: an overview. Int. J. Pharm. Sci. Rev. Res. 3(1), 53-55.

Uemura, T., Hirai, S., Mizoguchi, N., Goto, T., Lee, J.Y., Taketani, K., Nakano, Y., Shono, J., Hoshino, S., Tsuge, N., Narukami, T., Takahashi, N., e Kawada T., 2010. A diosgenina presente no feno-grego melhora o metabolismo da glicose, promovendo a diferenciação dos adipócitos e inibindo a inflamação nos tecidos adiposos. Mol. Nutr. Food Res. 54(11), 1596-1608.

Unger, J., 2008. Estratégias actuais para avaliar, monitorizar e tratar a diabetes mellitus tipo 2. Am. J. Med. 121(6), S3-S8.

Uppu, R.M., e Parinandi, N.L., 2011. Sensibilização à insulina e inter-relação de resistência revisitada com uma abordagem de modelo molecular quantitativo. J. Diabetes Metab. 2, 106e.

Uttra, K.M., Devrajani, B.R., Shah, S.Z.A., Devrajani, T., Das, T., Raza, S., e Naseem, 2011. Lipid profile of patients with diabetes mellitus (A multidisciplinary study).World Appl. Sci. J. 12 (9), 1382-1384.

Vadivel, V., e Biesalski, H.K., 2012. Conteúdo fenólico total, atividade antioxidante *in vitro* e propriedades de inibição de enzimas relevantes para a diabetes tipo II do extrato metanólico de leguminosas alimentares subutilizadas tradicionalmente processadas, Acacia nilotica (L.) Wild ex. Delile. Int. Food Res. J. 19 (2), 593-601.

Vaidya, H.B., Ahmed, A.A., Goyal, R.K., e Cheema, S.K., 2013a. A glicogénio fosforilase-a é um alvo comum para o efeito antidiabético dos glicosídeos iridoides e secoiridoides. J. Pharm. Pharm. Sci., 16(4), 530 - 540.

Vaidya, K., Ghosh, A., Kumar, V., Chaudhary, S., Srivastava, N., Katudia, K., Tiwari, T., e Chikara, S.K., 2013b. Sequenciamento de transcriptoma de novo em *Trigonella foenum-graecum* L. para identificar genes envolvidos na biossíntese de diosgenina. O genoma da planta. 6(2), 111.

Van-Belle, T.L., Coppieters, K.T., e Von-Herrath, M.G., 2011. Diabetes tipo 1: Etiologia, imunologia e estratégias terapêuticas. Physiol. Rev. 91(1), 79-118.

Vashitha, A., Agarwal, B.K., e Sumeet, G., 2012. Estudo baseado num hospital: Prevalência e factores de previsão da diabetes mellitus tipo 2 na população rural de Haryana. Asian Pacific J. Trop. Disease. 2(1), S173- S179.

Verma, R., Khanna, P., e Mehta, B., 2012. Programa nacional de prevenção e controlo da diabetes na Índia: Need to focus. Australas Med. J. 5(6), 310-315.

Vessal, M., Hemmati, M., Vasei, M., 2003. Efeitos antidiabéticos da quercetina em ratos diabéticos induzidos por estreptozocina. Comp. Biochem. Physiol. C. Toxicol. Pharmacol.

135C(3), 357-364.

Vijayakumar, G., Arun, R., Kutty, V.R, 2009. High prevalence of type 2 diabetes mellitus and other metabolic disorders in rural Central Kerala. J. Assoc. Physicians. 57, 563-567.

Vijayakumar, M.V., Pandey, V., Mishra, G.C., Bhat, M.K., 2010. O efeito hipolipidémico das sementes de feno-grego é mediado pela inibição da acumulação de gordura e pela regulação positiva do recetor de LDL. Obesidade (Silver Spring). 18(4), 667-674.

Wang, F., e Shan, Y., 2012. O sulforafano retarda o crescimento de xerógrafos UM- UC-3, induz apoptose e reduz a survivina em ratos atímicos. Nutr. Res. 32(5), 374-380.

Wang, J., Yin, H., Huang, Y., Guo, C., Xia, C., Liu, Q., e Zhang, L., 2013. A saponina Panax quinquefolius do caule e da folha atenua a lesão por estresse oxidativo induzido por alta glicose intermitente em células endoteliais da veia umbilical humana em cultura via PI3K / Akt / GSK-3β pathway.Evid. Med.1-7.

Wani, M., Sarvar, F.A., Agrawal, J., Deshpande, J., Mathew, S., Khetmalas, M., 2012. Análise fitoquímica qualitativa e estudos de atividade antimicrobiana de Gymnema sylvestre R. Br. Ata Biologica Indica. 1(1), 121-124.

Watanabe, M., e Ayugase, J., 2010. Efeitos dos brotos de trigo sarraceno nos parâmetros plasmáticos e hepáticos em camundongos diabéticos tipo 2 db/db. J. Food Sci. 75, H294-299.

Wheeler, B.J., Patterson, N., Love, D.R., Prosser, D., Tomlinson, P., Taylor, B.J., e Manning, P., 2013. Frequência e espetro genético do diabetes de início na maturidade dos jovens (MODY) no sul da Nova Zelândia. *J. Diabetes Metab. Disorders*. 12, 46.

Wojdylo, A., Oszmian-Ski, J., e Czemerys, R., 2007. Atividade antioxidante e compostos fenólicos em 32 ervas selecionadas. Food Chem. 105(3), 940-949.

Organização Mundial de Saúde, 1999. Definição, diagnóstico e classificação da diabetes mellitus e das suas complicações: Relatório de uma consulta da OMS. Parte 1: Diagnóstico e classificação da diabetes mellitus. Genebra, Suíça (publ.no. WHO/NCD/NCS/99.2).

Organização Mundial de Saúde, 2011. Utilização da hemoglobina glicada (HbAlc) no diagnóstico da diabetes mellitus. Relatório abreviado de uma consulta da OMS, Genebra, Suíça (publ. n.º WHO/NMH/CHP/CPM/11.1).

Worthington Biochemical Corp., 1993. Alpha amylase, em: Worthington, V. (Eds.),

Worthington Enzyme Manual, Freehold, New Jersey, pp. 36-41.

Worthington Biochemical Corp., 1993. Maltase-α-glucosidase, em: Worthington, V. (Eds.), Worthington Enzyme Manual, Freehold, New Jersey, pp. 261.

Xie, X., Li, W., Lan, T., Liu, W., Peng, J., Huang, K., Huang, J., Shen, X., Liu, P., e Huang, H., 2011. A berberina melhora a hiperglicemia em ratinhos C57BL/6 diabéticos induzidos por aloxana através da ativação da via de sinalização Akt. Endocr. J. 58 (9), 761-768.

Xu, N., Lao, Y., Zhang, Y., e Gillespie, D.A., 2012. Akt: Uma faca de dois gumes na proliferação celular e na estabilidade do genoma. J. Onco. 1-15.

Xu, Y., Wang, L., He, J., Bi, Y., Li, M., Wang, T., Wang, L., Jiang, Y., Dai, M., Lu, J., Xu, M., Li, Y., Hu, N., Li, J., Mi, S., Chen, C-S., Li , G., Mu, Y., Zhao, J., Kong, L., Chen, J., Lai, S., Wang, W., Zhao, W., e Ning, G., 2013. Prevalência e controlo da diabetes em adultos chineses. JAMA. 310 (9), 948-958.

Yaheya, M., e Ismail, M., 2009. Avaliação clínica da atividade antidiabética das sementes *de Trigonella* e das folhas de *Aegle Marmelos*.World Appl. Sci. J. 7 (10), 1231-1234.

Yamanoshita, O., Ichihara, S., Hama, H., Ichihara, G., Chiba, M., Kamijima, M., Takeda, I., e Nakajima, T., 2007. Efeito quimiopreventivo do broto de rabanete japonês enriquecido com selénio contra o cancro da mama induzido por 7,12-dimetilbenz[a]antraceno em ratos. Tohoku. J. Exp. Med. 212(2), 191-208.

Yamazaki, K., Yasuda, N., Inoue, T., Yamamoto, E., Sugaya, Y., Nagakur, T., Shinoda, M., Clark, R., Saeki, T., e Tanaka, I., 2007. Effects of the combination of a dipeptidyl peptidase IV inhibitor and an insulin secretagogue on glucose and insulin levels in mice and rats. Pharmacol. Exp. Ther. 320 (2),738-746.

Yan, L-J., 2014. Patogénese da hiperglicemia crónica: Do stress redutor ao stress oxidativo. J. Diabetes Res.1-11.

Yanagida, K., Maejima, Y., Santoso, P., Otgon-Uul, Z., Yang, Y., Sakuma, K., Shimomura, K. e Yada, T., 2014. A via da hexosamina, mas não as alterações intersticiais, medeiam a glicotoxicidade nas células β pancreáticas, conforme avaliado pelo Ca citosólico^{2+} resposta à glicose.Aging, 6 (3), 207-214.

Yang, H., Chen, B., Wang, X.B, Chue, P.W., Shen, Y.P., Xia, G.H., Jia, X.B. 2013. Análise quantitativa rápida da diosgenina nos tubérculos de *Dioscorea zingiberensis*, acoplando enzimólise de celulose e hidrólise ácida de duas fases em conjunto com HPLC-UV. Nat.

Prod. Res. 27(20), 1933-1935.

Yao, Y., Chen, F., Wang, M., Wang, J., e Ren, G., 2008. Atividade antidiabética de extractos de feijão-mungo em ratos diabéticos KK-Ay. J. Agric. Food Chem. 56 (19), 8869-8873.

Yeap, S.K., Ali, N.M., Yusof, H.M., Alitheen, N.B., Beh, B.K., Ho, W.Y., Koh, S.P., e Long, K., 2012. Efeitos anti-hiperglicémicos de extractos de feijão mungo fermentados e não fermentados em ratos diabéticos induzidos por aloxana. J. Biomed. Biotechnol.1-7

Yin, J., Zuberi, A., Gao, Z., Liu, D., Liu, Z., e Ye, J., 2009. O extrato de Shilianhua inibe a GSK-3β e promove o metabolismo da glicose. Am. J. Physiol. Endocrinol. Metab. 296(6), E1275-1280.

Youl, E., Bardy, G., Magous, R., Cros, G., Sejalon, F., Virsolvy, A., Richard, S., Quignard, J.F., Gross, R., Petit, P., Bataille, D., e Oiry, C., 2010.Quercetin potencia a secreção de insulina e protege as células β pancreáticas INS-1 contra danos oxidativos através da via ERK1/2. Br. J. Pharmacol. 161 (4), 799-814.

Yuan, M., Pino, E., Wu, L., Kacergis, M., e Alexander A. Soukas, A.A, 2012. Identificação da regulação independente de Akt da lipogénese hepática pelo Complexo 2 do alvo de mamíferos da rapamicina (mTOR). J. Biol. Chem. 287(35), 29579-29588.

Zafar, M., e Naqvi, S.N., 2010. Efeitos da diabetes induzida por STZ nos pesos relativos do rim, fígado e pâncreas em ratos albinos: Um estudo comparativo. Int. J. Morphol. 28(1), 135-142.

Zaman, F.A., Pal, R., Zaman, G.S., Swati, I.A., e Kayyum, A., 2011. Índices de glicose, diabetes franca e não detectada em relação à hipertensão e antropometria numa população rural do sul da Índia. Indian J. Public Health. 55(1), 34-37.

Zargar, A.H., Khan, A.K., Masoodi, S.R., Laway, B.A., Wani, A.I., Bashir, M.I., e Dar, F.A., 2000. Prevalence of type 2 diabetes mellitus and impaired glucose tolerance in the Kashmir Valley of the Indian subcontinent. Diabetes Res. Clin. Pract. 47(2), 135-146.

Zhang, Y., Munday, R., Jobson, H.E., Munday, C.M., Lister, C., Wilson, P., Fahey, J.W., e Mhawech-Fauceglia, P., 2006. Indução de GST e NQO1 em células da bexiga em cultura e na bexiga urinária de ratos por um extrato de rebentos de brócolos (*Brassica oleracea italica*). J. Agric.Food Chem. 54(25), 9370-9376.

Zhao, W-Q., e Townsend, M., 2009. Insulin resistance and amyloidogenesis as common molecular foundation for type 2 diabetes and Alzheimer's disease. Biochim Biophys Ata. 1792 (5), 482-496.

Zheng, X-q., Hayashibe, E., e Ashihara, H., 2005. Alterações no teor de trigonelina (ácido *N-metilnicotínico*) e no metabolismo do ácido nicotínico durante a germinação de sementes de feijão-mungo (*Phaseolus aureus*). J. Exp. Bot. 56 (416), 1615-1623.

No presente estudo, os resultados *in vitro* obtidos a partir do potencial inibitório dos extractos aquosos de todos os dez genótipos de sementes de feno-grego em germinação contra a inibição da α-amilase, α-glicosidase e invertase foram comparados com o potencial inibitório dos medicamentos de controlo padrão, acarbose e voglibiose. Em comparação com as sementes, os extractos aquosos (10mg/ml) dos rebentos de feno-grego germinados durante 4th dias de todas as dez amostras demonstraram uma atividade inibidora modcrada (17,63% a 36,29%) contra a α-amilase, muito forte (72,07% a 91,28%) contra a α-glucosidase e altamente significativa (18,22% a 41,86%) contra a sacarase, respetivamente. Estes resultados são encorajadores e bastante comparáveis ao potencial inibitório demonstrado pelos controlos de medicamentos padrão contra estas três enzimas-chave do metabolismo dos hidratos de carbono. Paralelamente ao potencial inibitório demonstrado pelos extractos, o medicamento acarbose (10mg/ml) causou uma inibição de 96,46%, 85,87% e 82,60% na atividade da α-amilase, da α-glicosidase e da invertase, respetivamente. Do mesmo modo, a voglibiose (10mg/ml) causou uma inibição de 61,88%, 94,84% e 87,74% na atividade da α-amilase, α-glicosidase e invertase, respetivamente. O valor IC50 da acarbose para a inibição da α-amilase, da α-glicosidase e da invertase foi de 0,022 mg/ml, 0,084 mg/ml e 0,092 mg/ml, respetivamente (Figura 1). Por outro lado, a voglibiose demonstrou um valor IC50 de 6,8 mg/ml, 0,18 mg/ml e 0,31 mg/ml contra a inibição da α-amilase, da α-glicosidase e da invertase, respetivamente (Figura 2). No entanto, os resultados obtidos neste estudo, especialmente os extractos de rebentos germinados ao longo de 4th dias, com especial referência ao genótipo IL8, são altamente encorajadores e quase paralelos aos medicamentos antidiabéticos padrão (acarbose e voglibiose). No entanto, antes de os recomendar como um medicamento potente e não tóxico contra a diabetes, é necessário efetuar investigações clínicas aprofundadas.

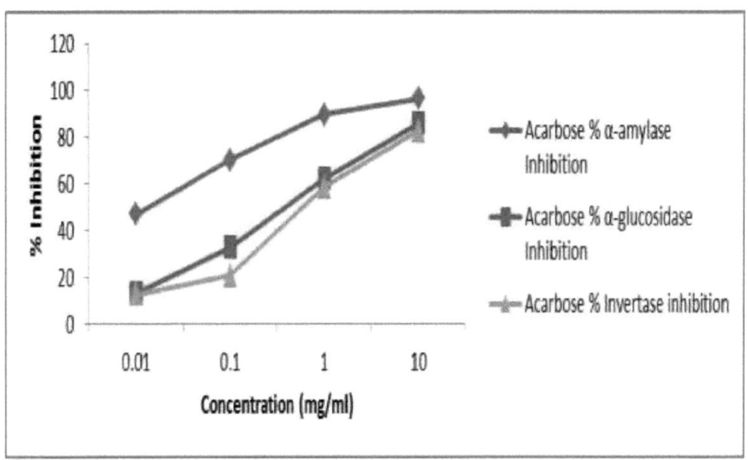

Figura 1: % de atividade inibidora da α-amilase, α-glicosidase e invertase do fármaco padrão acarbose (controlo).

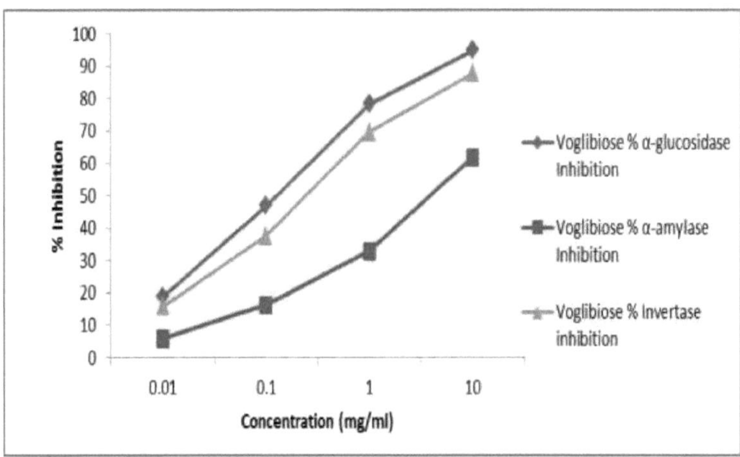

Figura 2: % de α-amilase, % de α-glucosidase e atividade inibidora da invertase do medicamento padrão Voglibiose (controlo).

MIX
Papier aus verantwortungsvollen Quellen
Paper from responsible sources
FSC® C105338

Printed by Books on Demand GmbH, Norderstedt / Germany